献给 伟大的改革开放40周年
中华人民共和国成立70周年

现 代 油 藏 工 程

（第 2 版）

Modern Petroleum Reservoir Engineering

（Second Edition）

陈元千　著
Chen Yuanqian

U0386250

石 油 工 业 出 版 社

内 容 提 要

本书在第 1 版的基础上增加了油气田开发动态与调整、水锥与气锥、水平井产能、等温吸附方程和解析方程、面积注水计算方法等方面的内容，并有 8 个实用的附录。有原理讲述、方法推导和应用实例，做到了理论与实践的结合。

本书可供从事油藏工程、油气田开发和油气资源评价工作的科技人员、技术人员参考阅读，也可作为本科生、硕士和博士研究生的教学参考书。

图书在版编目（CIP）数据

现代油藏工程／陈元千著．— 2 版．北京：石油工业出版社，2020.1

ISBN 978-7-5183-3312-7

Ⅰ．①现… Ⅱ．①陈… Ⅲ．①油藏工程 Ⅳ．①TE34

中国版本图书馆 CIP 数据核字（2019）第 072739 号

出版发行：石油工业出版社

（北京安定门外安华里 2 区 1 号　100011）

网　　址：www. petropub. com

编辑部：（010）64523541

图书营销中心：（010）64523633

经　　销　全国新华书店

印　　刷　北京中石油彩色印刷有限责任公司

2020 年 1 月第 1 版　2020 年 1 月第 1 次印刷

787×1092 毫米　开本：1/16　印张：21.25

字数：510 千字

定价：110.00 元

前　　言

在 2019 年春节即将到来之际，《现代油藏工程》第 2 版的书稿已全部整理完毕，交付编辑出版，此时，我感到轻松和欣慰。本书的第 1 版由石油工业出版社于 2001 年出版发行，至今已经过去 18 年了。第 1 版共有 11 章，前 8 章和后 3 章分别由我和西安石油大学李璗教授撰写完成。该书的问世受到国内高等石油院校和科研院所教授和专家的认可，成为一本畅销书，也曾重印了数次。然而，18 年过去了，事业在发展、科技在进步，新的成果层出不穷。因而，很有必要对第 1 版进行补充修订和提高完善。

近 15 年来，我同许多青年朋友进行过接触和交流，深知他们在事业上的追求、愿望和烦恼。若能把《现代油藏工程》第 2 版写好，也许对他们今后事业的开拓、进取和发展，会是一个很好的帮助吧！《现代油藏工程》第 2 版的第 1 章、第 2 章、第 5 章和第 6 章，基本上是第 1 版的内容；第 4 章是原第 3 章中储量评价扩充以后的内容；第 7 章、第 8 章和第 9 章，是在第 1 版的基础上补充后的内容；第 10 章、第 11 章、第 12 章、第 14 章和第 15 章是新增加的内容；第 13 章是重新撰写的内容。同时，本书还有个内容丰富而重要的附录。

伟大的改革开放事业，在中华大地发生了日新月异的巨大变化，国家繁荣强盛，人民幸福安康。伟人邓小平"尊重知识、尊重人才和科技是第一生产力"的至理名言和科学论断，极大地激励了广大科技工作者的热情、干劲和创造力，为祖国人民献出了无穷的智慧和力量。

我 18 岁进京上学，至今已经过去整整 68 年了。我从一个风华正茂知识贫乏的青年，现已成为一位白发苍苍、弯腰驼背、挂拐行走的老人。遥望南方千里外，思念兰考故土情。忘我拼博，无私追求，让我收获了一个没有虚度年华的老年。人生一世几十年，科研视为生命线，党的培育人民养，要为祖国做贡献，这是我的践行和愿望。人各有志，奋斗不已，饮水要思源，知恩要图报。现在我借此机会，要对培育教养我的中国共产党和祖国人民，对我的老师、同学和众多的朋友，以及我的家人表示诚挚的感谢！由于视力不足和眼病的困扰，我只能借助于放大镜阅读文献，使用粗而潦草的笔体书写正文和众多的计算公式。这为书稿的编辑、打印和校对带来了许多的困难。但令我高兴的是，我遇到了一位为人谦和、善解人意、通情达理和认真负责的王瑞责任编辑。她的辛勤付出，使得这本图文并茂的专业图书得以圆满顺利的出版。

承蒙石油工业出版社领导的鼎力支持和理解，本书的编辑出版，将采用同国际接轨的技术标准，具体内容如下：

（1）对于出现在本书中任何位置的量，量的符号、量的下标和上标符号一律采用斜体印刷。

（2）所有量的单位符号一律采用正体印刷。但当导出单位的分子为 1 时，分母的单位符号采用倒数形式印刷，比如压缩系数的单位表示为 MPa^{-1}；年递减率的单位表示为 a^{-1}。

（3）当量的符号和量的单位符号，在书的任何位置同时并列出现时，量的符号和量的下标符号一律用斜体印刷，而量的单位符号用正体印刷，并放在圆括弧内。当在图的坐标轴上和表头中，同时出现量的名称、量的符号和量的单位时，量的名称和量的符号之间用逗号连接。

（4）书中任何位置的数学符号和罗马数字（1，2，3，…），以及缩写的 max、min、lim 和特指的 CO、CO_2、N_2、H_2、O_2 等气体符号用正体印刷。

（5）对于两个物性相同和因次（量纲）也相同的量，由相除得到的量称为无因次量。当无因次量的数值在 0~1 之间时，比如，孔隙度、饱和度、含水率、相对渗透率和采收率等，无因次量的单位采用国际上 fraction（小数）的缩写字 frac 表示。而在图、表和正文的叙述中采用百分数的符号%表示。

（6）对于两个条件不同而物性相同和因次（量纲）也相同的量，由相除得到的量称为无因次量，比如，相对密度、气体偏差因子、油（气）的体积系数、无因次压力、无因次产量和无因次时间等，无因次量的单位采用国际上 dimensionless（无因次）的缩写字 dim 表示。

（7）中文参考文献的格式内容和标点符号的使用举例如下：

①陈元千：现代油藏工程（第 2 版），石油工业出版社，北京，2019，1–10。

②陈元千，付礼兵，郝明强：吸附方程和解吸方程的推导及应用，中国海上油气，2018，30（5）85–89.

（8）英文参考文献的格式和标点符号的使用举例如下：

1. Craft，B. C. and Hawkins，M. F.：Applied Petroleum Reservoir Engineering，Prentice-Hall，Inc. Englewood，N. J. 1959，97–118.

2. Wattenarger，R. A. and Ramey，H. J. Jr.：Gas well tesling with turbulemce，damage and wellbore storaqe，JPT（Auq.，1968）877–879.

（9）正文叙述中出现引用的参考文献时，采用如文献［1–3］的格式。而当作者和引用的参考文献同时出现时，采用如翁文波[1]或 Smith[2]的格式。

众所周知，我国正处在一个改革开放、科技进步和信息交流的伟大时代，采用同国际接轨的出版标准，可以达到科技成果的顺畅、准确、有效的交流目的。科技书刊，既是科技成果载体，又是科技交流的桥梁和平台，因此，科技书的出版标准，是一件非常严肃的规范规定，决不可主观意断和随心所为。标点符号是书写文章的重要组成部分，对它的使用必须符合和遵守国家的有关规定。我国于 2015 年新发布的注录参考文献国标，竟会出现注录一篇中文书的参考文献，用了 4 个句号和 3 个冒号的现象。更为不妥的是，注录英文的参考文献，不顾国际的惯例和标准的规定，完全套用注录中文参考文献的套路和标准，连西方作者的姓名都注录错了，这情何以堪！这种不伦不类、独行其道和独树一帜的作法，已经严重地影响到科技工作者的严谨形象和国家的信誉，应引起我们的高度重视。

我十分地感谢石油工业出版社的领导和朋友，他们理解和支持我的请求，使得本书能够采用国际标准出版，献给伟大的改革开放 40 周年。我和广大读者收获了一本美观优质和图文并茂的新书。诚然，我为此书的出版付出了鞠躬尽瘁之力，但因年事已高、能力所限和视力之困障，书中出现这样和那样的问题，甚至是错误，在所难免。敬请广大读者和同行的专家教授提出指正。

陈元千（Chen Yuanqian）
2019 年春节于北京

目　　录

第1章　地层流体物理性质 ··· （1）

1.1　地层天然气的物性 ·· （1）

1.2　地层原油物性 ··· （12）

1.3　地层水物性 ··· （25）

1.4　烃类的相态 ··· （29）

1.5　地层流体性质与油气藏类型 ·· （33）

　　参考文献 ··· （36）

第2章　地层岩石物理性质 ··· （38）

2.1　孔隙度 ··· （38）

2.2　渗透率 ··· （42）

2.3　含油饱和度 ··· （58）

2.4　润湿性 ··· （60）

2.5　毛细管压力 ··· （62）

2.6　岩石有效压缩系数 ·· （69）

　　参考文献 ··· （71）

第3章　油气田开发动态与调整 ··· （73）

3.1　油气藏的压力与温度系统 ·· （73）

3.2　油气藏的驱动类型 ·· （76）

3.3　油气田开发调整 ··· （81）

3.4　三次采油原理 ··· （81）

3.5　不同驱动类型的采收率确定方法 ·· （82）

　　参考文献 ··· （91）

第4章　油气资源与储量评价方法 ··· （93）

4.1　油气流体分类和资源品阶划分 ·· （93）

4.2　油气资源与储量的分类分级 ·· （93）

4.3　石油与天然气地质储量计算方法 ·· （95）

4.4　年度剩余可采储量、储采比和储量补给率评价 ·· （101）

4.5　稳产年限与经济极限产量 ··· （103）

　　参考文献 ·· （104）

第 5 章　油藏物质平衡方程式 ··· (106)

5.1　油藏饱和类型和驱动类型的划分 ···································· (106)

5.2　油藏物质平衡方程式的建立 ·· (107)

5.3　天然水侵量的计算方法 ··· (113)

5.4　物质平衡方程式的线性处理及多解性判断 ····················· (122)

5.5　应用举例 ·· (125)

参考文献 ··· (134)

第 6 章　气藏物质平衡方程式 ··· (136)

6.1　正常压力系统气藏的物质平衡方程式 ····························· (136)

6.2　异常高压气藏的物质平衡方程式 ···································· (144)

6.3　应用举例 ·· (148)

参考文献 ··· (154)

第 7 章　产量递减法 ··· (155)

7.1　油气田的开发模式 ·· (155)

7.2　扩展的 Arps 递减 ·· (156)

7.3　广义递减模型 ·· (159)

7.4　应用举例 ·· (162)

参考文献 ··· (169)

第 8 章　预测模型法 ··· (170)

8.1　统计分布规律转为预测模型的原理 ·································· (170)

8.2　预测模型的建立 ··· (171)

8.3　预测模型分类及典型曲线 ·· (176)

8.4　多峰预测模型 ·· (182)

8.5　应用举例 ·· (184)

参考文献 ··· (186)

第 9 章　水驱曲线法 ··· (187)

9.1　直线关系的水驱曲线 ··· (187)

9.2　半对数关系的水驱曲线 ··· (190)

9.3　双对数关系的水驱曲线及其他 ·· (195)

9.4　联解法 ··· (196)

9.5　应用举例 ·· (197)

参考文献 ··· (202)

第 10 章　水锥与气锥 ··· (204)

10.1　基本假定 ·· (204)

10.2　流体的势、静压头和地层静压的关系 ······················· （205）

10.3　气锥与水锥油井临界产量计算方法的推导 ··················· （206）

10.4　合理射开井段长度的确定方法 ······························· （211）

10.5　最佳避射高度的确定方法 ··································· （212）

10.6　对临界产量公式的修正 ····································· （213）

10.7　方法对比与应用 ··· （214）

参考文献 ··· （217）

第 11 章　水平井产量 ··· （219）

11.1　均质油藏水平井产量公式的对比 ····························· （219）

11.2　不同条件下水平井的产量公式 ······························· （220）

11.3　各向异性断块油藏水平井的产量公式 ························· （222）

11.4　水平井高产原因 ··· （223）

11.5　水平油井的无因次 IPR 方程 ································· （224）

参考文献 ··· （227）

第 12 章　等温吸附方程和解吸方程 ······························· （228）

12.1　陈氏等温吸附方程和解吸方程 ······························· （228）

12.2　兰氏等温吸附方程和解吸方程 ······························· （231）

12.3　无因次等温吸附方程 ······································· （232）

12.4　等温吸附量的计算方法 ····································· （234）

12.5　利用氦气标定空余体积的方法 ······························· （239）

12.6　应用举例 ··· （241）

参考文献 ··· （252）

第 13 章　矿场试井 ··· （254）

13.1　扩散方程的推导及求解 ····································· （254）

13.2　油井的产能测试 ··· （258）

13.3　油井压降曲线的拟稳态 ····································· （261）

13.4　油井压力恢复曲线测试 ····································· （262）

13.5　应用举例 ··· （266）

参考文献 ··· （273）

第 14 章　面积注水计算方法 ····································· （275）

14.1　面积注水系统的"单元""比单元"和"生产坑道" ··········· （275）

14.2　渗滤阻力区的划分及等值渗滤阻力的表达式 ··················· （277）

14.3　油井见水前的计算方法 ····································· （278）

14.4　油井见水后的计算方法 ····································· （280）

　14.5　油井产量的无因次化 ……………………………………………………（282）

　14.6　应用举例 ………………………………………………………………（283）

　参考文献 …………………………………………………………………………（290）

第 15 章　油气藏工程常用计算公式的单位变换 …………………………………（291）

　15.1　油气藏工程的 SI 单位制 ………………………………………………（291）

　15.2　油藏工程常用计算公式的单位变换 ……………………………………（292）

　15.3　气藏工程常用计算公式的单位变换 ……………………………………（299）

　参考文献 …………………………………………………………………………（310）

附录 ………………………………………………………………………………（311）

　附录 1　油气藏工程常用无因次量及单位的表示法 …………………………（311）

　附录 2　油气藏工程常用数学符号中英文对照表 ……………………………（312）

　附录 3　中英文常用单位名称对照表 …………………………………………（314）

　附录 4　SI 制和英制单位的词头 ……………………………………………（315）

　附录 5　SI 制与英制常用单位的换算关系 …………………………………（316）

　附录 6　SJ 制与达西制的渗透单位推导 ……………………………………（318）

　附录 7　三种黏度单位关系的推导 ……………………………………………（319）

　附录 8　气、油、水和岩石物性的相关经验公式 ……………………………（320）

　参考文献 …………………………………………………………………………（329）

第1章　地层流体物理性质

石油、天然气和水，是油气藏中存在的主要流体，也是研究储层流体的主要对象。石油是指以气相、液相或固相碳氢化合物为主的烃类混合物。在地层温度和地层压力条件下，以液相存在并含有少量非烃类的液体，称为原油；在地层温度和地层压力条件下，以气相存在并含有少量非烃类的气体，称为天然气；在地层温度和地层压力条件下，以气相存在，当采至地面的常温常压下，可以分离出较多的凝析油的气体，称为凝析气。以三者为主体的储层，分别称为油藏、气藏和凝析气藏。

储层流体的物性，是油气藏工程计算中的重要参数。本章将着重介绍这些参数的物理性质，并提供估算这些参数的相关经验公式。

1.1　地层天然气的物性

1.1.1　天然气的偏差系数及密度

由分子物理学可以写出，理想气体的状态方程式为：

$$pV = nRT \tag{1-1}$$

式中　p——气体压力，MPa；

　　　V——气体的体积，m^3；

　　　n——气体的摩尔量，Mmol；

　　　R——通用气体常数，8.29MPa·m^3/（Mmol·K）；

　　　T——气体温度，K。

天然气是多组分的真实气体，当考虑到气体分子占有的体积和分子之间的作用影响时，需将（1-1）式写为：

$$pV = ZnRT \tag{1-2}$$

式中的 Z 叫做气体偏差系数（Gas Deviation factor），表示在某一温度和压力条件下，同一质量气体的真实体积与理想体积之比值，即：

$$Z = \frac{V_{actual}}{V_{ideal}} \tag{1-3}$$

由于气体的摩尔量，等于气体的质量除以气体的分子量，即 $n = m/M$，并考虑 Z 的影响时，（1-2）式可写为：

1

$$pV = Z \frac{m}{M} RT \tag{1-4}$$

式中　m——气体的质量，Mg；

　　　M——气体的分子量，Mg/Mmol。

单位体积气体的质量为气体的密度，故由（1-4）式得：

$$\rho_g = PM/ZRT \tag{1-5}$$

式中　ρ_g——气体的密度，Mg/m^3（或 g/cm^3）。

气体的相对密度定义为，在标准温度 T_{sc}（293K）和标准压力 p_{sc}（0.101MPa）条件下，气体密度与空气密度之比，即：

$$\gamma_g = \frac{\rho_g}{\rho_{air}} \tag{1-6}$$

在标准条件下，气体和空气的状态都可用理想气体定律表示，并可忽略 Z 的影响，因此，将（1-5）式代入（1-6）式得：

$$\gamma_g = \frac{\dfrac{pM}{RT}}{\dfrac{pM_{air}}{RT}} = \frac{M}{M_{air}} = \frac{M}{28.97} \tag{1-7}$$

式中　M_{air}——空气的分子量（28.97），Mg/Mmol。

天然气是一种多组分的真实气体混合物，在应用（1-4）式描述它的状态时，必须考虑气体偏差系数的影响，而气体偏差系数是压力、温度和气体组分的函数。一般的实验室很少具有直接测定气体偏差系数的条件，而多采用 Standing-Katz 图版（图1-1）加以确定。

图1-1 上的 p_{pr} 和 T_{pr} 分别叫做拟对比压力和拟对比温度，并表示为：

$$p_{pr} = \frac{p}{p_{pc}} \tag{1-8a}$$

$$T_{pr} = \frac{T}{T_{pc}} \tag{1-8b}$$

式中　p_{pc} 和 T_{pc}——拟临界压力和拟临界温度，dim。

在确定不同组分天然气的偏差系数时，通常用对比状态定律（the Law of Corresponding States）。该定律表示为，相同的对比压力和对比温度的气体，具有相同的气体偏差系数。

根据天然气的摩尔组分分析数据，可以按照下面的关系式，列表计算出天然气的拟临界压力、拟临界温度和拟分子量的数值（表1-1）。

$$p_{pc} = \sum_{1}^{n} x_i p_{ci} \tag{1-9}$$

$$T_{pc} = \sum_{1}^{n} x_i T_{ci} \tag{1-10}$$

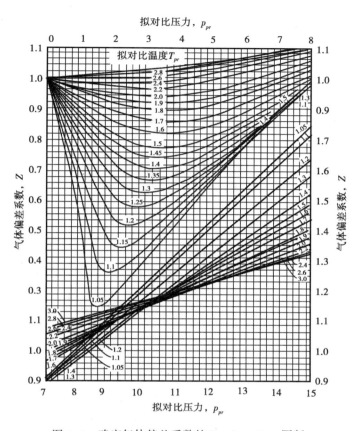

图 1-1　确定气体偏差系数的 Standing-Katz 图版

$$M = \sum_{i=1}^{n} x_i M_i \qquad (1-11)$$

式中　x_i——第 i 气体组分的摩尔含量，frac；

$\quad\quad p_{ci}$——第 i 气体组分的临界压力，MPa；

$\quad\quad T_{ci}$——第 i 气体组分的临界温度，K；

$\quad\quad M_i$——第 i 气体组分的分子量，Mg/Mmol。

表 1-1　确定气体分子量、拟临界温度和拟临界压力

组分	摩尔含量 x_i	摩尔分子量 M_i	$x_i M_i$	临界温度 T_{ci}（K）	$x_i T_{ci}$	临界压力 p_{ci}（MPa）	$x_i p_{ci}$
N_2	0.0138	28.013	0.3866	126.11	1.74	3.3992	0.0469
CH_4	0.9302	16.043	14.9232	190.67	177.36	4.6042	4.2828
C_2H_6	0.0329	30.070	0.9893	305.50	10.05	4.8800	0.1606
C_3H_8	0.0136	44.097	0.5997	370.00	5.03	4.2492	0.0578
$i-C_4H_{10}$	0.0023	58.124	0.1337	408.11	0.94	3.6479	0.0084
$n-C_4H_{10}$	0.0037	58.124	0.2151	425.39	1.57	3.7969	0.0140

续表

组分	摩尔含量 x_i	摩尔分子量 M_i	$x_i M_i$	临界温度 T_{ci}（K）	$x_i T_{ci}$	临界压力 p_{ci}（MPa）	$x_i p_{ci}$
$i-C_5H_{12}$	0.0012	72.151	0.0866	460.89	0.55	3.3811	0.0041
$n-C_5H_{12}$	0.0010	72.151	0.0722	470.11	0.47	3.3687	0.0034
C_6H_{14}	0.0008	86.178	0.0689	507.89	0.41	3.0123	0.0024
$C_7H_{16}^+$	0.0005	114.232	0.0571	540.22	0.27	7.0596	0.0035

注：$M = \sum x_i M_i = 17.5315$，$T_{pc} = \sum x_i p_{ci} = 198.39$，$p_{pc} = \sum x_i p_{ci} = 4.5739$。

由表1-1计算结果得到，$p_{pc} = 4.5739$MPa、$T_{pc} = 198.39$K 和 $M = 17.5315$Mg/Mmol。将天然气的拟分子量 M 的数值代入（1-7）式得，该天然气的相对密度：

$$\gamma_g = \frac{17.5315}{28.97} = 0.605$$

应当指出，在已知庚烷以上（C_7H_{16+} 或写为 C_{7+}）各组分摩尔含量的情况下，C_{7+} 的拟临界压力 $p_{pc}(C_{7+})$、拟临界温度 $T_{pc}(C_{7+})$ 和分子量 $M(C_{7+})$ 仍可由（1-1）式至（1-9）式计算。

通常遇到的烃类及非烃类气体的各项特定物性列于表1-2内。

表1-2　烃类及非烃类气体的物性常数表

组分名称	代号	分子式	分子量 M	在0.101325MPa下的沸点（℃）	在0.101325MPa下的冰点（℃）	临界压力 p_c（MPa）	临界温度 T_c（K）	在标准条件下相对密度
甲烷	C_1	CH_4	16.043	-161.50	-182.48	4.6042	190.67	0.3000
乙烷	C_2	C_2H_6	30.070	-88.61	-183.27	4.8800	305.50	0.3564
丙烷	C_3	C_3H_8	44.097	-42.06	-187.69	4.2492	370.00	0.5077
异丁烷	$i-C_4$	$i-C_4H_{10}$	58.124	-11.72	-159.61	3.6479	408.11	0.5631
正丁烷	$n-C_4$	$n-C_4H_{10}$	58.124	-0.50	-138.36	3.7969	425.39	0.5844
异戊烷	$i-C_5$	$i-C_5H_{12}$	72.151	27.83	-159.91	3.3811	460.89	0.6247
正戊烷	$n-C_5$	$n-C_5H_{12}$	72.151	36.06	-129.73	3.3687	470.11	0.6310
正己烷	$n-C_6$	$n-C_6H_{14}$	86.178	68.72	-95.32	3.0123	507.89	0.6640
正庚烷	$n-C_7$	$n-C_7H_{16}$	100.205	98.44	-90.58	2.7358	540.22	0.6882
正辛烷	$n-C_8$	$n-C_8H_{18}$	114.232	125.67	-56.77	2.4862	569.39	0.7068
正壬烷	$n-C_9$	$n-C_9H_{20}$	128.259	150.78	-53.49	2.2890	596.11	0.7217
正癸烷	$n-C_{10}$	$n-C_{10}H_{22}$	142.286	174.11	-29.64	2.0960	619.44	0.7342
空气	Air	N_2-O_2	28.964	-194.28	—	3.7727	132.78	0.8560
二氧化碳	CO_2	CO_2	44.010	-186.43	—	7.3853	304.17	0.8270
氦气	He	He	4.003	-327.52	—	0.2289	5.278	—
氢气	H_2	H_2	2.016	-459.73	-259.35	1.2970	33.22	0.0700
硫化氢气	H_2S	H_2S	34.076	-315.74	-82.93	9.0060	373.56	0.7900
氮气	N_2	N_2	28.013	-371.19	-210.01	3.3992	126.11	0.8080
氧气	O_2	O_2	31.999	-389.22	-218.79	5.0808	154.78	1.1400
水	H_2O	H_2O	18.015	100.00	0	22.1192	647.33	1.0000

在许多情况下，天然气的组分是已知的。因此，就可以按照上述的方法，计算天然气的拟临界压力、拟临界温度和拟分子量。但是，假若在矿场没有取得天然气的组分分析数据，而只获得了天然气的相对密度，那么，可以利用图 1-2，由天然气的相对密度查得天然气的拟临界压力和拟临界温度数值。

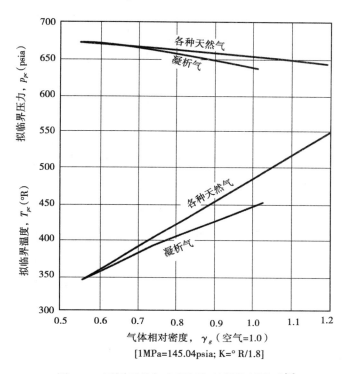

图 1-2　不同天然气和凝析气的拟临界性质[1]

在确定天然气和凝析气的相对密度之后，就可采用如下的相关经验公式，计算天然气和凝析气的拟临界压力和拟临界温度。

1.1.1.1　对于干气

当 $\gamma_g \geqslant 0.7$ 时[2]

$$\begin{cases} p_{pc} = 4.8815 - 0.3861\gamma_g \\ T_{pc} = 92.2222 + 176.6667\gamma_g \end{cases} \tag{1-12}$$

当 $\gamma_g < 0.7$ 时[2]

$$\begin{cases} p_{pc} = 4.7780 - 0.2482\gamma_g \\ T_{pc} = 92.2222 + 176.6667\gamma_g \end{cases} \tag{1-13}$$

Standing 提供的美国加利福尼亚州干气的相关经验公式为[3]：

$$\begin{cases} p_{pc} = 4.6677 + 0.1034\gamma_g - 0.2586\gamma_g^2 \\ T_{pc} = 93.3333 + 180.5556\gamma_g - 6.9444\gamma_g^2 \end{cases} \tag{1-14}$$

对于上述含有非烃类气体的天然气，相对密度的统计范围为 $0.56 < \gamma_g < 1.71$。

1.1.1.2 对于凝析气（湿气）

当 $\gamma_g \geqslant 0.7$ 时[2]

$$\begin{cases} p_{pc} = 5.1021 - 0.6895\gamma_g \\ T_{pc} = 132.2222 + 116.6667\gamma_g \end{cases} \tag{1-15}$$

当 $\gamma_g < 0.7$ 时[2]

$$\begin{cases} p_{pc} = 4.7780 - 0.2482\gamma_g \\ T_{pc} = 106.1111 + 152.2222\gamma_g \end{cases} \tag{1-16}$$

Standing 提供的相关经验公式为[3]：

$$\begin{cases} p_{pc} = 4.8677 - 0.3565\gamma_g - 0.07653\gamma_g^2 \\ T_{pc} = 103.8889 + 183.3333\gamma_g - 39.72222\gamma_g^2 \end{cases} \tag{1-17}$$

对于上述含有非烃类气的凝析气，相对密度的统计范围为 $0.56 < \gamma_g < 1.30$。

1.1.1.3 对于含有 CO_2 和 H_2S 的酸性天然气

在气体相对密度为 $0.55 \sim 0.9$ 范围内时，可采用如下的修正式[4]：

$$\begin{cases} p_{pc} = 4.7546 - 0.2102\gamma_g + 0.03X_{CO_2} - 1.1583 \times 10^{-2}X_{N_2} + 3.0612 \times 10^{-2}X_{H_2S} \\ T_{pc} = 84.9389 + 188.4944\gamma_g - 0.9333X_{CO_2} - 1.4944X_{N_2} \end{cases}$$

$$\tag{1-18}$$

式中　X_{CO_2}——二氧化碳的摩尔含量，%；

　　　X_{N_2}——氮气的摩尔含量，%；

　　　X_{H_2S}——硫化氢的摩尔含量，%。

对于含有 CO_2 和 H_2S 气体的酸性天然气，Wichert 和 Aziz 于 1970 年提出了如下的校正方法：

（1）利用天然气的组分分析数据或图 1-2，确定 p_{pc} 和 T_{pc} 的数值；

（2）由下面的关系式计算校正后的拟临界性质：

$$\begin{cases} T'_{pc} = T_{pc} - \varepsilon \\ p'_{pc} = \dfrac{p_{pc}T'_{pc}}{T_{pc} + \varepsilon(X_{H_2S} - X_{H_2S}^2)} \end{cases} \tag{1-19a}$$

$$\varepsilon = 66.67(X_{CO_2}^{0.9} - X_{CO_2}^{1.6}) + 8.33(X_{H_2S}^{0.5} - X_{H_2S}^4) \tag{1-19b}$$

式中　X_{CO_2}——CO_2 的摩尔含量，%；

　　　X_{H_2S}——H_2S 的摩尔含量，%；

　　　T'_{pc}——校正后的拟临界温度，K；

　　　p'_{pc}——校正后的拟临界压力，MPa；

　　　ε——校正因子，K。

建立（1-19a）式的条件范围为：$1.062 < p_R$（MPa）< 48.442；$4.44 < t_R$（℃）< 148.89；$0 < X_{CO_2} < 54.56$（摩尔含量）；$0 < X_{H_2S} < 73.85$（摩尔含量）。

（3）利用校正后的拟临界压力和拟临界温度，由（1-8）式计算拟对比压力 p_{pr}，和拟对比温度 T_{pr}；

（4）由图 1-1 或相关经验公式，确定 Z 的数值。

Beggs 和 Brill 给出了拟合 Standing-Katz 图版的如下相关经验公式[3]：

$$Z = A + \frac{(1 - A)}{e^B} + Cp_{pr}{}^D \qquad (1-20)$$

式中

$$A = 1.39(T_{pr} - 0.92)^{0.5} - 0.36T_{pr} - 0.101 \qquad (1-21)$$

$$B = (0.62 - 0.23T_{pr})p_{pr} + \left[\frac{0.066}{(T_{pr} - 0.86)} - 0.037\right]p_{pr}{}^2 + \frac{0.32p_{pr}^6}{\exp[20.727(T_{pr} - 1)]}$$
$$(1-22)$$

$$C = 0.132 - 0.32\lg T_{pr} \qquad (1-23)$$

$$D = \exp(0.7153 - 1.1285T_{pr} + 0.4201T_{pr}^2) \qquad (1-24)$$

建立（1-20）式至（1-24）式的有效范围为 $0 < p_{pr} < 30$ 和 $1.05 \leqslant T_{pr} < 3.0$。

Dranchuk 和 Purvis 等同样拟合 Standing-Katz 图版得到了如下的相关经验公式[2]：

$$Z = 1 + \left(A_1 - \frac{A_2}{T_{pr}} - \frac{A_3}{T_{pr}^3}\right)\rho_{pr} + \left(A_4 - \frac{A_5}{T_{pr}} + \frac{A_6}{T_{pr}^3}\right)\rho_{pr}^2 \qquad (1-25)$$

$$\rho_{pr} = \frac{0.27p_{pr}}{ZT_{pr}} \qquad (1-26)$$

式中　p_{pr}——拟对比压力，dim；

　　　T_{pr}——拟对比温度，dim；

　　　ρ_{pr}——拟气体密度，dim；

　　　Z——气体偏差系数，dim。

$A_1 = 0.3151$；$A_2 = 1.0467$；$A_3 = 0.5783$；$A_4 = 0.5353$；$A_5 = 0.6123$；$A_6 = 0.6815$。

在已知 p_{pr} 和 T_{pr} 的情况下，由（1-25）式求解 Z 时，需要经过一个迭代的程序，即先给定不同的 Z 值（先从 $Z = 1$ 开始），由（1-26）式求出 ρ_{pr} 值，再由（1-25）式计算 Z 值。假若给定的 Z 值与由（1-25）式计算的 Z 值非常接近，或者两者相差某一允许的最小值时，即可认为求得的 Z 值是正确。

建立（1-25）式的有效范围为 $0.2 < p_{pr} < 15$ 和 $0.7 < T_{pr} < 3.0$。

1.1.2　天然气的压缩系数

天然气的压缩系数（Compresibility），是在恒温条件下，天然气随压力变化的单位体积变化率。应当注意，不要同气体偏差系数（Deviation factor）相混淆。前者是气藏工程计算方法中的重要参数。按其定义可写为：

$$C_g = -\frac{1}{V}\left(\frac{\partial V}{\partial p}\right)_T \tag{1-27}$$

式中　C_g——天然气压缩系数，MPa^{-1}。

将（1-2）式改写为：

$$V = \frac{nRTZ}{p} \tag{1-28}$$

对（1-28）式求导得：

$$\left(\frac{\partial V}{\partial p}\right)_T = nRT\frac{p\frac{\partial Z}{\partial p} - Z}{p^2} \tag{1-29}$$

将（1-28）式和（1-29）式代入（1-27）式得：

$$C_g = \frac{1}{p} - \frac{1}{Z}\frac{\partial Z}{\partial p} \tag{1-30}$$

对于理想气体，由于 $Z = 1.0$，因此，$C_g = 1/p$。在利用（1-30）式计算天然气的压缩系数时，需要确定在特定压力和温度下的 Z 系数随压力的变化率。由于确定 Z 值的图版和相关经验公式都是拟对比压力 p_{pr} 和拟对比温度 T_{pr} 的函数，因此，这里引出了拟对比压缩系数 C_{pr} 的概念，并由下式表示：

$$C_{pr} = C_g p_{pc} \tag{1-31}$$

将（1-30）式中的偏导数改写为：

$$\frac{\partial Z}{\partial p} = \left(\frac{\partial Z}{\partial p_{pr}}\right)\left(\frac{\partial p_{pr}}{\partial p}\right) \tag{1-32}$$

由（1-8）式的拟对比压力对压力求偏导数后得：

$$\left(\frac{\partial p_{pr}}{\partial p}\right) = \frac{1}{p_{pc}} \tag{1-33}$$

将（1-33）式代入（1-32）式得：

$$\frac{\partial Z}{\partial p} = \frac{1}{p_{pc}}\left(\frac{\partial Z}{\partial p_{pr}}\right) \tag{1-34}$$

再将（1-8）式和（1-34）式代入（1-30）式得：

$$C_g = \frac{1}{p_{pr}p_{pc}} - \frac{1}{Zp_{pc}}\left(\frac{\partial Z}{\partial p_{pr}}\right) \tag{1-35}$$

或写为：

$$C_g p_{pc} = \frac{1}{p_{pr}} - \frac{1}{Z}\left(\frac{\partial Z}{\partial p_{pr}}\right) \qquad (1-36)$$

由（1-36）式与（1-31）式相等得拟对比压缩系数为：

$$C_{pr} = \frac{1}{p_{pr}} - \frac{1}{Z}\left(\frac{\partial Z}{\partial p_{pr}}\right) \qquad (1-37)$$

（1-37）式中的（$\partial Z/\partial p_{pr}$）的数值，可以由图 1-1 上某常数 T_{pr} 曲线的斜率求得。Trube[6] 利用实际的取样分析数据，建立了不同拟对比温度 T_{pr} 下的拟对比压缩系数 C_{pr} 与拟对比压力 p_{pr} 的关系图，如图 1-3 和图 1-4 所示。在已知 p_{pr} 和 T_{pr} 数值之后，可查图 1-3 或图 1-4 得到拟对比压缩系数。然后，在已知的拟临界压力 p_{pc} 的条件下，由下式确定天然气的压缩系数：

$$C_g = C_{pr}/p_c \qquad (1-38)$$

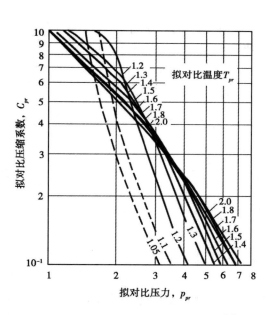

图 1-3　天然气的拟对比压缩系数图[6]

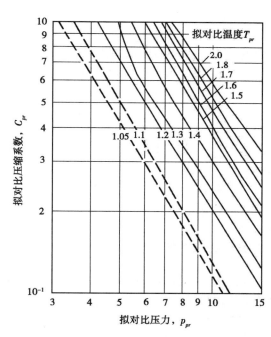

图 1-4　天然气的拟对比压缩系数图[6]

1.1.3　天然气的体积系数

　　天然气的体积是在地面标准条件下确定的，而油气藏工程的计算，则需要在地层压力和地层温度条件下计算气体的体积流量数值，因此，就需要把地面条件下计量的天然气体积，换算到地层条件下的体积。这一换算系数就是天然气的体积系数。天然气体积系数的定义为，在地层条件下某一摩尔量天然气占有的体积，除以在地面标准条件下同样摩尔量天然气占有的体积，由下式表示：

$$B_g = \frac{V_R}{V_{sc}} \tag{1-39}$$

式中　B_g——天然气的体积系数，dim

　　　V_R——天然气的地下体积，m^3；

　　　V_{sc}——在地面标准条件下天然气的体积，m^3。

由（1-2）式可以写出，n 摩尔天然气在地层条件下占有的体积为：

$$V_R = \frac{ZnRT}{p} \tag{1-40}$$

式中　p——地层压力，MPa；

　　　T——地层温度，K。

同样可以写出，在地面标准条件下，n 摩尔天然气占有的体积为：

$$V_{sc} = \frac{Z_{sc}nRT_{sc}}{p_{sc}} \tag{1-41}$$

式中的 p_{sc} 和 T_{sc} 分别表示地面标准压力和标准温度；Z_{sc} 表示在 p_{sc} 和 T_{sc} 下的气体偏差系数。

将（1-40）式和（1-41）式代入（1-39）式得：

$$B_g = \frac{p_{sc}ZT}{pZ_{sc}T_{sc}} \tag{1-42}$$

在（1-42）式中的 Z_{sc} 通常取为 1.0，而当 $p_{sc} = 0.101$MPa 和 $T_{sc} = 293$K 时，由（1-42）式得：

$$B_g = 3.447 \times 10^{-4} \frac{ZT}{p} \tag{1-43}$$

1.1.4　天然气的黏度

天然气的黏度（Gas Viscosity），是油气藏工程中的重要参数之一。在地层条件下，它是压力、温度和气体组分的函数。天然气的黏度与液体黏度不同，在低压条件下，天然气的黏度随温度的升高而增加。但当压力大于 10MPa 时，天然气的黏度随温度的升高先是减小而后转至增加。但是，无论是在低压或高压条件下，天然气的黏度都随压力的升高而增加，如图 1-5 所示。当天然气中有非烃类气体存在时，往往出现黏度增加的现象。

天然气的黏度可以通过实验室比较准确地测定，但实验室的测定也是比较困难的。因此，油藏工程师通常用相关经验公式来计算。Lee 和 Gonzalez 等根据四个石油公司（Atlantic Refining Company，Continental Oil Company，Pan American Petroleum Corporation，and Imperial Oil Limited）提供的 8 个天然气样品（表 1-3），在温度 37.8~171.2℃和压力 0.1013~55.158MPa 条件下，进行黏度和密度的实验测定，利用测定的数据得到了如下的相关经验公式[8-9]：

$$\mu_g = 10^{-4}k\exp(X\rho_g^Y) \tag{1-44}$$

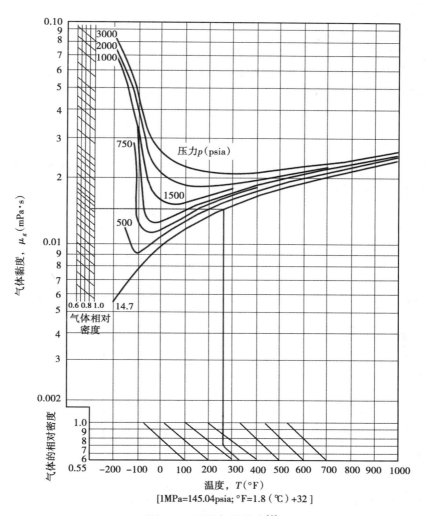

图 1-5　天然气的黏度[7]

$$k = \frac{2.6832 \times 10^{-2}(470 + M)T^{1.5}}{116.1111 + 10.5556M + T} \qquad (1-45)$$

$$X = 0.01\left(350 + \frac{54777.78}{T} + M\right) \qquad (1-46)$$

$$Y = 0.2(12 - X) \qquad (1-47)$$

$$\rho_g = \frac{M_{air}\gamma_g p}{ZRT} \qquad (1-48)$$

式中　μ_g——地层天然气的黏度，$mPa \cdot s$；

ρ_g——地层天然气的密度，g/cm^3（Mg/m^3）；

M——天然气的分子量，$Mg/Mmol$；

11

M_{air}——空气的分子量（28.97），Mg/Mmol；；

T——地层温度，K；

γ_g——天然气的相对密度（$\alpha_{air}=1.0$）；

R——通用气体常数（8.29），MPa·m³/（Mmol·K）。

将 $M_{air}=28.97$ 和 $R=8.29$MPa·m³/（Mmol·K）代入（1-48）式得：

$$\rho_g = \frac{3.4945\gamma_g p}{ZT}$$ (1-49)

使用（1-44）式计算实验数据的标准差为 ±2.7%。当二氧化碳的含量为 $0.9 < CO_2$（mol%）< 3.20 时，同样可以得到可靠的结果。

表1-3　8个样品的天然气组分分析数据[9]

气体组分	天然气样品编号							
	1	2	3	4	5	6	7	8
N_2	0.20	5.2	0.55	0.04	—	0.67	4.80	1.4
CO_2	0.23	0.19	1.70	2.04	3.20	0.64	0.90	1.4
He	—	—	—	—	—	0.05	0.03	0.03
C_1	97.80	92.9	91.5	88.22	86.3	80.9	80.70	71.7
C_2	0.95	0.94	3.10	5.08	6.80	9.90	8.70	14.0
C_3	0.42	0.48	1.40	2.48	2.40	4.60	2.90	8.30
$n-C_4$	0.23	0.18	0.50	0.58	0.48	1.35	1.70	1.90
$i-C_4$	—	0.01	0.67	0.87	0.43	0.76	—	0.77
C_5	0.09	0.06	0.28	0.41	0.22	0.60	0.13	0.39
C_6	0.06	0.06	0.26	0.15	0.10	0.39	0.06	0.09
C_{7+}	0.03	—	0.08	0.13	0.04	0.11	0.03	0.01
总计	100.02	100.02	100.04	100.00	99.97	99.97	99.95	99.99

1.2　地层原油物性

1.2.1　原油的密度及分类

原油密度（Oil density）的定义为，单位原油体积的质量，由下式表示：

$$\rho_o = \frac{m}{V}$$ (1-50)

式中　ρ_o——原油的密度，kg/m³；

V——原油的体积，m³；

m——原油的质量，kg。

在实际应用中，以 kg/m³ 表示密度单位不方便，如大庆油田原油的密度为 870kg/m³，与我国原用的密度单位不相一致。考虑到所用单位的一贯性，在实验室和矿场应用时，可按照情况分别采用 g/cm³ 和 t/m³ 的单位。三种密度单位具有以下的等价关系：

$$1g/cm^3 = 1000kg/m^3 = 1t/m^3$$

我国地面脱气原油的密度，是指在常压（0.101MPa）和 20℃条件下测量的密度。它与 0.101MPa 和 4℃条件下纯水密度之比值，称为脱气原油的相对密度，表示为：

$$\gamma_o = \frac{\rho_{os}}{\rho_{ws}} \qquad (1-51)$$

式中　γ_o——地面脱气原油的相对密度（$\gamma_w = 1.0$），dim；

　　　ρ_{os}——地面脱气原油的密度，g/cm³；

　　　ρ_{ws}——地面纯水的密度，g/cm³。

由于纯水的密度 $\rho_{ws} = 1.0g/cm^3$，因此 γ_o 与 ρ_{os} 的数值是相同的，于是，以往人们常常把相对密度（即以前俗称的比重）与密度的概念相混淆。

以 γ_{API} 表示西方国家的原油密度（重度），单位符号为°API，它与以 γ_o 表示的原油相对密度的换算关系为：

$$\gamma_o = \frac{141.5}{131.5 + \gamma_{API}} \text{ 或 } \gamma_{API} = \frac{141.5}{\gamma_o} - 131.5$$

利用地面脱气原油的相对密度的变化范围，可对原油的品位质量进行分类。在表 1-4 内列出了国际上目前对原油品位的分类标准。以此标准分析，我国大多数油田的原油属于中质和重质的品位。

表 1-4　原油品位的分类标准[10]

分类	相对密度	
	γ_o	γ_{API}
轻质油	<0.855	>34
中质油	0.855~0.934	34~20
重质油	>0.934	<20

注：凝析油的相对密度一般小于 0.8；近临界点油藏轻质油的相对密度一般大于 0.8。

1982 年在委内瑞拉召开的第二届国际重油会议上，以及 1983 年在伦敦召开的第 11 届世界石油大会上，又提出了利用地面脱气原油密度和地层温度条件下测量的脱气原油黏度划分重油和沥青砂（焦油）的国际标准，见表 1-5。

表 1-5　重油分类标准[11]

分类	黏度（mPa·s）	密度（<15.6℃）		
		（kg/m³）	（g/cm³）	（°API）
重质原油	100~10000	934~1000	0.934~1	20~10
沥青油砂	>10000	>1000	>1	<10

上述的分类标准，虽然尚不够完善，仍有待进一步研究和统一。但是，目前国际上有了这个标准，对进行原油储量的分类和评价，以及对制定油田开发的技术规范是有益的。

在油藏工程的有关计算中，常用到地层原油密度的数值。该值可以通过高压物性取样分析得到，也可利用如下的相关公式确定[3]：

$$\rho_o = \frac{(\rho_{os} + 1.2237 \times 10^{-3}\gamma_g R_s)}{B_o} \tag{1-52}$$

式中　ρ_o——地层原油密度，g/cm^3；

　　　γ_g——天然气的相对密度（$\gamma_{air} = 1.0$），dim；

　　　R_s——溶解气油比（dim），对于未饱和油藏或饱和油藏的初期，R_s 的数值可取为生产气油比，但生产气油比往往低于 PVT 的溶解气油比数值；

　　　B_o——地层原油体积系数，dim。

1.2.2　地层原油性质的确定

除饱和压力外，地层原油物性主要是指地层原油体积系数、地层原油黏度和溶解气油比，以及三者在等温条件下随压力的变化数据（图1-6）。地层原油的这些物性，是确定油藏类型、制定开发方案和进行各种油藏工程计算不可缺少的重要参数。因此，在油田勘探初期，就应当通过出油的探井取得有代表性的地层原油样品，以供 PVT 实验的分析与测定。

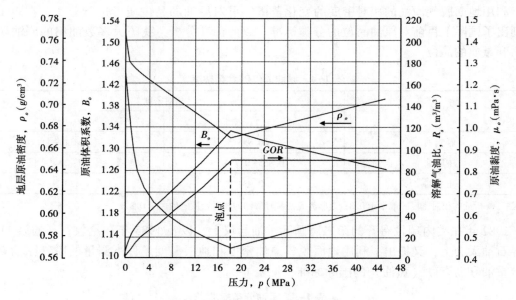

图 1-6　未饱和油藏的 PVT 分析曲线

对于饱和压力低于原始地层压力的未饱和油藏，在油井稳定生产和控制井底流压高于饱和压力的条件下，通过井底取样器，即可取得有代表性的地层油样。然而，对于饱和压力等于或接近于原始地层压力的饱和油藏，由于在探井生产时的井底流压会明显地低于饱和压力，致使原油中的溶解气已有析出，因而难以通过井底取样获得有代表性的油样。这时，一般采用地面取样进行重组复配的方法。这种方法是在油井产量和气油比比较稳定的生产条件下，在地面同时取得油样和气样，然后在实验室测定各自的组分，进行模拟地层条件的 PVT 组合配样，确定在不同压力下的地层原油物性。当不具备取样和 PVT 分析条件，或取不到有代表性的样品时，可以利用目前通用的相关经验公式。这些相关经验公式，都是利用已开发油田的取样分析数据，经过比较严格的回归分析建立起来的。

1.2.2.1　饱和压力（Saturated Pressure）

饱和压力是油藏的重要数据，它表示在地层条件下，原油中的溶解气开始分离出来时的压力。饱和压力的大小，故又称为泡点压力。主要取决于油、气的组分和油藏的温度，应该通过 PVT 取样分析测定。但在没有这样的分析资料时，也可以利用如下的相关经验公式确定。

1947 年，Standing 利用美国加利福尼亚 22 个油田 105 个饱和压力数据，建立了如下的相关经验公式[12]：

$$p_b = 24.46 \left[\left(\frac{R_s}{\gamma_g} \right)^{0.83} \times 10^{\left(1.638 \times 10^{-3} t_R - \frac{1.7686}{\gamma_o} \right)} \right] \tag{1-53}$$

式中　p_b——饱和压力，MPa；

R_s——溶解气油比，dim；

γ_g——天然气的相对密度，dim；

γ_o——地面脱气原油的相对密度，dim；

t_R——地层温度，℃。

（1-53）式的算术平均误差为 4.8%，用于相关公式的资料变化范围如下：

饱和压力：0.8963~48.26MPa；

地层温度：37.8~126℃；

溶解气油比：3.56~253.6m³/m³；

地面脱气原油相对密度：0.725~0.956；

天然气的相对密度（$\rho_{air} = 1.0$）：0.59~0.95。

Lasater 于 1958 年基于美国、加拿大和南美 137 个系统的原油，由实验测得 158 个饱和压力数据，建立了下面的相关经验公式[13-14]。

（1）当 $\gamma_y > 0.5$ 时。

$$p_b = \frac{0.0242(t_R + 273)(4.2395 y_g^{3.52} + 1)}{\gamma_g} \tag{1-54}$$

$$y_g = \frac{R_s}{R_s + \frac{24056 \gamma_o}{M_o}} \tag{1-55}$$

当 $\gamma_o \geq 0.8348$ 时

$$M_o = 646.9588 - 1372.1287 \left(\frac{1.076}{\gamma_o} - 1 \right) \tag{1-56}$$

当 $0.8348 > \gamma_o > 0.7883$ 时

$$M_o = 490.2237 - 857.6273\left(\frac{1.076}{\gamma_o} - 1\right) \tag{1-57}$$

当 $\gamma_o < 0.7883$ 时

$$M_o = 438.8889 - 730.5556\left(\frac{1.076}{\gamma_o} - 1\right) \tag{1-58}$$

式中 p_b——饱和压力，MPa；

y_g——气体的摩尔含量，frac；

t_R——地层温度，℃；

γ_g——气体的相对密度，dim；

γ_o——地面原油的相对密度，dim；

M_o——脱气原油的有效分子量，Mg/Mmol；

R_s——闪蒸分离的气油比，dim。

（2）当 $y_g < 0.5$ 时。

$$p_b = \frac{7.5084 \times 10^{-3}(t_R + 273)\left[1.1074\exp(2.7866y_g) - 1\right]}{\gamma_g} \tag{1-59}$$

（1-58）式和（1-59）式的算术平均误差为 3.8%，最大的误差为 14.7%。Lasater 建立上述的相关经验公式所用参数的变化范围为：$p_b = 0.331 \sim 39.852$MPa；$R_s = 0.534 \sim 517.38\text{m}^3/\text{m}^3$；$\gamma_o = 0.9471 \sim 0.7732$；$\gamma_g = 0.574 \sim 1.223$；$t_R = 27.8 \sim 133.44$℃；分离器温度 $t_{sp} = 1.112 \sim 41.144$℃；分离器压力 $p_{sp} = 0.1034 \sim 4.1713$MPa。

Glaso 于 1980 年根据北海六个油藏的 26 个流体的 PVT 分析样品，以及中东、阿尔及利亚和美国的 19 个流体的 PVT 分析样品，按照 Standing 的研究方法[12]，经回归分析得到如下的相关经验公式[15]：

$$\log p_b = 1.7447\log p_b^* - 0.3022(\log p_b^*)^2 - 0.3946 \tag{1-60}$$

$$p_b^* = 5.974 \times 10^{-2}\left(\frac{R_s}{\gamma_g}\right)^{0.816} \frac{(5.625 \times 10^{-2}t_R + 1)^{0.173}}{\left(\frac{1.076}{\gamma_o} - 1\right)^{0.989}} \tag{1-61}$$

式中 p_b——饱和压力，MPa；

p_b^*——饱和压力的相关因数，MPa；

R_o——闪蒸分离的总生产气油比，dim；

t_R——地层温度，℃；

γ_g——闪蒸分离气体的相对密度，dim；

γ_o——闪蒸分离的地面原油相对密度，dim。

由实验值使用（1-60）式确定的饱和压力，在 1.034 ~ 48.263MPa 压力范围内的标准差为 6.98%，而在 13.789 ~ 48.263MPa 压力范围内的标准差为 3.84%。

1.2.2.2　天然气的溶解度（Gas Solubility）

在地层条件下的原油溶解有天然气，单位体积原油中天然气的溶解量称为天然气溶解

16

度，也称为溶解气油比。溶解气油比的大小，取决于地层内的油气性质、组分、地层温度和饱和压力的大小。原油相对密度越低，则溶解气量越高。在有溶气驱动的油藏工程计算中，需要用到天然气溶解度随压力的变化关系。天然气溶解度也是 PVT 实验中要取得的一个重要参数，实在无法取得时，也可以利用经验公式加以计算。例如 Vazquez 和 Beggs 于 1980 年利用世界范围内 600 个实验室 PVT 分析的 6000 个以上的数据，建立了溶解气油比与压力、温度、原油和天然气相对密度的如下相关经验公式[16]：

$$R_s = C_1 \gamma_{gs} p_R^{C_2} \exp\left[\frac{C_3\left(\frac{1.076}{\gamma_o} - 1\right)}{3.6585 \times 10^{-2} t_R + 1}\right] \tag{1-62}$$

$$\gamma_{gs} = \gamma_{gp}\left[1 + 0.2488\left(\frac{1.076}{\gamma_o} - 1\right)(5.625 \times 10^{-2} t_{sep} + 1) \times (\log p_{sep} + 0.1019)\right]$$
$$\tag{1-63}$$

式中　R_s——在 p 压力下的溶解气油比，dim；

　　　γ_{gs}——若分离器压力在 0.689MPa 下分离出气体的相对密度，dim；

　　　γ_{gp}——在实际的分离器条件下，分离出气体的相对密度，dim；

　　　p_R——地层压力，MPa；

　　　t_R——地层温度，℃；

　　　γ_o——地面脱气原油的相对密度，dim；

　　　p_{sep} 和 t_{sep}——分离器的压力（MPa）和温度（℃）。

常数 C_1、C_2 和 C_3 的数值列于表 1-6 中。

表 1-6　（1-62）式的常数 C_1、C_2 和 C_3

常数	$\gamma_o \geq 0.876$	$\gamma_o < 0.876$
C_1	2.3716	1.1661
C_2	1.0937	1.1870
C_3	6.8760	6.3967

1.2.2.3　原油的压缩系数（Oil Compresibility）

在油藏工程的非稳定流分析方法中，原油压缩系数是一个常用的物性参数。它是油藏弹性能量的一个量度，其定义为，在地层条件下每变化 1MPa 压力，单位体积原油的体积变化率，可写为：

$$C_o = -\frac{1}{V}\frac{dV}{dp} \tag{1-64}$$

式中　C_o——原油压缩系数，MPa^{-1}；

　　　V——被天然气饱和的原油体积，m^3；

　　　$\dfrac{dV}{dp}$——单位压降的体积变化量，m^3/MPa。

在地层压力大于饱和压力的条件下，原油的压缩系数保持常数，即 $C_o =$ 常数。因此，由（1-64）式得：

$$\frac{\mathrm{d}V}{V} = - C_o \mathrm{d}p \tag{1-65}$$

对（1-65）式积分得：

$$\int_{V_i}^{V} \frac{\mathrm{d}V}{V} = - C_o \int_{p_i}^{p} \mathrm{d}p$$

$$\ln \frac{V}{V_i} = C_o(p_i - p)$$

$$\frac{V}{V_i} = \exp[\, C_o(p_i - p)\,] \tag{1-66}$$

式中　V——在 p 压力下地层原油的体积，m^3；

　　　V_i——在 p_i 压力下地层原油的体积，m^3；

　　　p_i——原始地层压力，MPa；

　　　p——地层压力，MPa。

由于 C_o 的数值很小，e^x 可近似地取为（$1+x$）表示，故得：

$$V = V_i[\, 1 + C_o(p_i - p)\,] \tag{1-67}$$

C_o 的数值应由实验室测定，当实在无法取得这一数据时，也可以用某些相关经验公式来加以估算。例如，Vazquez 和 Beggs 于 1980 年利用世界范围内取得的 PVT 分析的 4036 个数据，由回归分析法得到如下相关经验公式[16]：

$$C_o = \frac{a_1 + a_2 R_s + a_3(5.625 \times 10^{-2} t_R + 1) + a_4 \gamma_{gs} + a_5\left(\frac{1.076}{\gamma_o} - 1\right)}{a_6 p_R} \tag{1-68}$$

式中的 γ_{gs} 由（1-63）式计算；a_1、a_2、a_3、a_4、a_5 和 a_6 的常数值列于表 1-7 内；其他符号的意义及单位同（1-63）式所注。

表 1-7　（1-68）式中的常数 $a_1 \sim a_6$ 的数值

a_1	a_2	a_3	a_4	a_5	a_6
−1433	28.075	550.4	−1180	1658.215	10^5

（1-68）式的有效应用范围为：$0.2068 < p_{sep}$（MPa）< 3.688；$24.44 < t_{sep}$（℃）< 65.55；$0.7408 < \gamma_o < 0.9639$。在饱和压力以上时，$0.511 < \gamma_g < 1.351$；$0.7653 < p_R$（MPa）$< 65.396$。在饱和压力以下时，当 $0.8762 \leqslant \gamma_o < 0.9639$ 时，$0.511 < \gamma_g < 1.351$ 和 $0.101 < p_R$（MPa）< 31316；当 $0.7408 < \gamma_o < 0.8729$ 时，$0.530 < \gamma_g < 1.259$ 和 $0.101 < p_R$（MPa）< 41.540。

1.2.2.4　原油体积系数（Oil Formation Volume Factor）

在地层条件下被天然气饱和的原油，当采至地面时，由于压力和温度的降低，引起溶解气从原油中分离，这样脱气以后的原油体积就会缩小。在地层条件下，原油中溶解的气量愈多，则原油的体积系数越大。原油体积系数定义为，地面条件下 $1m^3$ 的脱气原油体积，在地层条件下占有的体积量，即：

$$B_o = \frac{V}{V_s} \qquad (1-69)$$

式中　B_o——原油体积系数，dim；

　　　V——地层原油体积，m^3；

　　　V_s——地面脱气原油体积，m^3。

由（1-69）式看出，原油体积系数是地层原油体积和地面原油体积进行条件互换的重要参数。比如，在计算油田的地质储量时，需要将地层条件下的原油体积换算到地面条件下的原油体积；而在油藏工程的计算中，又需将地面条件的原油产量换算到地层条件的体积产量。

原油体积系数与在原油中的天然气溶解量有关，因此，它是油藏压力的函数。应该根据 PVT 的实验数据，作出它与压力的关系图。在油藏原始地层压力和地层温度下的原油体积系数，称为原始原油体积系数。原油体积系数应在实验室中加以测定，如实在无法取得这一数据时，也可采用一些相关经验公式进行计算。下面介绍在不同压力条件下，计算原油体积系数的相关经验公式。

（1）饱和压力以上的原油体积系数。

在饱和压力条件下，原油被天然气所饱和，因此，当地层压力高于饱和压力时，地层原油处于受压缩状态。由（1-69）式可以看出，某地层压力下原油体积系数与原始地层压力下原油体积系数之比，等于两个压力下地层原油体积之比，即：

$$\frac{B_o}{B_{oi}} = \frac{V}{V_i} \qquad (1-70)$$

将（1-66）式代入（1-70）式得：

$$B_o = B_{oi}\exp\left[C_o(p_i - p)\right] \qquad (1-71)$$

当取 $\exp(x) = e^x \simeq 1+x$ 时，由 $x = C_o(p_i-p)$ 得：

$$B_o = B_{oi}\left[1 + C_o(p_i - p)\right] \qquad (1-72)$$

或 $$B_o = B_{ob}\left[1 - C_o(p - p_b)\right] \qquad (1-73)$$

式中　B_{oi}——p_i 压力下的原油体积系数，dim；

　　　B_o——p 压力下的原油体积系数，dim；

　　　B_{ob}——p_b 压力下的原油体积系数，dim；

　　　p_b——饱和压力（又称泡点压力），MPa。

（2）饱和压力下的原油体积系数。

Standing 利用美国加利福尼亚州的原油和天然气的分析样品，建立了估算饱和压力下原油体积系数的如下相关经验公式[12]：

$$B_{ob} = 0.972 + 1.1213 \times 10^{-2}F^{1.175} \tag{1-74}$$

$$F = 0.1404R_s\left(\frac{\gamma_g}{\gamma_o}\right)^{0.5} + (5.625 \times 10^{-2}t_R + 1) \tag{1-75}$$

式中参数的意义及单位同（1-53）式所注。由 105 个样品数据的回归分析所建立的（1-74）式，其算术平均误差为 1.17%，因此具有较好的准确性。

Glaso 根据北海和其他地区的 PVT 分析数据，利用类似于 Standing 的研究方法，得到估算饱和压力下的原油体积系数的相关经验公式[15]：

$$\log(B_{ob} - 1) = 2.91329\log B_{ob}^* - 0.27683(\lg B_{ob}^*)^2 - 6.58511 \tag{1-76}$$

式中的 B_{ob}^* 叫做饱和压力的相关因数，由下式表示：

$$B_{ob}^* = 0.1813\left[R_s\left(\frac{\gamma_g}{\gamma_o}\right)^{0.526} + (5.625 \times 10^{-2}t_R + 1)\right] \tag{1-77}$$

式中各参数的意义及单位同（1-61）式所注。

（3）低于饱和压力下的原油体积系数（$p_R < p_b$）。

当地层压力低于饱和压力时，已有部分轻烃气体从地层原油中分离出来，此时地层中原油的体积系数比饱和压力下的原油体积系数要小。Vazquez 和 Beggs 所建立的原油体积系数与溶解气油比、地层温度、地面原油相对密度和天然气相对密度的相关经验公式为[16]：

$$B_o = 1 + C_1R_s + \frac{\left[(C_2 + C_3R_s)(6.4286 \times 10^{-2}t_R - 1\left(\frac{1.076}{\gamma_o} - 1\right)\right]}{\gamma_{gs}} \tag{1-78}$$

式中的 γ_{gs} 由（1-63）式计算；常数 C_1、C_2 和 C_3 的数值见表 1-8。

表 1-8　（1-78）式中常数 C_1、C_2 和 C_3 的数值

常数	$\gamma_o \geqslant 0.876$	$\gamma_o < 0.876$
C_1	2.6261×10^{-3}	2.6222×10^{-3}
C_2	0.06447	0.04050
C_3	-3.7441×10^{-4}	2.7642×10^{-5}

（4）总体积系数（Total Formation Volume Factor）。

当地层压力低于饱和压力时，因为有气体从原油中分离出来，在地层中即呈现为液态和气态两相。这时需要应用总体积系数，有时又叫做两相体积系数的概念。总体积系数的定义为，在地层压力低于饱和压力的条件下，地面采出 1m³ 的脱气原油相应的地层液体和气体的体积量，即包括以 B_o 表示的液体体积，再加上以 B_g（$R_{sb}-R_s$）表示的气体体积，由此得：

$$B_t = B_o + B_g(R_{sb} - R_s) \tag{1-79}$$

式中　B_t——总体积系数（又称为两相体积系数），dim；

　　　B_o——在 p 压力下的原油体积系数，dim；

B_g——在 p 压力下的天然气体积系数，dim；

R_{sb}——在 p_b 压力下的溶解气油比，dim；

R_o——在 p 压力下的溶解气油比，dim。

在图 1-7 上给出了总体积系数与原油体积系数的对比图。当地层压力高于饱和压力时，由于没有溶解气从原油中分离出来的现象，因此总体积系数和原油体积系数是相同的。但当地层压力低于饱和压力之后，由于溶解气不断从原油中分离释放出来，因而引起两者的差异愈来愈大。

如果没有取得实验室的分析数据，也可以用相关经验公式估算总体积系数的大小。Glaso 利用北海油田和其他地区的 PVT 分析资料，由回归分析法得到的相关经验公式为[15]：

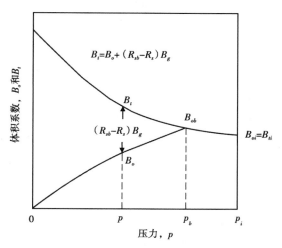

图 1-7　总体积系数与原油体积系数随压力的变化

$$\log B_t = 8.0135 \times 10^{-2} + 0.4726 \log B_t^* + 0.1735 \left(\log B_t^* \right)^2 \tag{1-80}$$

式中的 B_t^* 叫做总体积系数的相关因数，由下式表示：

$$B_t^* = \frac{0.1274 R_s \left(5.625 \times 10^{-2} t_R + 1 \right)^{0.5} \gamma_o^{\left[2.9 \times 10^{-1.5161 \times 10^{-3} R_s} \right]}}{\gamma_g^{0.3} p^{1.1089}} \tag{1-81}$$

式中符号的意义及单位同（1-77）式所注。在回归分析中所用压力数据的变化范围为 2.758~27.579MPa。

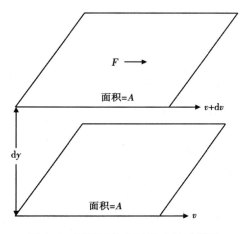

图 1-8　两层流体相对运动的示意图

1.2.2.5　原油的黏度（Oil Viscosity）

黏度又称为黏滞系数。地层原油黏度是油藏工程各种计算中的重要参数之一。地层原油黏度除受其地层温度和地层压力的影响外，还受到构成原油的组分和天然气在原油中的溶解度影响。

地层原油黏度随温度的升高而降低。然而，实际的地层温度是恒定的，因而在饱和压力以上，因受压缩的影响，地层原油黏度随压力的升高而增加。在饱和压力以下时，因受释放出来的天然气影响，黏度随压力的降低而升高（图 1-6）。

图 1-8 表明了在恒温条件下，若对流动中的流体，以 dy 距离分出面积为 A 的两个层面，上层的流动速度为 $v+dv$，下层的流动速度为 v。由

21

于流体分子间的内摩擦阻力的影响，如果在上层与下层之间保持 dv 的流动速度差，那么上层流体需要作用一个 F 的力。由实验得到如下的正比关系：

$$\frac{F}{A} \propto \frac{\mathrm{d}v}{\mathrm{d}y} \tag{1-82}$$

或写为

$$\frac{F}{A} = \mu \frac{\mathrm{d}v}{\mathrm{d}y}$$

式中的 μ 为比例常数，称为黏度。

为了确定黏度的单位，将（1-82）式改写为：

$$\mu = \frac{\dfrac{F}{A}}{\dfrac{\mathrm{d}v}{\mathrm{d}y}} \tag{1-83}$$

如果剪切应力 F/A 的单位取为 mN/m^2，剪切速度 dv/dy 的单位取为 m/（s·m），那么，黏度 μ 的单位应为（mN/m^2），（s）。由于 1N/m^2 = 1Pa，因此黏度的单位即为 mPa·s，而 1mPa·s = 1cP。

在原始地层压力、饱和压力和不同脱气压力下的地层原油黏度，需要经过高压物性取样和 PVT 分析加以确定。当实在不具备取样和分析条件时，也可以利用一些相关经验公式进行估算。

（1）地面脱气原油的黏度。

在地面常压条件下，脱气原油的黏度，是油田集输工程计算中极为重要的一个参数。地面脱气原油的黏度与温度有关，在我国常用 20℃时黏度，记作 $\mu_{20℃}$。有时对一些高凝油，则用 50℃条件的黏度，记作 $\mu_{50℃}$。原油黏度与温度关系的黏温曲线，在重油的开采中极为重要。根据不同重质油藏中原油黏度在曲线上的位置，可以大致估算出用蒸汽驱开发的可行性。

Beal[17] 于 1946 年，利用美国 492 个油田 655 个脱气原油的样品，得到了在不同的地层温度条件下，地面脱气原油黏度与脱气原油相对密度的关系图（图 1-9）。

对于在地层温度下，脱气原油的黏度，基于 Beggs 和 Robinson 的工作[18]，Ng 和 Egbogah 建立的相关经验公式为[19]：

$$\mu_{od} = 10^a - 1 \tag{1-84}$$

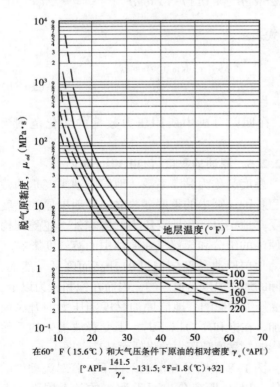

图 1-9 地面脱气原油黏度与原油相对密度和地层温度[17]关系图

$$a = 1.7763 \times 10^{-2} b (5.625 \times 10^{-2} t_R + 1)^{-1.163} \tag{1-85}$$

$$b = 10^c \tag{1-86}$$

$$c = 3.0324 - 2.6602 \left(\frac{1.076}{\gamma_o} - 1 \right) \tag{1-87}$$

式中　μ_{od}——在地层温度下脱气原油的黏度，mPa·s；

$\quad\quad t_R$——地层温度，℃；

$\quad\quad \gamma_o$——脱气原油的相对密度（$\gamma_w = 1.0$），dim。

（2）在饱和压力和饱和压力以下的地层原油黏度（$p \leqslant p_b$）。

在油藏中由于原油中溶解了天然气，而使地层原油黏度降低。地层原油中溶解的气量愈多，则地层原油黏度愈低。Beal 根据美国 29 个油田的 41 个原油样品，观测的 351 个地层原油黏度数据，提供了在不同脱气原油黏度（地层温度下）下，地层原油黏度（饱和压力和地层温度下）与溶解气油比的关系图，如图 1-10 所示。

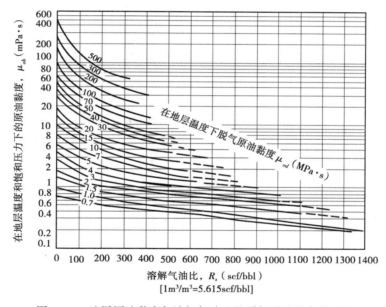

图 1-10　地层原油黏度与溶解气油比及脱气原油黏度关系图

Chen 和 Connally[20]，根据美国、加拿大和南美地区的 457 个地层原油 PVT 分析样品，建立了在不同溶解气油比条件下，地层原油黏度（饱和压力和地层温度下）与脱气原油黏度（地层温度下）的关系图，如图 1-11 所示。

Beggs 和 Robinson[18] 利用美国岩心公司（Core Laboratories，Inc）取样分析的 600 个原油系统的 460 个脱气原油黏度数据和 2073 个地层原油数据，建立了确定地层原油黏度的如下相关经验公式：

$$\mu_o = A \mu_{od}^B \tag{1-88}$$

其中　　　　　　　　$A = (5.615 \times 10^{-2} R_s + 1)^{-0.515} \tag{1-89}$

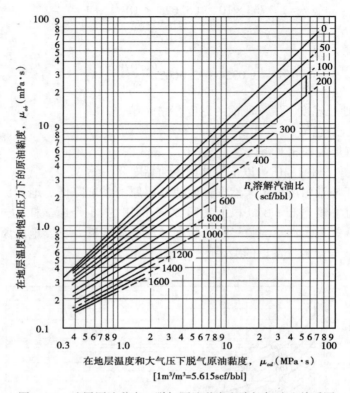

图 1-11　地层原油黏度、脱气原油黏度和溶解气油比关系图

$$B = (3.7433 \times 10^{-2} R_s + 1)^{-0.338} \tag{1-90}$$

$$\mu_{od} = 10^X - 1 \tag{1-91}$$

$$x = 1.7763 \times 10^{-2} y (5.625 \times 10^{-2} t_R + 1)^{-1.163} \tag{1-92}$$

$$y = 10^Z \tag{1-93}$$

$$z = 3.0324 - 2.6602 \left(\frac{1.076}{\gamma_o} - 1 \right) \tag{1-94}$$

式中　μ_o——地层原油黏度，$mPa \cdot s$；

　　　μ_{od}——在地层温度下地面脱气原油黏度，$mPa \cdot s$；

　　　R_s——溶解气油比，m^3/m^3；

　　　t_R——地层温度，℃；

　　　γ_o——地面脱气原油的相对密度，dim。

（3）在饱和压力以上的地层原油黏度（$p \geqslant p_b$）。

对于被天然气饱和的地层原油，当增加压力时，黏度随着密度的增加而升高。Vazques 和 Beggs[16]把饱和压力以上的地层原油黏度，与饱和压力、地层压力及饱和压力下的地层原油黏度，建立了如下的相关经验公式：

$$\mu_o = \mu_{ob}\left(\frac{p}{p_b}\right)^m \qquad (1-95)$$

$$m = 956.4295p^{1.187}\mathrm{e}^{-(1.3024\times10^{-2}p+11.513)} \qquad (1-96)$$

式中　μ_o——p 压力下的地层原油黏度，$\mathrm{mPa\cdot s}$；

　　　μ_{ob}——p_b 压力下的地层原油黏度，$\mathrm{mPa\cdot s}$；

　　　p——地层压力，MPa；

　　　p_b——饱和压力，MPa。

建立（1-84）式至（1-96）式的资料有效范围：对于脱气原油（死油）为 $0.7467<\gamma_o<0.9593$ 和 $21.11<t_R$（℃）<146.11；对于溶解气的原油（活油）为：$24.44<t_{sep}$（℃）<65.55 和 $0.2068<p_{sep}$（MPa）<3.6886。对于饱和压力以上的活泊为：$0.7408<\gamma_o<0.9639$；$0.511<\gamma_g<1351$；$0.7653<p_R$（MPa）<65.396。对于饱和压力点和饱和压力以下的活油为：$3.56<R_{sb}$（$\mathrm{m^3/m^3}$）<368.46；$0.101<p_R$（MPa）<36.30；$21.11<t_R$（℃）<146.11；$0.7467<\gamma_o<0.9593$；$0.117<\mu_o$（$\mathrm{mPa\cdot s}$）<148。

1.3　地层水物性

对于天然水驱的油藏，油藏与水体之间有着连通的关系。在开采过程中，随着油藏压力的降低，边、底水将不断地侵入油藏，因而油藏与其周围的水体，在水动力学上是一个统一的整体系统。在油藏工程的有关计算中，例如物质平衡方程式、油水两相流动、底水锥进和毛细管压力的自由水面以上高度等计算，都要用到地层水的物性参数。这些参数包括地层水的黏度、密度、体积系数和压缩系数等。

在油藏条件下，地层水以束缚水状态或边底水部分的自由水状态存在。它的物性参数大小主要取决于地层压力、地层温度、地层水中的含气量和地层水的矿化度。通常都认为束缚水与边底水有着相同的化学组成和表面性质。由于很难取到束缚水的样品，因此习惯上都用自由水的性质来代表油藏中的水的性质。要想准确地得到地层水的物性数据，应当考虑进行必要的井下取样和 PVT 分析工作。当不具备取样和分析条件时，也可采用下面介绍的相关经验公式确定。

1.3.1　地层水的密度

地层水密度（Reservoir Water Density）可由下式表示：

$$\rho_w = \rho_{ws}/B_w \qquad (1-97)$$

式中　ρ_w——地层水的密度，$\mathrm{g/cm^3}$；

　　　ρ_{ws}——地层水在地面条件下的密度，$\mathrm{g/cm^3}$；

　　　B_w——地层水的体积系数，dim。

关于地层水在地面条件下的密度，陈元千根据国外 132 个分析化验样品，建立了如下的相关经验公式[21]：

$$\rho_{ws} = 1 + 7 \times 10^{-7} C_s \qquad (1-98)$$

式中　C_o——地层水的总矿化度，mg/L。

McCain 于 1991 年提出了确定地层水密度的如下相关经验公式[22]

$$\rho_w = 0.999 + 7.026 \times 10^{-7} C_s + 2.564 \times 10^{-13} C_s^2 \tag{1-99}$$

1.3.2　地层水的体积系数

纯水和由天然气饱和的纯水，在不同温度和压力下的体积系数，如图 1-12 所示。由图 1-12 看出，在压力不变时，两种水的体积系数随温度的升高而增加；但在温度不变时，两种水的体积系数都随压力的升高而降低。实验证明，天然气在地层水中的溶解度随着地层水矿化度的增加而减小。因此，矿化度对地层体积系数的影响是不能忽视的。

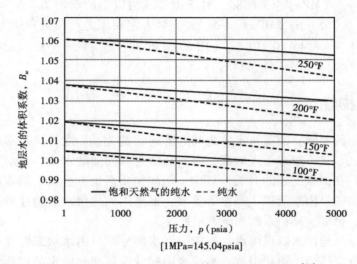

图 1-12　纯水和由天然气饱和的纯水的体积系数[24]

地层水的体积系数，可由如下的相关经验公式确定[23]：

$$B_w = 0.952 - 2.154 \times 10^{-4} p_R + 10^4 \tag{1-100}$$

$$A = 0.1336(2.647 \times 10^{-2} t_R - 1) - 1.2676 \tag{1-101}$$

式中　B_w——地层水的体积系数，dim；

　　　p_R——地层压力，MPa；

　　　t_R——地层温度，℃。

1.3.3　地层水的压缩系数

地层水的压缩系数取决于压力、温度、天然气在地层水中的溶解度，以及地层水的矿化度。在图 1-13 上表示了纯水压缩系数随压力和温度的变化关系图。由该图可以看出，纯水压缩系数随压力的增加而减小，随温度的增加而增加。天然气在纯水中的溶解度，对压缩系数有明显的影响。在等温条件下，纯水的压缩系数可由下式表示：

$$C_{wp} = -\frac{1}{V}\left(\frac{\Delta V}{\Delta p}\right)_T \tag{1-102}$$

式中 C_{wp}——地层纯水的压缩系数，MPa^{-1}；

   V——纯水体积，m^3；

   ΔV——纯水体积的变化量，m^3；

   Δp——压力变化量，MPa。

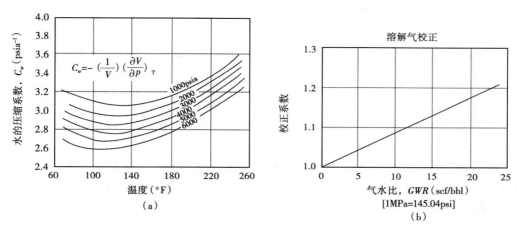

图 1-13 溶解气对水压缩系数的影响[24]

Jones[24]利用 Dodson 和 Standing 的资料，提供了确定地层水压缩系数的如下相关经验公式：

$$C_w = C_{wp}(1 + 4.9412 \times 10^{-2} R_{sw}) \tag{1-103}$$

式中 C_w——地层水的压缩系数，MPa^{-1}；

   C_{wp}——地层纯水的压缩系数，MPa^{-1}；

   R_{sw}——地层水的气体溶解度（可由相关经验公式确定），dim。

当确知油气藏的地层压力、地层温度和天然气在地层水中的溶解度之后，可由如下的相关经验公式计算地层水的压缩系数[25]：

$$C_w = 1.45 \times 10^{-4}[A + B(1.8t_R + 32) + C(1.8t_R + 32)^2]D \tag{1-104}$$

$$A = 3.8546 - 1.9435 \times 10^{-2} p_R \tag{1-105}$$

$$B = -1.052 \times 10^{-2} + 6.918 \times 10^{-5} p_R \tag{1-106}$$

$$C = 3.9267 \times 10^{-5} - 1.2763 \times 10^{-7} p_R \tag{1-107}$$

$$D = 1 + 4.9974 \times 10^{-2} R_{sw} \tag{1-108}$$

这里的（1-104）式至（1-108）式中的符号及单位注释同前所注。公式的有效范围为：$26.67 < t_R$（℃）< 121.11；$6.895 < p_R$（MPa）< 41.368；$0 \leqslant \%$ [NaCl] $< 25\%$。

1.3.4 地层水的溶解度

地层水的溶解度，也称为溶解气水比。它定义为在地层条件下，单位地层水中天然气的溶解体积量。地层水中天然气的溶解度比地层原油的溶解度低得多，一般为 $1 \sim 4 m^3/m^3$。当缺乏实例资料时，可用如下的相关经验公式确定[22]：

$$R_{sw} = (a + bp_R + Cp_R^2)S_c \qquad (1-109)$$

$$a = 2.12 + 0.1104\tau_R - 3.676 \times 10^{-2}\tau_R^2 \qquad (1-110)$$

$$b = 1.07 \times 10^{-2} - 1.683 \times 10^{-3}\tau_R + 1.515 \times 10^{-4}\tau_R^2 \qquad (1-111)$$

$$C = -8.75 \times 10^{-7} + 1.25 \times 10^{-7}\tau_R - 1.044 \times 10^{-8}\tau_R^2 \qquad (1-112)$$

$$S_c = 1 - (7.53 \times 10^{-2} - 5.54 \times 10^{-3}\tau_R) \times \%NaCl \qquad (1-113)$$

$$\tau_R = 1 + 5.625 \times 10^{-2}t_R \qquad (1-114)$$

式中的 S_c 为地层水的矿化度，%（如 $2\% = 20000mg/L$）。其他符号及单位同前所注。（1-109）式至（1-114）式的有效应用范围为：$32.22 < t_R$（℃）< 121.11；$3.447 < p_R$（MPa）< 34.473；$0 \leqslant \%NaCl < 3$。

1.3.5 地层水的黏度

地层水的黏度主要受地层温度、地层水矿化度和天然气溶解度的影响，而地层压力的影响很小。在图 1-14 上表示了对于不同矿化度的水，在地层温度和大气压力条件下的黏度随温度的变化关系[7]。在图 1-14 左上角的插图，是考虑地层压力对地层水黏度影响的校正图。由于地层压力对地层水黏度的影响较小，因此，当知道地层压力、地层温度和地层水的矿化度之后，也可用如下的相关经验公式估算地层水的黏度[22]：

$$\mu_w = A(1.8t_R + 32)^B C \qquad (1-115)$$

式中
$$A = 109.574 - 8.4056S_c + 0.3133S_c^2 + 8.7221 \times 10^{-3}S_c^3 \qquad (1-116)$$

$$B = -1.1217 + 2.6395 \times 10^{-2}S_c - 6.7946 \times 10^{-4}S_c^2 - 5.4712 \times 10^{-5}S_c^3 + 1.5559 \times 10^{-6}S_c^4 \qquad (1-117)$$

$$C = 0.9994 + 5.8444 \times 10^{-3}p_R + 6.5344 \times 10^{-5}p_R^2 \qquad (1-118)$$

式中　μ_w——地层水黏度，mPa·s；

　　　t_R——地层温度，℃；

　　　p_R——地层压力，MPa；

　　　S_c——地层水矿化度，mg/L。

这里的（1-115）式至（1-118）式的可靠应用范围为：$37.77 < t_R$（℃）< 204.44；$0 < S_c$（%）< 26；p_b（饱和压力）$< p_R$（MPa）< 80。

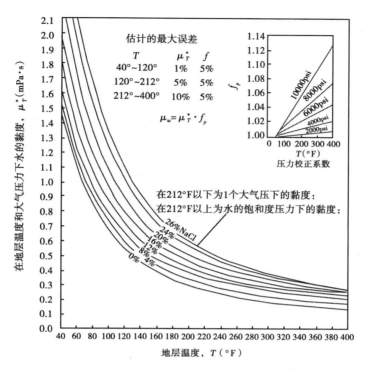

图 1-14　在不同矿化度和温度下水的黏度[7]

1.4　烃类的相态

　　天然的烃类系统，是由一个范围比较宽的组分构成。烃类混合物的相态（Phase State Diagram），取决于混合物的组分和不同组分的性质。图 1-15 是一个多组分的相态图。在图

1-15 上，C 点为各相性质相同的临界点，M 点为临界凝析温度点，该点是液相和气相平衡共存的最高温度点；N 点为临界凝析压力点，该点是液相和气相平衡共存的最高压力点；临界点左边的两相区边线为泡点线；临界点右边的两相区边界为露点线；由泡点线和露点线所包围的范围为液相和气相平衡存在的两相区。在两相区内的虚线为液相等体积百分数或等摩尔百分数的等值线。在两相区内划有阴影的面积为相态反常区。在这两个反常区内，所产生的凝析或蒸发现象，都与常态情况相反。也就是说，在常数温度下降低压力（见 A、B、D 连线），或在常数压力下增加温度（见 H、G、A

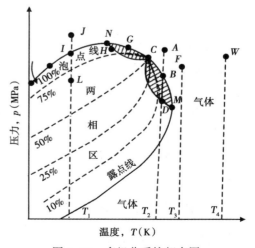

图 1-15　多组分系统相态图

连线），都会产生反凝析液体。另外，在常数压力下降低温度（见 A、G、H 连线），或在常数温度下增加压力（见 D、B、A 连线），都会产生反蒸发气体。

在图 1-15 上不同位置的点，表示处于原始条件下不同油、气藏的性质。例如，在地层温度为 T_1 和原始地层压力位于 I 点的地层内，储藏的流体为泡点液体，称为饱和油藏。假若地层温度仍为 T_1，而原始地层压力位于 J 点，地层内只储藏着单相液体，称为未饱和油藏。在原始条件下，处于 L 点的油藏内，储有气、液两相流体，称为过饱和油藏。这种油藏由油区和伴生的气顶所组成，并且油区处于泡点压力下，气顶处于露点压力下。气顶气一般为湿气，有时为凝析气，很少是干气。这取决于油气的组分系统和相态。

对于地层温度处于临界温度和临界凝析温度之间的 T_2，原始地层压力等于或高于露点压力的地层，如图 1-15 上的 B 点和 A 点，地层内储藏的为凝析气体。图上的 B 点为被液体饱和的露点凝析气藏，又称为饱和凝析气藏；而处在 A 点的为未被液体饱和的未饱和凝析气藏。

对于地层温度大于临界凝析温度的 T_3 和 T_4，原始地层压力分别处于 F 点和 W 点的地层，则分别储藏着湿气和干气，被称为湿气藏和干气藏。

在实际工作中，可以利用烃类混合物的组分、产出液体的相对密度、气液比和相态图，对地下烃类流体进行分类。下面将分别描述油田、凝析气田和气田的相态图。

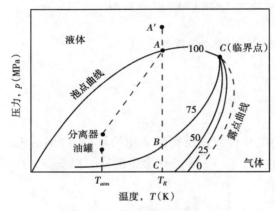

图 1-16　低收缩原油相图[24,26]

1.4.1　原油的相态图

原油烃类混合物，在原始地层条件下以液态存在，并根据在地面产出的液体性质，一般划分为低收缩原油和高收缩原油。对于低收缩原油的相图如图 1-16 所示。由图 1-16 可以看出，低收缩原油的相图有两个特点，即临界点位于临界泡点压力的右边，而临界温度大于地层温度，并且两相区的液体体积百分数等值线靠近露点线。在原始条件下，低收缩原油的油藏，可以是未饱和油藏（A' 点）或饱和油藏（A 点）。该类油藏的生产气油比通常小于 $100\mathrm{m}^3/\mathrm{m}^3$，产至地面的原油呈黑色或深颜色，地面原油的相对密度大于 0.86。普通的油藏均为低收缩原油的油藏。

高收缩原油比低收缩原油含有较大的轻烃组分，油藏温度通常接近于临界温度，两相区的液体等值线并不靠近于露点线分布，如图 1-17 所示。在原始条件下，高收缩原油的油藏，可以是未饱和油藏（A' 点），也可以是饱和油藏（A 点）。由该类油藏产出的原油呈深褐色，地面相对密度通常大于 0.80，生产气油比小于 $1500\mathrm{m}^3/\mathrm{m}^3$，有时称为轻质油藏。

1.4.2　天然气的相态图

根据烃类气体的组分和性质，以及烃类混合物在地层中的状态，可将天然气进一步划分为凝析气、湿气和干气三类。

1.4.2.1　反凝析气相态图

图 1–18 是一个反凝析气的相态图。反凝析气相态图临界点的位置，取决于轻烃含量的多少。而实际凝析气藏的温度则处于临界温度和临界凝析温度之间。由凝析气藏中可以采出凝析油和天然气。

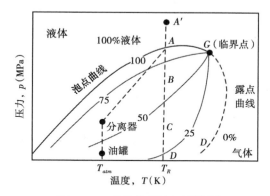

图 1–17　高收缩原油相图[24,26]

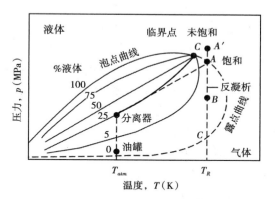

图 1–18　反凝析气的相态图[24,26]

在原始条件下，处在 A' 点的凝析气藏，流体是单相气体，随着流体的采出，地层压力以等温过程下降。当地层压力下降到 A 点压力（露点压力）之后，在地层中将会产生反凝析现象。而此时的地层孔隙将为气体、凝析液和束缚水三相所饱和。在地层压力由 A 点下降到 B 点的过程中，地层中的反凝析液随之增加，而 B 点的压力位置达到了最大的反凝析液量。如果地层压力仍以等温过程继续下降，则从 B 点开始即产生地层中反凝析液的反蒸发现象。这时地面采出的烃类混合物中，将含有比高收缩原油较多的轻烃组分和少量较重的烃组分。凝析气藏的生产气油比可以高达 $12500 m^3 / m^3$，凝析油的地面相对密度可低于 0.7389，颜色呈浅桔色或浅稻黄色。

在原始条件下，确定凝析气藏露点压力的大小，是一项重要的工作内容。它可以通过井下高压物性取样和 PVT 的观察分析确定，也可以利用 Nemeth 和 Kennedy 提供的如下相关经验公式加以确定[27]：

$$p_d = 6.895 \times 10^{-3} \exp\{A_1[0.2N_2 + CO_2 + H_2S + 0.4C_1 + C_2$$
$$+ 2(C_3 + C_4) + C_5 + C_6] + A_2\rho C_{7+} + A_3\left[\frac{C_1}{(C_{7+} + 0.002)}\right] \quad (1-119)$$
$$+ A_4 t_R + A_5 L + A_6 L^2 + A_7 L^3 + A_8 M + A_9 M^2 + A_{10} M^3 + A_{11}\}$$

$$L = 0.01 C_{7+} \times MC_{7+} \quad (1-120)$$

$$M = \frac{MC_{7+}}{(\rho C_{7+} + 0.0001)} \quad (1-121)$$

式中　N_2——氮气的摩尔含量，%；

　　　CO_2——二氧化碳量的摩尔含量，%；

　　　H_2S——硫化氢的摩尔含量，%；

C_1——甲烷的摩尔含量，%；

C_2——乙烷的摩尔含量，%；

C_3——丙烷的摩尔含量，%；

C_4——丁烷的摩尔含量，%；

C_5——戊烷的摩尔含量，%；

C_6——己烷的摩尔含量，%；

C_{7+}——庚烷以上组分的摩尔含量，%；

ρC_{7+}——庚烷以上摩尔组分的地面密度，g/cm^3；

MC_{7+}——庚烷以上摩尔组分的分子量，$Mg/Mmol$；

t_R——气藏的地层温度，K；

p_d——露点压力，MPa；

$A_1 = -2.0623×10^{-2}$；

$A_2 = 6.6260$；

$A_3 = -4.4671×10^{-3}$；

$A_4 = 1.8807×10^{-4}$；

$A_5 = 3.2674×10^{-2}$；

$A_6 = -3.6453×10^{-3}$；

$A_7 = 7.43×10^{-5}$；

$A_8 = -0.1138$；

$A_9 = 6.2476×10^{-4}$；

$A_{10} = -1.0717×10^{-6}$；

$A_{11} = 10.7466$。

上述计算露点压力的相关经验公式，是由世界范围内 480 个不同烃类系统的 579 数据建立起来的。利用（1-119）式计算结果的平均偏差为 7.4%，所用资料的变化范围列于表 1-9。

表 1-9　（1-119）式的资料范围

参数	最大	最小
p_d（MPa）	74.39	8.76
t_R（℃）	160	4.44
MC_{7+}（kg/kmol）	235	106
ρC_{7+}（g/cm^3）	0.8681	0.7330

1.4.2.2　湿气相态图

因为湿气含有的烃类重组分比凝析气少，因此，相态图的分布范围较窄，而且临界点也向低温度方向移动，如图 1-19 所示。湿气气藏中的流体，在整个压降开采期间都保持为单相气体，而不发生反凝析现象。因此，只有处于两相区的地面分离器条件，才有液体产生。这种液体称为凝析油，主要成分为丙烷和丁烷。开发湿气藏的地面生产气油比高达 $17800m^3/m^3$，地面凝析油呈稻草色，相对密度低于 0.7796。

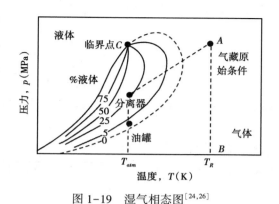

图 1-19　湿气相态图[24,26]　　　　　　　图 1-20　干气相态图[24,26]

1.4.2.3　干气相态图

　　干气的组分主要是甲烷和少量的乙烷，其他重烃的含量很小。典型的干气相态图，如图 1-21 所示。由图 1-20 可以看出，在地层和分离器条件下的生产过程，都处在两相区之外的单相气体区，因此，不会由烃类混合物产生反凝析液体。随着压力和湿度的降低，经地面分离器后，能分离出少量水白色的凝析油，气井凝析水的产量可由如下的相关经验公式计算[28]：

$$q_w = q_g \times WGR \tag{1-122}$$

$$WGR = 1.6019 \times 10^{-4} A \left[0.32(5.625 \times 10^{-2} t_R + 1) \right]^B C \tag{1-123}$$

$$A = 3.4 + \frac{418.0278}{p_R} \tag{1-124}$$

$$B = 3.2147 + 3.8537 \times 10^{-2} p_R - 4.7752 \times 10^{-4} p_R \tag{1-125}$$

$$C = 1 - 4.893 \times 10^{-3} n - 1.757 \times 10^{-4} n^2 \tag{1-126}$$

式中　q_w——气井凝析水的产量，m^3/d；

　　　q_g——气井的产气量，$10^4 m^3/d$；

　　　WGR——水气比，$m^3/10^4 m^3$；

　　　t_R——气藏的地层温度，℃；

　　　p_R——气藏的地层压力，MPa；

　　　C——矿化度校正系数，dim；

　　　n——氯化钠百分含量，%。

1.5　地层流体性质与油气藏类型

　　在油气田的勘探过程中，一旦探井获得油、气产量之后，通过井下取样或地面配样，通过高压物性的 PVT 分析工作，可以取得地层流体物性的诸项资料。利用这些资料，可以对地层流体的类型作出判断。进而，可以确定是普通油藏或是轻质油藏。是气藏还是凝析气藏。这种对地层流体类型和油、气藏类型的判断，不但有助于油气田的进一步勘探工作的部署，而且也将会涉及油气田的开发方案编制。

1.5.1 烃类系统划分的一般界限[29]

对于地层流体性质的划分，除了可以利用上述的相态图的分析外，还可根据矿场生产流体的气油比、地面原油密度和井产流体中甲烷的摩尔含量，对地层流体类型进行初步的划分，见表1-10。

表1-10 地层流体性质划分一般界限

类别	气油比 GOR（m^3/m^3）	凝析油含量 δ（cm^3/m^3）	甲烷含量 C_1（%）	庚烷以上含量 C_{7+}（%）	地面液体密度 ρ_o（g/cm^3）
天然气	>18000	<55	>90	<0.7	0.70~0.80
凝析油	550~18000	55~1800	75~90	<12.5	0.72~0.82
轻质油	250~550	—	55~75	12.5~20.0	0.76~0.83
中质油	<250	—	<60	>20.0	0.83~1.00

在表1-11中列出了典型的单相地层流体的摩尔组分和其他物理性质。从该表可以看出，不同性质的地层流体的摩尔组分是有明显差异的，尤其是 C_{7+} 的摩尔含量相差十分显著。而且，气油比、地面液体密度和液体的颜色也不相同。易挥发的轻质油，介于凝析油和原油类型之间，而前者又与凝析油的性质比较接近。在实际工作中，常把生产气油比大于 $17800m^3/m^3$ 的气田定为干气田，又叫贫气田；而把生产气油比小于 $17800m^3/m^3$ 的气田定为凝析气田，或叫做湿气田。

表1-11 典型地层流体的摩尔组分含量

组分	油藏		轻质油藏		凝析气藏		干气藏	
C_1（%）	48.83	53.45	64.36	60.00	87.01	89.50	91.32	95.85
C_2（%）	2.75	6.36	7.52	8.00	4.39	4.56	4.43	2.67
C_3（%）	1.93	4.66	4.74	4.00	2.29	1.91	2.12	0.34
C_4（%）	1.60	3.79	4.12	4.00	1.08	0.96	1.36	0.52
C_5（%）	1.15	2.74	2.97	3.00	0.83	0.48	0.42	0.08
C_6（%）	1.59	3.41	1.38	4.00	0.60	0.39	0.15	0.12
C_{7+}（%）	42.15	25.59	14.91	17.00	3.80	2.02	0.20	0.42
合计（%）	100	100	100	100	100	100	100	100
C_{7+}分子量	225	247	181	180	112	144		157
GOR（m^3/m^3）	111	192	356	356	3239	7654		18690
ρ_o（g/cm^3）	0.8534	0.8524	0.7791	0.7796	0.7792	0.7661		0.7599
颜色	绿黑色		橘黄色		浅稻草色		水白色	

1.5.2 油气藏类型范围的划分

不同油气藏的地层流体性质和组分是不相同的。根据大量的实际开发经验，可以依据地面生产的特征数据（表1-10）对油、气藏的类型范围作出大体上的划分。储层烃类划分的一般标准见表1-12。

表1-12 地层烃类一般分类表[30]

地层流体类型	地面流体的状态及颜色	地面气油比范围		地面油相相对密度		原油体积系数	气体相对密度	典型组分摩尔含量 (%)					
		(SCF/STB)	(m³/m³)	°API	γ_o		密度	C_1	C_2	C_3	C_4	C_5	C_{6+}
干气	无色气体	>10⁵	>17800	—	—	—	0.60~0.65	96	2.7	0.3	0.5	0.1	0.4
凝析气	具有较多浅稻草色或浅橘黄色的液体	5000~10⁵ 一般为 7000~15000	900~17800 一般为 1246~2670	50~70	0.7796~0.7022	—	0.65~0.85	87	4.4	2.3	1.7	0.8	3.8
轻质油或高收缩率油	具有咖啡色、黄色、红色或绿色的不同液体	2000~10000	356~1780	40~50	0.8251~0.7796	1.5~2.5 可达3.5	0.65~0.85	64	7.5	4.7	4.1	3.0	16.7
中质油或低收缩率油	由黑黄、黑绿到黑色的不同液体	100~2000	17.8~356	20~40	0.9340~0.8251	1.1~1.5 一般<2	—	49	2.8	1.9	1.6	1.2	43.5
重质油	很稠的黑色液体	含有少量溶解气, 原油黏度 1.000~10⁴ mPa·s		10~20	1.000~0.934	1.0~1.1	—	20	3.0	2.0	2.0	2.0	71
焦油、沥青	黑色固体	基本上无溶解气, 原油黏度大于 10⁴ mPa·s		<10	>1.0	1.0	—	—	—	—	—	—	>90

应当指出，对于处在临界点左侧带气顶的饱和型轻质油藏，或处在临界点右侧带边底油的饱和型凝析气藏，通称为近临界点油气藏。轻质油藏的气顶气为凝析气；凝析气藏的边底油为轻质油。同时，还应当指出，从一般油藏的原油中分离出来的气体，通常为干气；而从近临界点油藏的原油中分离出来的气体为凝析气。

参 考 文 献

1. Beggs，H. D.：Gas Production Operations. Pennwell Books Twlsa OK，1985.

2. Hollo，R，and Fifadrara，H.：TI-59 Reservoir Engineering Manual，Pennwell Books，1980.

3. Golan，M. and Whitson，C. H.：Well Performance. Kluwer Print on Dema，1986.

4. Smith，R. V.：Practical Natural Gas Engineering，Natural Gas，1983.

5. Energy Resources Conservation Board. Theory and Practice of the Testing of Gas Wells，3rd ed，1975.

6. Trube，A. S.：Compressibility of Natural Gas，Trans. AIME（1957）210，355-357.

7. Earlougher，R. C.：Advances in well test analysis，Henry L. Doherty Memorial Fund of AIME，SPE of AIME，New york 1997.

8. Lee，A. L.，Gonzalez，M. H. and Eakin，B. E.：The Viscosity of Natural Gases，Trans. AIME（1966）237，997-1000.

9. Gonzalez，M. H.，Eakin，B. H. and Lee，A. L.：Viscosity of Natural Gases，Monograph on API Research Project 65，1970.

10. Neumann，H.：J. Composition and Properties of Petroleum，vol. 5. 1981.

11. Okandan，E.：Heavy Crude Oil Recovery，Springer Netherlands，1984.

12. Standing，M. B.：A Pressure-Volume-Temperature Correlation for Mixtures of California Oils and Gases，Drill. and prod. pract，1947.

13. Lasater，J. A.：Bubble Point Pressure Correlation，AIME（1958）213，379-381.

14. Hollo，R.，Holmes，M. and Pais，V.：HP-41CV Reservoir Economics and Engineering Manual，1983.

15. Glaso，O.：Generalized Pressure-Volume-Temperature Correlations，JPT（May 1980）785-795.

16. Vazquez，M. and Beggs，H. D.：Correlations for Fluid Physieal Property Prediction，JPT（June 1980）968-970.

17. Beal，C.：The Viscosity of Air. Natural Gas. Crude Oil and Its Associated Gases at Oil Field Temperature and Pressures，Trans. AIME（1946）165，94-112.

18. Beggs，H. D. and Robinson，J. F.：Estimating the Viscosity of Crude Oil Systems.，JPT（sept. 1975）1140-1141.

19. Ng J，T. H. and Egbogan，E. O.：An Improved Temperature-Viscosity Correlation for Crude Oil Systems，Paper CIM 83-34-32 Presented at the 1983 Annual Technical Meeting of the Petroleum Soc. of CIM，Banff. Alta，May，10-13.

20. Chen JuNam and Connally，C. A. Jr.：A Viscosity Correlation for Gas Saturated Crude Oils，Trans. AIME（1959）216，23-25.

21. 除元千：油气藏工程计算方法，石油工业出版社，北京：1991.

22. McCain，W. D. Jr.：Reservoir Huid Property Correlations-State of the Art，SPE Reservoir Engineering（Feb. 1991）：266-272.

23. Koederitz，L. F. and Harvey，A. H，and Honarpour，M.：Introduction to Petroleum Reservoir Analysis，Gulf Pubishing Company. Huston，1989.

24. Amyx，J. W. and Bass，D. M. Jr. and Whiting，R. L.：Petroleum Reservoir Engineering，Physical Properties，1962.

25. Meehan，D. N.：A Correlation for Water Compressibility. Petroleum Engineer，1980，125-126.

26. Allen，T. O. and Roberts，A. P.：Production Operations，Vol. 1，1978.

27. Nemeth，L. K. and Kennedy，H. T.：A Correlation of Dewpoint Pressure With Fluid Composition and Temperature，SPEJ（June，1967）99.

28. Meehan，D. N. and Vogel，E. L.：HP-41 Reservoir Engineering Manual，1982.

29. 陈元千：油气藏工程计算方法，石油工业出版社，北京，1990.

30. Donohue，D. A. T. and Lang，K. R.：A First Course in Petroleum Technology，1986.

第 2 章 地层岩石物理性质

油藏由储层岩石和储层流体所组成，了解储层岩石的特性与了解储层流体特性有着同等重要的意义。在油、气田的详探阶段，通过探井和评价井的岩心分析、测井解释和矿场试井，所取得的储层岩石物性资料是进行油、气藏评价和编制油、气藏开发方案必不可少的重要参数。在实际工作中，应当不失时机地取全取准这项资料。本章着重介绍与油、气藏工程计算有关的储层岩石物性，即岩石的孔隙度、渗透率、饱和度、润湿性、毛细管压力和有效压缩系数等内容。

2.1 孔隙度

岩石的孔隙度（Porosity）是衡量岩石孔隙空间储集油、气能力的一个重要量度。地层岩石孔隙度的定义为，岩石本体的孔隙体积与岩石体积之比值，由下式表示：

$$\phi = \frac{V_p}{V} \tag{2-1}$$

或写为

$$\phi = \frac{V - V_G}{V} \tag{2-2}$$

$$\phi = \frac{V_p}{V_p + V_G} \tag{2-3}$$

式中 ϕ——孔隙度，frac；
$\quad\quad V_p$——岩石的孔隙体积，cm³；

$\quad\quad V_G$——岩石的颗粒体积（或称骨架体积），cm³；
$\quad\quad V$——岩石的本体体积，cm³。

在储量和油、气藏工程计算中，孔隙度的单位以小数表示，而在储层评价和对比工作中，人们又习惯于用百分数（%）表示。

对于任何实际的储层，并不是所有的孔隙都是连通的，如图 2-1 所示。而只有那些相互连通的孔隙才具有储集油、气的能力。因此，通常又将孔隙度划分为总孔隙度和有效孔隙度。前者定义为总孔隙体积与岩石体积的比值；后者定义为连通孔隙体积与岩石体积的比

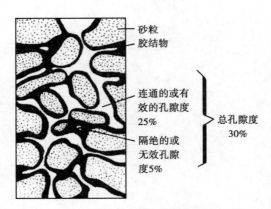

图 2-1 有效、无效和总孔隙度的关系[1]

值。大量实验工作证明，正常砂岩储层的总孔隙度和有效孔隙度基本上是同一数值。

在实验室内，为了确定岩样的体积、岩样的孔隙体积和岩样颗粒的体积，可以采用许多种方法，其中包括气体法、液体法和颗粒密度等方法。近年来根据波义耳定律，利用气体测量孔隙度的方法占优势的主要原因是因为它简单可靠。所有确定孔隙度方法的精度都在±0.5%以内。岩石孔隙度的定性评价指标列于表2-1内。

表 2-1　ϕ 的定性评价

定性评价	ϕ（%）
可忽略	0~5
差	5~10
较差	10~15
较好	15~20
好	20~25
很好	>25

对于砂岩来说，在上覆沉积岩层的作用下，由于岩石的压实作用，储层岩石的孔隙度随埋藏深度的增加而减小，如图2-2所示。在地层条件下，储层岩石颗粒既受以 p_{OB} 表示的上覆岩层压力的作用，又受到以 p_R 表示的岩石孔隙中流体压力，即地层（孔隙）压力的反作用，两者的压差称为净上覆压力，又称为有效上覆压力，以 p_{NOB} 表示。当把岩石从地下取至地面时，由于 p_{NOB} 降到 0 所引起的岩石弹性膨胀作用，将会改变岩石的孔隙体积，而增加岩石的孔隙度，如图2-3所示。

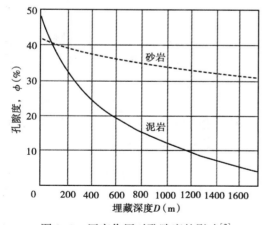

图 2-2　压实作用对孔隙度的影响[2]

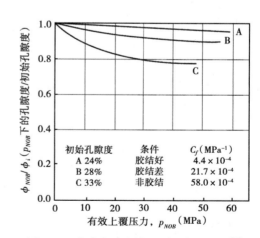

图 2-3　孔隙度随有效上覆压力的变化[3]

陈元千等的研究表明，地下孔隙度、地面孔隙度与有效上覆压力之间存在如下关系[4]：

$$\phi_R = \phi_s e^{-(C_f p_{NOB})} \tag{2-4}$$

$$C_f = \frac{dV_p}{V_p dp_R} \tag{2-5}$$

$$p_{NOB} = p_{OB} - p_R \qquad (2-6)$$

式中　ϕ_R——地下孔隙度，frac；

　　　ϕ_s——地面孔隙度，frat；

　　　V_p——岩石孔隙体积，m^3；

　　　C_f——岩石孔隙体积压缩系数，MPa^{-1}；

　　　p_{NOB}——有效上覆压力，MPa；

　　　p_{OB}——上覆压力，MPa；

　　　p_R——地层压力，又称流体压力，MPa。

将（2-6）式改写为下式：

$$p_{NOB} = 0.01(p_R - p_f)D = 0.01\Delta\rho_D \qquad (2-7)$$

式中　ρ_R——上覆岩层的密度，g/cm^3；

　　　ρ_f——地层流体的密度，g/cm^3；

　　　D——埋藏深度，m。

将（2-7）式代入（2-4）式得：

$$\phi_R = \phi_s e^{-(0.01\Delta\rho C_f D)} \qquad (2-8)$$

对（2-8）式取常用对数后得：

$$\lg\phi_R = a - bD \qquad (2-9)$$

式中　　　　　　$a = \lg\phi_s \qquad (2-10)$

$$b = 4.34 \times 10^{-3}\Delta\rho C_f \qquad (2-11)$$

由（2-9）式可以看出，地下孔隙度与埋藏深度呈半对数直线下降关系，如图2-4所示。

由于 $x = 0.01\Delta\rho C_f$ 的数值很小（$x \ll 1.0$），因此，对于指数函数 e^{-x} 来说，可近似取为，$e^{-x} \simeq 1-x$，故（2-8）式可写为：

$$\phi_R = a - \beta D \qquad (2-12)$$

式中

$$\alpha = \phi_s \qquad (2-13)$$

$$\beta = 0.01\Delta\rho C_f \qquad (2-14)$$

由（2-12）式看出，地下孔隙度与埋藏深度之间，具有直线的下降关系，如图2-5所示。

由图2-5看出，对于胶结性比较好的砂

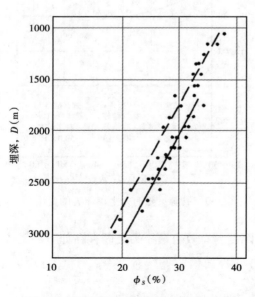

图2-4　砂岩孔隙度与埋藏深度关系图[4]

岩，岩石压实作用财孔隙度的影响比较小，而对于疏松砂岩或非胶结性砂岩的影响则比较明显。在油、气藏的储量计算中所需的孔隙度为地层条件下的有效孔隙度。因此，除测井方法解释的孔隙度（因测井解释的孔隙度所需的岩心分析数据已进行了压实校正）外，对于地面岩心分析的有效孔隙度，需要在实验室测定压实作用下的孔隙度。由手储层在地下是单向垂直受压，而在实验室是三维受压条件下测得的数据，因此还需要进行下面的校正[6]：

$$\phi_{corrected} = \phi_{room} - (\phi_{room} - \phi_{NOB}) \times 0.61 \qquad (2-15)$$

式中　$\phi_{corrected}$——校正后的有效孔隙度，%；

　　　ϕ_{room}——室内岩心分析的有效孔隙度，%；

　　　ϕ_{NOB}——在有效上覆压力作用下测量的有效孔隙度，%；

　　　0.61——将实验仪器的环形水力载荷校正为单向垂直载荷条件下的 Teeuw 校正系数[7]。

　　在上覆地层岩石压力和孔隙内流体压力，即地层压力，同时降为大气压条件下，由实验室仪器测试的孔隙度数值，在理论上要比在地层条件下的孔隙度数值偏高，此时，可以利用由我国 7 个油区 60 块埋深 600~4000m 的岩样所建立的如下相关经验公式[4]，将地面条件下测试的孔隙度校正为地层条件下的孔隙度：

$$\phi_R = 0.7405\phi_s^{1.0805} \qquad (2-16)$$

$$\phi_R = 1.0056\phi_s - 1.1783 \qquad (2-17)$$

式中　ϕ_R——地层条件下的孔隙度，%；

　　　ϕ_s——地面条件下的孔隙度，%。

　　这里的（2-15）式和（2-16）式都具有 0.9971 的相关系数。应当指出的是，大量实验结果表明，地面孔隙度一般比地下孔隙度高 1 个孔隙度单位，即 1%。该数值相当于甚至小于孔隙度测试仪器的精度，因而，国外对地面测试的孔隙度并不进行校正。储层有效孔隙度的随机分布，一般属于正态或对称正态分布，如图 2-6 所示。

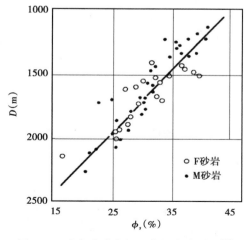

图 2-5　砂岩孔隙度与埋藏深度关系图[5]

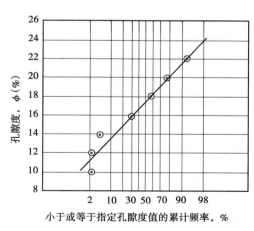

图 2-6　有效孔隙度的正态分布[8]

2.2 渗透率

渗透率（Permeability），是储层岩石通过流体能力的重要量度。法国科学家 Darcy（达

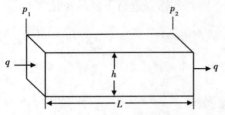

图 2-7 达西定律的稳定流动方式

西）于 1856 年，公布了他利用水通过自制的铁管砂子滤器，进行稳定流实验研究的结果。后人把他的成果进行归纳和推广，称之为达西定律，并将渗透率的单位命名为达西。一个达西单位的渗透率表示，长度为 1cm 和截面积为 1cm² 的岩样，在压力梯度为 1atm 的作用下，能通过黏度为 1cP 流体的流量 1cm³/s（图 2-7）。在国际（SI）标准系统中，渗透率的单位为 m²，通常以 μm²（平方微米）表示。一个平方

微米（μm²）相当于一个达西（Darcy），$10^{-3}\mu m^2$ 等于 1mD（毫达西）。目前世界各国均以毫达西（mD）作为渗透率的单位。

2.2.1 绝对渗透率（Raletive Permeability）

岩石渗透率的测定，通常采用达西的线性流动方式，其微分关系式为：

$$q = -\frac{AK\mathrm{d}p}{\mu\mathrm{d}L} \qquad (2-18)$$

式中　q——流体通过岩心的稳定流量，$\mathrm{m^3/s}$；

　　　A——岩石的截面积，$\mathrm{m^2}$；

　　　K——岩石的渗透率，$\mathrm{m^2}$；

　　　μ——流体黏度，$\mathrm{Pa \cdot s}$；

　　　$\mathrm{d}p/\mathrm{d}L$——压力梯度，$\mathrm{Pa/m}$。

将（2-18）式分离变量后进行积分得渗透率的表达式：

$$K = \frac{q\mu L}{A\Delta p} \qquad (2-19)$$

式中　Δp——测试时作用于岩石两端的压差，Pa；

　　　L——岩心长度，m；

　　　其他符号的单位同（2-18）式所注。

在利用（2-19）式测定岩样的渗透率时，应当遵守以下条件：

（1）岩样的孔隙空间被单相流体所饱和；

（2）流体与岩样之间，不得发生任何物理化学反应；

（3）通过岩样流体，保持恒温稳定的层流状态。

对于清洗干净的岩心，通常是在室内条件下，利用空气进行渗透率的测定。这主要是因为，空气易于满足以上三个条件的要求，且实验装置和测试方法比较简单。但是，在利用气体（包括空气）测试渗透率时，必须考虑到气体密度随压力和温度的变化，及其对流

量的影响，否则，利用（2-19）式计算岩石的渗透率，必将造成很大的误差。气体质量流量的连续方程可写为：

$$\rho p = \rho_{sc} q_{sc} \tag{2-20}$$

式中　q——测试岩样中的气体流量，$\mathrm{m^3/s}$；

　　　q_{sc}——地面标准条件下的气体流量，$\mathrm{m^3/s}$；

　　　ρ——测试岩样中的气体密度，$\mathrm{kg/m^3}$；

　　　p_{sc}——地面标准条件下的气体密度，$\mathrm{kg/m^3}$。

将第 1 章的（1-5）式表示的气体密度关系式，以岩样的测试条件和地面标准条件，代入（2-20）式得：

$$q\frac{pM}{ZRT} = q_{sc}\frac{p_{sc}M}{Z_{sc}RT_{sc}} \tag{2-21}$$

将（2-18）式代入（2-21）式，解出 q_{sc}：

$$q_{sc} = \frac{pT_{sc}Z_{sc}}{p_{sc}ZT}\left(-\frac{AK\mathrm{d}p}{\mu\mathrm{d}L}\right) \tag{2-22}$$

在（2-22）式中的变量为 p 和 L，分离变量并积分得：

$$-\int_{p_1}^{p_2}p\mathrm{d}p = \frac{q_{sc}p_{sc}T\mu Z}{AKT_{sc}Z_{sc}}\int_0^L \mathrm{d}L$$

$$\frac{p_1^2 - p_2^2}{2} = \frac{q_{sc}p_{sc}T\overline{Z}\,\overline{\mu}}{AKT_{sc}Z_{sc}}L \tag{2-23}$$

由（2-23）式得渗透率的表达式为：

$$K = \frac{2q_{sc}p_{sc}T\overline{Z}\,\overline{\mu}L}{A(p_1^2 - p_2^2)Z_{sc}T_{sc}} \tag{2-24}$$

式中　p_{sc}——地面标准压力，Pa；

　　　T_{sc}——地面标准温度，K；

　　　T——测试岩样条件下的气体温度，K；

　　　Z_{sc}——地面标准条件下的气体偏差系数，dim；；

　　　$\overline{Z}$——测试岩样条件下的平均气体偏差系数，dim；

　　　$\overline{\mu}$——测试岩样条件下的平均气体黏度，$\mathrm{Pa\cdot s}$；

　　　p_1——测试岩样渗透率的上游（入口）压力，Pa；

　　　p_2——测试岩样渗透率的下游（出口）压力，Pa；

　　　其他符号同前。

当在地面常温常压条件下，利用空气测试岩样的渗透率时，考虑到 $\overline{Z}=Z_{sc}=1.0$、$T=T_{sc}$

和 $\bar{\mu}=\mu_{air}$，（2-24）式可简化为下式：

$$K = \frac{2q_{sc}p_{sc}\mu_{air}L}{A(p_1^2 - p_2^2)} \qquad (2-25)$$

式中 μ_{air}——空气的地面黏度，Pa·s。

由 SI 制基础单位表示的（2-19）式和（2-25）式，如果改用实验室小岩心的 SI 制实用单位表示时，分别为：

$$K = \frac{100q\mu L}{A\Delta p} \qquad (2-26)$$

$$K = \frac{200q_{sc}p_{sc}\mu_{air}L}{A(p_1^2 - p_2^2)} \qquad (2-27)$$

式中各参数的单位：K 为 mD；q 和 q_{sc} 为 cm^3/s；μ 和 μ_{air} 为 mPa·s；L 为 cm；p_{sc} 为 MPa；A 为 cm^2；Δp、p_1 和 p_2 为 MPa。

当利用空气进行岩石渗透率的测定时可以发现，测试压力控制得越低，测试的渗透率越高，反之越低。这种现象是气体的"滑脱效应"所致。在最早的达西实验中，计算渗透率的黏度为液体黏度，而液体在固液边界处的流速为零。然而，利用气体测量时，在边界层上气体的流速不是零，这就是"滑脱现象"的主要机制。

Klinkenberg 通过大量的实验，研究了气体的"滑脱效应"[9]，其结果表明，岩石的渗透率与所使用的气体性质和测试的压力有关。图 2-8 是在不同测试压力下，利用氢气、氮气和二氧化碳测试，所得的渗透率与平均测试压力倒数的直线关系图。由该图可以看出，在相同的测试压力条件下，利用分子量低的气体，测定的渗透率高；而对于同一气体，则测试的平均压力（$\bar{p}$）越低时渗透率越高。这一现象表明，分子量低的气体比分子量高的气体具有较大的"滑脱效应"，并且，在低平均压力下的"滑脱效应"，要大于高平均压力下的"滑脱效应"。但是，无论是利用哪一种气体测定的岩心渗透率，当平均压力的倒数等于零，即 $\frac{1}{\bar{p}}=0$ 时，或相当 $\bar{p}=\infty$ 时，不同气体所测渗透率与 $\frac{1}{\bar{p}}$ 的直线，在纵轴上的截距却相等。该截距点的渗透率被称为绝对渗透率，也叫做等值液体渗透率。其所以叫做等值液体渗透率，还是由于 Klinkenberg 利用性能稳定而不与岩心发生任何物理化学反应的异辛烷（i-Octane）液体进行岩心渗透率测定时，所得到的渗透率为一个不随测试压力而改变的常数，并且就是利用不同气体测试的截距渗透率。西方国家所谓的绝对渗透率，也叫做等值液体渗透率，就是经过 Klinkenberg 校正后的截距渗透率。这一岩石绝对渗透率的测定方法，已规定为标准的实验程序内容。

通过理论和大量的实验研究，Klinkenberg 得到了如下的关系式[8]：

$$K_A = K_L\left(1 + \frac{b}{\bar{p}}\right) = K_L + m\frac{1}{\bar{p}} \qquad (2-28)$$

$$b = \frac{m}{K_L} \simeq 0.0777K_L^{-0.39} \qquad (2-29)$$

式中　K_A——由不同气体在不同压力下测试的视渗透率（Apparent Petmeability），mD；

$\quad\quad K_L$——等值液体渗透率，又称为绝对渗透率（即不随测试气体和测试压力而改变的渗透率），mD；

$\quad\quad \bar{p}$——测试渗透率时进口与出口的平均压力，$\dfrac{(p_1+p_2)}{2}$，MPa；

$\quad\quad b$——与测试气体性质和岩石物性有关的常数；

$\quad\quad m$——图 2-8 上直线的斜率，mD·MPa。

对于不同渗透率的岩心，都需要进行 Klinkenberg 校正，以求得有代表性的绝对渗透率，即等值液体渗透率的大小。在表 2-2 和图 2-9 上，都表示出了不同渗透率的岩心，Klinkenberg 效应对测量渗透率的影响，而且岩石的渗透率越低，则这一影响越明显。这在实际渗透率的测试工作中应当给予重视。表 2-3 中列出了利用绝对渗透率评价储层的定量界限。

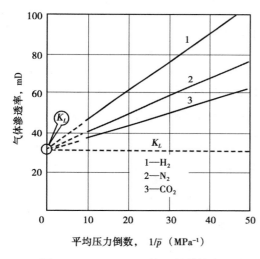

图 2-8　Klinkenberg 的"滑脱效应"
渗透率与测试压力的关系[9]

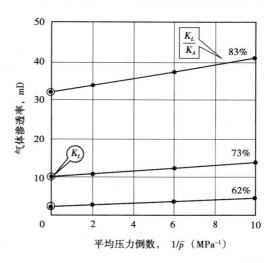

图 2-9　不同渗透率岩心的 Klinkenberg 效应[2]

表 2-2　Klinkenberg 效应

空气的视渗透率①K_A（mD）	绝对渗透率 K_L（mD）	渗透率比值 K_L/K_A（%）
0.18	0.12	66
1.0	0.68	68
10	7.8	78
100	88	88
1000	950	95

①空气的视渗透率取为 $1/\bar{p}=1$ 的数值。

表 2-3　K 的定性评价

定性评价	K（mD）
特致密	0.01~0.1
致密	0.1~1
较致密	1~10
好	10~100
很好	100~1000
极好	>1000

很多储层岩石渗透率的分布，一般服从于对数正态分布，如图 2-10 所示。在图的直线上引出了累积频率等于50%和84.10%两者的对应渗透率数值，并由下式可以计算渗透率变异系数[10]：

$$V_k = \frac{\overline{K} - K_\sigma}{\overline{K}}　　　　　　　　　　(2-30)$$

式中　V_k——渗透率的变异系数，用以描述储层渗透率的非均质程度，dim；

　　　$\overline{K}$——累积频率等于50%对应的渗透率值，又称为概率平均渗透率，mD；

　　　K_σ——累积频率等于84.1%对应的渗透率值，mD。

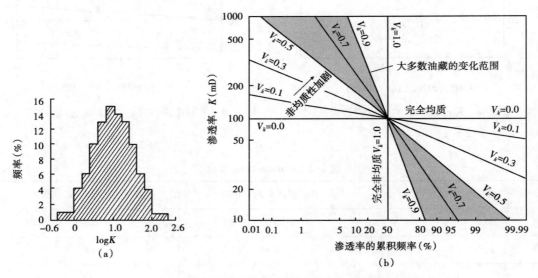

图 2-10　渗透率的对数正态分布图及非均质程度判断[19]

渗透率变异系数（Permeability Variation Factor），其变化范围为0~1.0。当储层完全均质时 $V_k = 0$，而完全非均质时 $V_k = 1.0$，一般在 0.6~0.9。它如何用于注水工程计算，详见本书的第九章内容。关于渗透率平均的方法，根据其分布特征可采用以下三种方法[11,12]：

算术平均法（一般用于纵向多层平行流动渗透率的平均）：

$$\overline{K}_a = \sum_1^n K_i / n \tag{2-31}$$

或写为

$$\overline{K}_a = \sum_1^n K_i h_i / \sum_1^n h_i \tag{2-32}$$

调和平均法（一般用于同层横向非均质连续流动的渗透率平均）：

$$\overline{K}_h = \frac{n}{\displaystyle\sum_1^n \frac{1}{K_i}} \tag{2-33}$$

或写为

$$\overline{K}_h = \frac{\displaystyle\sum_1^n h_i}{\displaystyle\sum_1^n \frac{h_i}{K_i}} \tag{2-34}$$

几何平均法（一般用于对数正态分布随机变化的渗透率平均）：

$$\overline{K}_g = \sqrt[n]{K_1 \times K_2 \times K_3 \cdots \times K_n} \tag{2-35}$$

或写为

$$\log\overline{K}_g = \frac{\displaystyle\sum_1^n \log K_i}{n} \tag{2-36}$$

$$\log\overline{K}_g = \frac{\displaystyle\sum_1^n h_i \log K_i}{\displaystyle\sum_1^n h_i} \tag{2-37}$$

式中　$\overline{K}_a$——算术平均的渗透率，mD；

　　　$\overline{K}_g$——几何平均的渗透率，mD；

　　　$\overline{K}_h$——调和平均的渗透率，mD；

　　　K_i——不同岩心的渗透率，mD；

　　　h_i——不同渗透率岩心的厚度，m；

　　　n——平均渗透率的岩心块数，个。

　　渗透率与孔隙度之间，并没有一个严格的关系式。但是，对于一个特定的砂岩储层，人们往往进行两者如图 2-11 的近似统计关系，并可由如下的相关公式表示：

$$\phi = a\log K + b \tag{2-38}$$

式中的 a 和 b 常数，取决于储层岩石的孔隙结构。

　　利用（2-38）式，人们可以根据测井资料解释的渗透率，估计储层岩石的孔隙度。但是，由于测井解释的渗透率可能与实测值有较大的误差，有时可达 30%~40%，因此，应用（2-38）式时需充分注意到这一点。应该说，经过压实校正的地面测定的岩石孔隙度，具有较好的实际代表性。

岩石压实作用对渗透率的影响，要比对孔隙度的影响明显得多，如图 2-12 所示。然而，这种压实作用对胶结性好的岩石影响较小，而对胶结性差或非胶结性砂岩的影响非常明显。由于这一原因，如果在油田开发过程中油藏压力下降，在上覆岩石压力的作用下，岩石的渗透率会变低，从而降低了油井的产能。这一现象在异常高压油藏中更为明显。

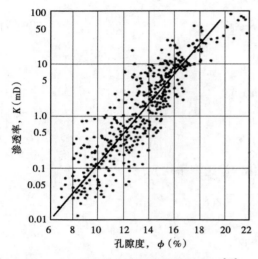

图 2-11　孔隙度与渗透率的统计关系[11]

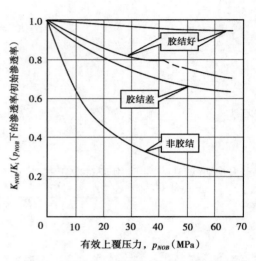

图 2-12　岩石压实作用对渗透率的影响[3]

2.2.2　相对渗透率（Relative Permeability）

当有两相或三相流体同时在多孔介质中流动时，相对渗透率是对每一流动相通过多孔介质能力的直接量度。相对渗透率定义为，相渗透率与特定渗透率的比值，以百分数（%）或小数（frac）表示。相渗透率是在多相同时流动的条件下，多孔介质对某一相的渗透率，又称为相渗透率。特定渗透率是指岩石在特定的饱和条件下，测定的有效渗透率，以 mD（毫达西）单位表示。由于它是量度相渗透率的基准，故又有基准渗透率之称。在以下三种条件下，测量的特定渗透率是经常使用的。

（1）岩石被 100% 的空气所饱和，测试空气的视渗透率，然后，经过 Klinkenberg 法校正得到的绝对渗透率。

（2）岩心被 100% 的地层水饱和，在地层水与岩石不发生反应的条件下，测定的水的绝对渗透率。

（3）在岩心被束缚水和地层原始含油饱和的条件下，测试的油相渗透率。

基于上述的三种特定渗透率，油、水两相的相对渗透可表示为：

$$K_{ro} = \frac{K_o}{K_{air}} \qquad 或 \qquad \frac{K_o}{(K_w)_{S_w = 100\%}} \qquad 或 \qquad \frac{K_o}{(K_o)_{S_o = 1-S_{wi}}}$$

$$K_{rw} = \frac{K_w}{K_{air}} \qquad 或 \qquad \frac{K_w}{(K_w)_{S_w = 100\%}} \qquad 或 \qquad \frac{K_w}{(K_o)_{S_{oi} = 1-S_{wi}}}$$

式中　K_{ro}——油的相对渗透率，frac；

　　　K_{rw}——水的相对渗透率，frac；

　　　K_o——油的有效渗透率，mD；

　　　K_w——水的有效渗透率，mD；

　　　$(K_w)_{S_w=100\%}$——水的绝对渗透率，mD；

　　　$(K_o)_{S_o=1-S_{wi}}$——束缚水条件下油相的有效渗透率，mD；

　　　K_{air}——空气的绝对渗透率，mD；

　　　S_{wi}——地层束缚水饱和度，frac；

　　　S_{oi}——地层原始含油饱和度，frac。

相对渗透率是饱和度的函数。它除受岩石的非均质性、孔隙结构及分布的影响外，还要受到润湿性、流体类型和分布等各种因素的影响，并受到流体饱和过程的影响。以油水两相的相对渗透率为例，按照流体饱和流动过程的不同，而区分为驱替（drainage）和渗吸（Imbibition）两种类型的相对渗透率曲线，如图 2-13 所示。通常驱替的相对渗透率曲线，是指亲水岩石被水 100%饱和的条件下，用非润湿相原油驱替润湿相水的测试结果。它描述了油藏形成过程的相渗透率变化。渗吸的相对渗透率曲线，是指亲水岩石被束缚水和原油两相饱和的条件下，再用水驱替非润湿相原油的测

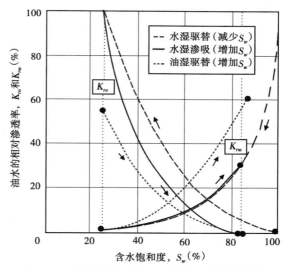

图 2-13　驱替与渗吸的相对渗透率曲线特征[3]

试结果。它描述了油藏中水驱油的过程。由图 2-13 看出，对于亲水岩石来说，驱替和渗吸两种流动过程的水相相对渗透率曲线是重合的，而对油相相对渗透率曲线的差异非常明显。后者的差异在于，不同的饱和过程，影响到流体在岩心中的分布和毛细管压力的滞后特性，以及 Jamin 效应的影响。

对于强亲水和强亲油地层，典型的油水相对渗透率曲线分别如图 2-14 和图 2-15 所示。

根据一般经验，亲水和亲油地层的相对渗透率曲线，具有如下特征：

特征	亲水	亲油
束缚水饱和度（%）	通常>20%	通常<15%
交叉点的含水饱和度（%）	>50%	<50%
残余油饱和度下的 K_{rw}	一般<30%	一般>50%

实验研究表明，油水黏度比对油水相对渗透率曲线基本没有影响[2]，如图 2-16 所示。然而，含气饱和度的存在，将会对油水相对渗透率曲线产生较大的影响[13]，如图 2-17 所示。

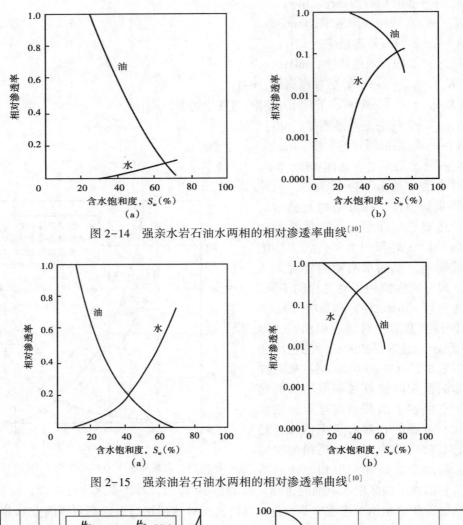

图 2-14　强亲水岩石油水两相的相对渗透率曲线[10]

图 2-15　强亲油岩石油水两相的相对渗透率曲线[10]

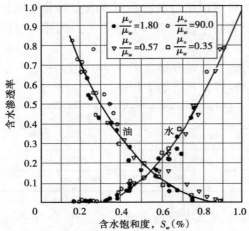

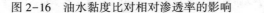

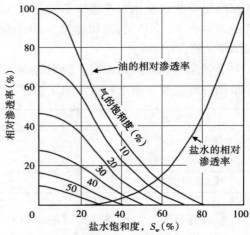

图 2-16　油水黏度比对相对渗透率的影响　　图 2-17　含气饱和度对油水的相对渗透率曲线影响

岩石的相对渗透率需要在模拟地层流体性质的条件下，在实验室内通过比较精密的实验仪器进行测量。目前所用的测试和计算方法包括稳定流法、非稳定流法、毛细管压力曲线法、矿场动态资料计算法和油藏模拟技术法。由于测试技术上的困难和各种因素的影响，特别是测试样品的末端效应的影响，完全模拟地层条件下的数据是非常困难的，也可以认为这是油藏参数中最难取得的一个。各国科学工作者对于不同岩性、润湿性和胶结性的岩石，通过实验室的模拟实验，取得了大量的相对渗透率数据，并根据相关因素的分析，建立了若干有效的相关经验公式，可供人们选用。现在介绍几种常用的相关经验公式。

Corey[14]对于水湿砂岩的油气两相系统，提出的相关经验公式为：

$$\left. \begin{array}{l} K_{ro} = \left[\dfrac{S_o}{1 - S_{wi}} \right]^4 \\[4mm] K_{rg} = \left[1 - \dfrac{S_o}{1 - S_{wi}} \right]^2 \cdot \left[1 - \left(\dfrac{S_o}{1 - S_{wi}} \right)^2 \right] \end{array} \right\} \qquad (2-39)$$

Wahl 等[15]，基于砂岩油田的矿场测量数据，提出了计算气油相对渗透率比的相关经验公式为：

$$\frac{K_{rg}}{K_{ro}} = E(0.0435 + 0.4556E) \qquad (2-40)$$

$$E = \frac{(1 - S_{gc} - S_{wi} - S_o)}{(S_o - C)} \qquad (2-41)$$

式中　S_{gc}——临界含气饱和度，frac；

C——近似残余油饱和度的常数，一般等于 0.25。

Pirson[16]对于水湿砂岩驱替过程的气水相对渗透率，提出的相关经验公式为：

$$K_{rg} = (1 - S_{we})[1 - S_{we}^{1/4} S_w^{1/2}]^{1/2} \qquad (2-42)$$

$$K_{rw} = S_{we}^{3/2} S_w^3 \qquad (2-43)$$

式中的 $S_{we} = S_w - S_{wi}$ 为润湿相的有效饱和度，以 frac 表示。

对于水湿砂岩渗吸过程的油水相对渗透率，Pirson[15]提出的相关经验公式为：

$$\left. \begin{array}{l} K_{rw} = S_w^4 \left(\dfrac{S_w - S_{wi}}{1 - S_{wi}} \right)^{1/2} \\[4mm] K_{ro} = \left[1 - \dfrac{S_w - S_{wi}}{1 - S_{wi} - S_{or}} \right]^2 \end{array} \right\} \qquad (2-44)$$

式中　S_{or}——残余油饱和度，frac。

Jones[17]对油水两相系统提出了计算油水两相的相对渗透率的经验公式为：

$$\left. \begin{array}{l} K_{rw} \left(\dfrac{S_w - S_{wi}}{1 - S_{wi}} \right)^3 \\[4mm] K_{ro} = \left(\dfrac{0.9 - S_w}{0.9 - S_{wi}} \right)^2 \end{array} \right\} \qquad (2-45)$$

对于油水两相的相对渗透率的计算，还可采用如下的相关经验公式[18]：

$$K_{rw} = \left(\frac{S_w - S_{wi}}{1 - S_{wi}}\right)^3 \left.\begin{array}{l} \\ \\ \end{array}\right\}$$
$$K_{ro} = \left(\frac{1 - S_w - S_{or}}{1 - S_{wi} - S_{or}}\right)^3 \qquad (2\text{-}46)$$

在文献［19］中对油水两相的相对渗透率曲线的计算，广泛地采用了下面的相关经验
公式：

$$\left.\begin{array}{l} K_{rw} = aS_{wD}^m \\ K_{ro} = b(1 - S_{wD})^n \end{array}\right\} \qquad (2\text{-}47)$$

$$S_{wD} = \frac{S_w - S_{wi}}{1 - S_{wi} - S_{or}} \qquad (2\text{-}48)$$

式中　a——在残余油饱和度下水的相对渗透率，即 K_{rw}（S_{or}），frac；

　　　b——在束缚水饱和度下油的相对渗透率，即 K_{ro}（S_{wi}），frac；

　　　S_{wD}——标准化的含水饱和度，frac。

式中的 m 和 n 为取决于储层岩石孔隙结构和润湿性的两个指数。它们的变化范围，依
照一般经验为 2~4。

Wyllie[20]对于油气两相系统，通过驱替过程测得的相对渗透率数据，建立了如下的相
关经验公式：

分选性好的非胶结砂层：

$$K_{ro} = (S^*)^3 ; \quad K_{rg} = (1 - S^*)^3 \qquad (2\text{-}49)$$

分选性差的非胶结砂层：

$$K_{ro} = (S^*)^{3.5} ; \quad K_{rg} = (1 - S^*)^2(1 - S^{*1.5}) \qquad (2\text{-}50)$$

胶结砂岩、鲕状灰岩和孔穴灰岩：

$$K_{ro} = (S^*)^4 ; \quad K_{rg} = (1 - S^*)^2(1 - S^{*2}) \qquad (2\text{-}51)$$

其中

$$S^* = \frac{S_o}{1 - S_{wi}}$$

对于水湿岩石的油水两相系统，Wyllie[20]根据驱替过程中测得的相对渗透率数据，提
出的相关经验公式为：

分选性好的非胶结砂岩：

$$K_{ro} = (1 - S^*)^3 ; \quad K_{rw} = (S^*)^3 \qquad (2\text{-}52)$$

分选性差的非胶结砂岩：

$$K_{ro} = (1 - S^*)^2(1 - S^{*1.5}) ; \quad K_{rw} = (S^*)^{3.5} \qquad (2\text{-}53)$$

胶结砂岩、鲕状灰岩和孔穴灰岩为：

$$K_{ro} = (1 - S^*)^2(1 - S^{*2})\ ;\quad K_{rw} = (S^*)^4 \tag{2-54}$$

其中

$$S^* = \frac{S_w - S_{wi}}{1 - S_{wi}}$$

Honarpour 和 Koederitz[21] 根据美国、加拿大、利比亚、伊朗、阿根廷和阿拉伯联合共和国等国各油田的大量相对渗透率实验数据，对于不同岩性和不同润湿的岩石，建立了计算油水两相和油气两相相对渗透率的经验公式如下：

$$K_{rw}^{wo} = 0.035388\left(\frac{S_w - S_{wi}}{1 - S_{wi} - S_{orw}}\right) - 0.010874\left(\frac{S_w - S_{orw}}{1 - S_{wi} - S_{orw}}\right)^{2.9} \\ + 0.56556(S_w)^{3.6} \cdot (S_w - S_{wi}) \tag{2-55}$$

$$K_{rw}^{wo} = 1.5814\left(\frac{S_w - S_{wi}}{1 - S_{wi}}\right)^{1.91} - 0.58617\left(\frac{S_w - S_{orw}}{1 - S_{wi} - S_{orw}}\right)(S_w - S_{wi}) \\ - 1.2484\phi(1 - S_{wi})(S_w - S_{wi}) \tag{2-56}$$

$$K_{ro}^{wo} = 0.76067\left[\frac{\left(\frac{S_o}{1 - S_{wi}}\right) - S_{orw}}{1 - S_{orw}}\right]^{1.8} \cdot \left(\frac{S_o - S_{orw}}{1 - S_{wi} - S_{orw}}\right)^{2.0} \\ + 2.6318\phi(1 - S_{orw}) \cdot (S_o - S_{orw}) \tag{2-57}$$

$$K_{ro}^{og} = 0.98372\left(\frac{S_o}{1 - S_{wi}}\right)^4 \cdot \left(\frac{S_o - S_{org}}{1 - S_{wi} - S_{org}}\right)^2 \tag{2-58}$$

$$K_{rg}^{og} = 1.1072\left(\frac{S_g - S_{gc}}{1 - S_{wi}}\right)^2 K_{rg}(S_{org}) + 2.7794\left[\frac{S_{org}(S_g - S_{gc})}{(1 - S_{wi})}\right] \times K_{rg}(S_{org}) \tag{2-59}$$

$$K_{rw}^{wo} = 0.0020525\frac{(S_w - S_{wi})}{\phi^{2.15}} - 0.051371(S_w - S_{wi})\left(\frac{1}{K_a}\right)^{0.43} \tag{2-60}$$

$$K_{rw}^{wo} = 0.29986\left(\frac{S_w - S_{wi}}{1 - S_{wi}}\right) - 0.32797\left(\frac{S_w - S_{orw}}{1 - S_{wi} - S_{orw}}\right)^2(S_w - S_{wi}) + 0.413259\left(\frac{S_w - S_{wi}}{1 - S_{wi} - S_{orw}}\right)^4 \tag{2-61}$$

$$K_{ro}^{wo} = 1.2624\left(\frac{S_o - S_{orw}}{1 - S_{orw}}\right)\left(\frac{S_o - S_{orw}}{1 - S_{wi} - S_{orw}}\right)^2 \tag{2-62}$$

$$K_{rg}^{og} = 0.93752\left(\frac{S_o}{1 - S_{wi}}\right)^4\left(\frac{S_o - S_{org}}{1 - S_{wi} - S_{org}}\right)^2 \tag{2-63}$$

$$K_{rg}^{rog} = 1.8655 \frac{(S_g - S_{gc})(S_g)}{(1 - S_{wi})} K_{rg}(S_{org}) + 8.0053$$

$$\times \frac{(S_g - S_{gc})(S_{org})^2}{(1 - S_{wi})} - 0.02589(S_g - S_{gc}) \left(\frac{1 - S_{wi} - S_{org} - S_{gc}}{1 - S_{wi}} \right) \qquad (2-64)$$

$$\times \left[1 - \frac{(1 - S_{wi} - S_{org} - S_{gc})}{(1 - S_{wi})} \right]^2 \left(\frac{K_a}{\phi} \right)^{0.5}$$

式中　K_a——空气的绝对渗透率，mD；

　　　K_{rw}^{wo}——油水两相系统水的相对渗透率，frac；

　　　K_{ro}^{wo}——油水两相系统油的相对渗透率，frac；

　　　K_{ro}^{og}——油气两相系统油的相对渗透率，frac；

　　　K_{rg}^{og}——油气两相系统气的相对渗透率，frac；

　　　S_g——气体饱和度，frac；

　　　S_{gc}——临界气体饱和度，frac；

　　　S_{org}——对于气的残余油饱和度，frac；

　　　S_o——含油饱和度，frac；

　　　S_{rw}——对于水的残余油饱和度，frac；

　　　S_w——含水饱和度，frac；

　　　S_{wi}——束缚水饱和度，frac；

　　　ϕ——有效孔隙度，frac。

上述（2-55）式至（2-64）式的使用条件及其建立这些相关经验公式时，所使用的数据点列于表2-4内。

表2-4　经验公式的条件

公式	流体系统	数据点数	岩性	润湿性
（2-55）	油和水	361	砂岩和砾岩	水湿
（2-56）	油和水	478	砂岩和砾岩	油湿和中性
（2-57）	油和水	1000	砂岩和砾岩	任意
（2-58）	油和气	822	砂岩和砾岩	任意
（2-59）	油和气	766	砂岩和砾岩	任意
（2-60）	油和水	57	灰岩和白云岩	水湿
（2-61）	油和水	197	灰岩和白云岩	油湿和中性
（2-62）	油和水	593	灰岩和白云岩	任意
（2-63）	油和气	273	灰岩和白云岩	任意
（2-64）	油和气	227	灰岩和白云岩	任意

Wyllie 和 Gardner[22]对于水湿的分选性好的非胶结砂层，提出了如下的三相相对渗透率的相关经验公式为：

$$K_{rg} = \frac{S_g^3}{(1 - S_{wi})^3} \tag{2-65}$$

$$K_{ro} = \frac{S_o^3}{(1 - S_{wi})^3} \tag{2-66}$$

$$K_{rw} = \left(\frac{S_w - S_{wi}}{1 - S_{wi}}\right)^3 \tag{2-67}$$

对于胶结砂岩、鲕状灰岩或孔穴灰岩，Wyllie 和 Gardner[22] 提出的三相相对渗透率经验公式为：

$$K_{rg} = \frac{S_g^2 \left[(1 - S_{wi})^2 - (S_w + S_o - S_{wi})^2\right]}{(1 - S_{wi})^4} \tag{2-68}$$

$$K_{ro} = \frac{S_o^3 (2S_w + S_o - 2S_{wi})}{(1 - S_{wi})^4} \tag{2-69}$$

$$K_{rw} = \left(\frac{S_w - S_{wi}}{1 - S_{wi}}\right)^4 \tag{2-70}$$

Stone[23] 对于油气水三相同时在多孔介质（储层）中流动条件的相渗透率变化进行了分析。在假设润湿性最强和最差流体的相对渗透率，都只是其本身饱和度的函数，而中间润湿相流体的相对渗透既是其本身的饱和度的函数，同时又是其他两相饱和度函数的条件下，利用对一些储层岩石已获得的相对渗透率数据，得到了如下的经验公式：

$$K_{ro} = \frac{S_o^* K_{row} K_{rog}}{(1 - S_w^*)(1 - S_g^*)} \tag{2-71}$$

$$K_{rw} = K_{rwo}, \quad K_{rg} = K_{rgo} \tag{2-72}$$

$$S_o^* = \frac{S_o - S_{om}}{1 - S_{wi} - S_{om}} \tag{2-73}$$

$$S_w^* = \frac{S_w - S_{wi}}{1 - S_{wi} - S_{om}} \tag{2-74}$$

$$S_g^* = \frac{S_g}{1 - S_{wi} - S_{om}} \tag{2-75}$$

$$S_{om} = aS_{orw} + (1 - a)S_{org} \tag{2-76}$$

$$a = 1 - \frac{S_g}{1 - S_{wi} - S_{org}} \tag{2-77}$$

式中　K_{ro}——三相流动条件下油的相对渗透率，frac；

　　　K_{rw}——三相流动条件下水的相对渗透率，frac；

K_{rg}——三相流动条件下气的相对渗透率，frac；

K_{row}——油水两相系统中油的相对渗透率，frac；

K_{rwo}——油水两相系统中水的相对渗透率，frac；

K_{rog}——油气两相系统中油的相对渗透率，frac；

K_{rgo}——油气两相系统中气的相对渗透率，frac；

S_o——含油饱和度，frac；

S_w——含水饱和度，frac；

S_g——合气饱和度，frac；

S_{wi}——束缚水饱和度，frac；

S_{orw}——油水两相系统中的残余油饱和度，frac；

S_{org}——油气两相系统中的残余气饱和度，frac。

由于储层的非均质性和获取测试岩心的随机性，因此，对于一个油田来说，需要得到具有代表性的相对渗透率曲线。下面以油水两相为例，利用（2-47）式和（2-48）式，说明平均相对渗透率曲线的方法[24]。首先将（2-47）式和（2-48）式分别取常用对数得：

$$\log K_{rw} = \log a + m \log S_{wD} \tag{2-78}$$

$$\log K_{ro} = \log b + n \log(1 - S_{wD}) \tag{2-79}$$

由（2-78）式和（2-79）式可以看出，对于某一具体岩样测试的油水两相的相对渗透率曲线数据，若将 K_{rw} 与 S_{wD}，以及 K_{ro} 与 $1-S_{wD}$ 的相应数据，按（2-78）式和（2-79）式进行线性回归，由直线的截距得 a 和 b 的数值，再由直线的斜率得 m 和 n 的数值。对于不同岩样的油水两相的相对渗透率曲线，利用几何平均法，求取平均值，然后再用下面的关系式，计算平均的油水两相的相对渗透率曲线数值：

$$\overline{K}_{rw} = \overline{a} S_{wD}^{\overline{m}} \tag{2-80}$$

$$\overline{K}_{ro} = \overline{b}(1 - S_{wD}^{\overline{n}}) \tag{2-81}$$

$$\overline{S}_w = S_{wD}(1 - \overline{S}_{wi} - \overline{S}_{or}) + \overline{S}_{wi} \tag{2-82}$$

式中 $\overline{K}_{rw}$——水相的平均相对渗透率，frac；

$\overline{K}_{ro}$——油相的平均相对渗透率，frac；

$\overline{S}_w$——不同岩样的标准化平均含水饱和度，frac；

S_{wD}——标准化含水饱和度，frac；

$\overline{S}_{wi}$——不同岩样的平均束缚水饱和度，frac；

$\overline{S}_{or}$——不同岩样的平均残余油饱和度，frac；

$\overline{a}$——不同岩样 a 的平均值，dim；

$\overline{b}$——不同岩样 b 的平均值，dim；

$\overline{m}$——不同岩样 m 的平均值，dim；

$\overline{n}$——不同岩样 n 的平均值，dim。

在 $0 \leqslant S_{wD} \leqslant 1.0$ 的范围内，给定不同的 S_{wD} 值（比如 0，0.1，0.2，0.3，…，0.8，0.9，1.0），由（2-80）式、（2-81）式和（2-82）式，可以分别求得相应关系式的 $\overline{K}_{rw}$、$\overline{K}_{ro}$ 和 $\overline{S}_{w}$ 数值。将这些相应的关系数值绘于直角坐标纸上，即得到油水两相的平均相对渗透率曲线图。在图 2-18 和图 2-19 上，分别绘出了三条油水相对渗透率曲线，以及它们的平均曲线图。

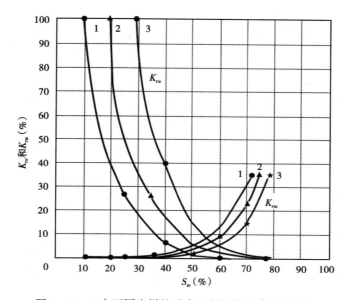

图 2-18　三个不同岩样的油水两相的相对渗透率曲线

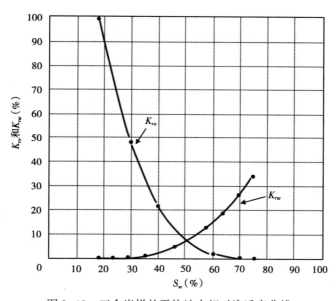

图 2-19　三个岩样的平均油水相对渗透率曲线

2.3 含油饱和度

含油饱和度（Oil Saturation）在油藏评价中占有重要的地位，它是储量计算的重要参数。众所周知，在油藏的形成过程中存在着油气的运移。油气从生油源岩中进入储层，并经过富集而形成油藏，其中包括了一个油驱水（非润湿相驱替润湿相）的过程。理论分析和实验工作都证明，在油藏形成的过程中，并不是全部地层水都被驱替出来，而总会有一部分原来存在于地层孔隙中的水被驱替出来，而有一部分水与油气一起留在地层中。这种水称为共存水，当这种水量低到一定程度不能在正常生产中流动时，称为束缚水。因此，对油藏来说，在原始条件下，储层中的流体为油水两相组成。其油为被天然气溶解的原油，其水为具有溶解气和矿化度的地层水。两相流体各自占有储层孔隙体积的程度，则称为饱和度，即原始含油饱和度和地层束缚水饱和度，并以小数或百分数表示。因此，原始含油饱和度可定义为，在原始地层条件下，单位孔隙体积中原油体积所占据的份量，并表示为：

$$S_{oi} = \frac{V_{oi}}{V_p} \tag{2-83}$$

式中　S_{oi}——原始含油饱和度，frac；
　　　V_{oi}——原始含油体积，m^3；
　　　V_p——原始孔隙体积，m^3。

确定地层原始含油饱和度，主要有以下三种常用的方法。这三种方法，都是在确定地层束缚水饱和度的基础上，再确定地层原始含油饱和度。两者之和等于1.0或100%。

2.3.1 油基钻井液密闭取心分析法

通过高压密闭油基钻井液钻井，将油层的岩心取出，可以避免钻井液对岩心中流体的冲洗和侵害，能保持地层岩心中流体的原始状态。在实验室内对岩心进行专门仪器的蒸馏与冷却，测定冷结后束缚水的体积量，再由下式确定地层束缚水的饱和度和原始含油饱和度：

$$S_{wi} = \frac{V_w}{V_p} \tag{2-84}$$

$$S_{oi} = 1 - S_{wi} \tag{2-85}$$

式中　S_{wi}——地层束缚水饱和度，或称为地层原始含水饱和度，frac；
　　　S_{oi}——原始含油饱和度，frac；
　　　V_w——岩心经蒸馏、冷却后测得的冷结水量，m^3。

应当指出，该法确定的地层含水饱和度较准确可靠，但所取岩样存在着随机性和代表性问题。同时，还应注意对取至地面饱和油水两相流体的岩心严加密封以保护其原始状态，并应尽早进行实验室的测试工作。一般说来，采用大岩心的整体测试较为有利。

2.3.2 测井资料解释法

利用测井资料的解释成果，先确定地层原始含水饱和度，然后再由（2-85）式确定地层原始含油饱和度。确定地层原始含水饱和度的，著名的阿尔奇（Archie）公式表示为[25]：

$$S_{wi} = \left(\frac{aR_w}{R_t\phi^m}\right)\frac{1}{n} \tag{2-86}$$

式中　R_w——地层水的电阻率，$\Omega \cdot m$；

R_t——地层的真电阻率（使用深电阻率测井），$\Omega \cdot m$；

a——取决于岩石物理性质的常数，变化范围为 $0.62 \sim 1.0$。对于软地层 $a = 0.62$；对于硬地层 $a = 1$；对于低孔隙碳酸盐岩和裂缝性地层 $a = 1.0$；对于未特别指定地层 $a = 1$；

m——胶结指数，变化范围为 $1.4 \sim 2.8$，一般使用 2.0，对于软地层 $m = 2.15$，对于硬地层 $m = 2.2$；对于低孔隙碳酸盐岩地层 $m = 1.87 + 0.19\phi$；对于裂缝性地层 $m = 1.4$；对于未特别指定地层 $m = 2$；

n——饱和指数，变化范围为 $1.4 \sim 10$，一般使用 2.0，通常采用与 m 的数值相同；

ϕ——有效孔隙度，frac。

2.3.3　最小孔喉半径法

非均质的储层可视为由不同孔喉半径（毛细管半径）的毛细管束组成。同时，也常用压汞的毛细管压力曲线资料研究储层的孔隙结构特征。对于处理干净的岩心，由压汞仪往岩心内压入汞的压力，称为毛细管压力，并由它可以计算不同毛细管压力下的孔喉半径大小；由累积压入岩心汞的体积，可以计算相应于毛细管压力的汞饱和度，即相当于润湿相水的饱和度。最高的毛细管压力对应于最少的孔喉半径和最低的含水饱和度，因此，由最小的孔喉半径可以确定地层束缚水饱和度。在地层条件下，油水两相的最小孔喉半径（推导见本章第 5 节）表示为：

$$r_{c(\min)} = \frac{2\sigma_{ow}^R\cos\theta_{ow}^R}{(\rho_w - \rho_o)Hg} \tag{2-87}$$

式中　$r_{c(\min)}$——最小孔喉半径，m；

σ_{ow}^R——地层条件下油水两相的界面张力，N/m；

θ_{ow}^R——地层条件下油水两相的润湿接触角，(°)；

ρ_w——地层水的密度，kg/m^3；

ρ_o——地层油的密度，kg/m^3；

H——含油高度，m；

g——重力加速度，$9.806 m/s^2$。

将（2-87）式由上述的 SI 制基础单位，改为 SI 制实用单位表示为：

$$r_{c(\min)} = \frac{2\times10^{-3}\sigma_{ow}^R\cos\theta_{ow}^R}{(\rho_w - \rho_o)H} \tag{2-88}$$

式中各参数的单位：$r_{c(\min)}$ 为 μm；σ_{ow}^R 为 mN/m；ρ_w 和 ρ_o 为 g/cm^3；H 为 m。

在由（2-88）式求得 $r_{c(\min)}$ 的数值后，由下式计算与其相应的油水两相最高毛细管压力：

$$p_{c(\max)}^{ow} = \frac{2 \times 10^{-3} \sigma_{ow}^R \cos\theta_{ow}^R}{r_{c(\min)}} \qquad (2\text{-}89)$$

式中 $p_{c(\max)}^{ow}$——油水两相的最高毛细管压力，MPa。

利用压汞的毛细管压力曲线资料，由下式可将油水两相的最高毛细管压力换算成汞与空气两相的最高毛细管压力：

$$p_{c(\max)}^{Hg} = \frac{\sigma_{Hg}^L \cos\theta_{Hg}^L}{\sigma_{ow}^R \cos\theta_{ow}^R} p_{c(\max)}^{ow} \qquad (2\text{-}90)$$

式中 $p_{c(\max)}^{Hg}$——汞与空气两相的最高毛细管压力，MPa；

σ_{Hg}^L——实验室条件下汞与空气的界面张力，480mN/m；

θ_{Hg}^L——实验室条件下汞与空气的润湿接触角，140°。

在利用（2-90）式求得 $p_{c(\max)}^{Hg}$ 的数值之后，可由 $J(S_w)$ 函数平均的压汞毛细管压力曲线，确定相应的含水饱和度。此饱和度可视为地层束缚水饱和度 S_{wi}，并由式（2-85）确定地层原始含油饱和度 S_{oi}。

2.4 润湿性

润湿性（Wettability）定义为，当两种非混相流体同时呈现于固相介质表面时，某一流体相优先润湿固体表面的能力。它是两种流体和固体之间的表面能作用结果。在图 2-20 上表示了在水、油和固体界面上力的平衡关系。润湿性的一个重要量度，就是接触角。接触角与界面张力的关系为[2]：

$$A_T = \sigma_{os} - \sigma_{ws} = \sigma_{ow} \cos\theta \qquad (2\text{-}91)$$

式中 A_T——附着张力，mN/m；

σ_{os}——油和固体的界面张力，mN/m；

σ_{ws}——水和固体的界面张力，mN/m；

σ_{ow}——油和水的界面张力，mN/m；

θ——接触角，（°）。

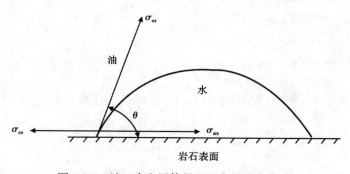

图 2-20　油、水和固体界面上力的平衡关系

岩石表面的润湿性，不是亲水就是亲油，或者是既不亲水又不亲油的中性。这取决于流体和岩石的化学成分和油藏饱和的历史。接触角 θ 在 0°~180° 之间，以油水两相系统为例，$\theta<90°$ 为亲水；$\theta>90°$ 为亲油；$\theta=90°$ 为中间状态即申性，如图 2-21 所示。

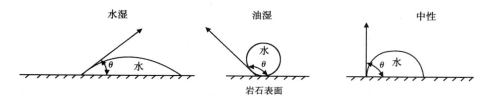

图 2-21　岩石润湿性质与接触角

对于不同流体系统，在实验室和地层条件下，典型的接触角和界面张力列于表 2-5。

表 2-5　界面张力及润湿角的数据[3]

系统	θ (°)	$\cos\theta$	σ （mN/m）	$\sigma\cos\theta$
实验室条件				
空气—水	0	1.0	72	72
油—水	30	0.866	48	42
空气—水银	140	0.766	480	367
空气—油	0	1.0	24	24
地层条件				
水—油	30	0.866	30	26
水—气	0	1.0	50	50

润湿性是储层岩石的一个重要物理性质，它既会影响到毛细管压力的状态，又会影响到地层流体的驱替效率。基于油、气二次运移和油、气藏形成理论的考虑，一般认为多数油、气藏都是亲水的。但是，由于岩石表面活性组分的吸附或有机物质的沉淀作用（特别是很多附着在岩石颗粒表面的黏土矿物的影响更为重要），以及人为处理对岩石表面的影响，都会改变岩石的润湿性。

多孔岩石润湿性的测量，通常是比较困难的。利用接触角来量度岩石表面的润湿性，是一个比较简单而可靠的方法。但是，对于多孔介质来说，往往由于孔隙的存在而使表面不平，从而使量得的接触角失去代表性。因此，在实际工作中，常常使用磨光的二氧化硅单晶表面代表砂岩，或用碳酸钙单晶代表碳酸盐岩，这当然只是一种近似的方法。现在常用的方法是自发吸入法。当吸入水量大于吸入油量时为偏亲水，反之则为偏亲油，如两者相等则为中间状态，但这样测试的结果，更接近于定性评价。如何更好地评价储层的润湿性，还有待于进一步的研究。

2.5　毛细管压力

毛细管压力（Capiliary Pressure），是在多孔介质的微细毛管中，跨越两种非混相流体弯曲界面的压力差。图2-22 表示了一个毛细管放入盛有非混相的油水两相的烧杯内。其中的水对毛细管来说是润湿相。而油则为非润湿相。由于水和毛细管壁之间存在着附着力（即吸引力）的作用，将水向上拖引起一定的高度 h，最后上升的总力与水柱的重力达到平衡。由于烧杯的直径较大，A' 处的界面是一个毛细管压力等于 0 的水平面，因此，在毛细管内相当 A 处的压力与毛细管外 A' 的压力相等，即 $p_{oa} = p_{wa}$。考虑到油水密度的不同，p_{oa} 和 p_{wa} 可分别表示为：

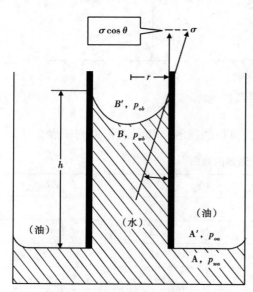

图 2-22　毛管与毛管压力的关系[3]

$$p_{oa} = p_{ob} + \rho_o gh \qquad (2-92)$$

$$p_{wa} = p_{wb} + \rho_w gh \qquad (2-93)$$

式中　p_{oa}——在油中 A' 处的压力，Pa；
　　　p_{ob}——在油中 B' 处的压力，Pa；
　　　p_{wa}——在水中 A 处的压力，Pa；
　　　p_{wb}——在水中 B 处的压力，Pa；
　　　ρ_o——油的密度，kg/m³；
　　　ρ_w——水的密度，kg/m³；
　　　g——重力加速度，m/s²；
　　　h——在烧杯内油水界面以上毛细管内的水柱高度，m。

由（2-93）式减（2-92）式得跨越油水弯曲界面的压力差，即毛细管压力为：

$$p_c = p_{ob} - p_{wb} = (\rho_w - \rho_o)gh \qquad (2-94)$$

由（2-94）式可知，毛细管压力 p_c 就是非润湿相压力与润湿相压力之差。在毛细管内，润湿相水与毛细管壁的总附着力，即拖引水柱向上的总力，由（2-90）式可写为：

$$F_T = 2\pi r A_T = 2\pi r \sigma_{wo} \cos\theta_{wo} \qquad (2-95)$$

式中　F_T——总的向上力，N；
　　　A_T——附着张力，N/m；
　　　r——毛细管半径，m；
　　　σ_{wo}——油水两相的界面张力，N/m；
　　　θ_{wo}——接触角，（°）。

将（2-95）式除以毛细管的截面积，即得毛细管压力为：

$$p_c = \frac{F_T}{\pi r^2} = \frac{2\sigma_{wo}\cos\theta_{wo}}{r} \qquad (2\text{-}96)$$

由 (2-94) 式和 (2-96) 式可以看出，影响毛细管压力的因素有：两种非混相流体的界面张力、岩石的润湿性和岩石孔隙结构特性 (K 和 ϕ)，以及两种流体的密度差，如图 2-23 至图 2-26 所示。

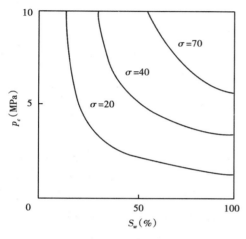

图 2-23　界面张力对毛细管压力曲线的影响

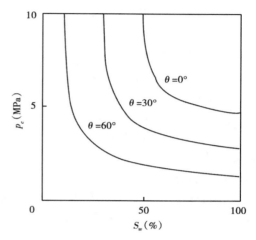

图 2-24　接触角对毛细管压力曲线的影响

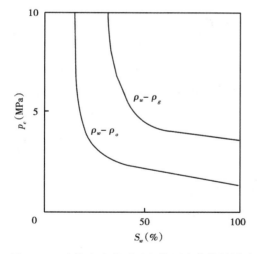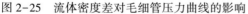

图 2-25　流体密度差对毛细管压力曲线的影响

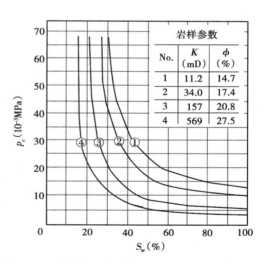

图 2-26　孔隙度和渗透率对毛细管压力曲线的影响

由 (2-94) 式与 (2-96) 式相等，得到计算自由水面以上高度的公式为：

$$h = \frac{2\sigma_{wo}\cos\theta_{wo}}{r(\rho_w - \rho_o)g} = \frac{p_c}{(\rho_w - \rho_o)g} \qquad (2\text{-}97)$$

利用 SI 制实用单位表示的毛细管压力和自由水面以上高度的公式，由 (2-96) 式和

（2-97）式可分别写为：

$$p_c = \frac{2 \times 10^{-3}\sigma\cos\theta}{r} \tag{2-98}$$

$$h = \frac{100p_c}{\rho_w - \rho_o} \tag{2-99}$$

式中　p_c——毛细管压力，MPa；

　　　σ——界面张力，mN/m；

　　　θ——润湿接触角，（°）；

　　　r——毛细管半径，μm；

　　　h——自由水面以上高度，m；

　　　ρ_w——地层水密度，g/cm^3；

　　　ρ_o——地层原油密度，g/cm^3。

　　储层岩石是由大小尺寸不同、形状各异的毛细管孔道所组成。储层的毛细管压力曲线，可以利用孔隙隔膜法（Porous diaphragm method）、压汞法（Mercuryinjection method）、离心机法（Centrifuge method）和动力学法（Dynamicmethod）进行测定。由式（2-98）可以分别写出，在实验室条件下的压汞毛细管压力和在地层条件下油水两相的毛细管压力为：

$$(p_c^{Hg})_L = \frac{2 \times 10^{-3}\sigma_{Hg}\cos\theta_{Hg}}{r} \tag{2-100}$$

$$(p_c^{ow})_R = \frac{2 \times 10^{-3}\sigma_{ow}\cos\theta_{ow}}{r} \tag{2-101}$$

　　假定在实验室条件下和地层条件下的毛细管半径相等，则由（2-100）式和（2-101）式得，将实验室测试的压汞毛细管压力曲线换算成地层条件下油水两相毛细管压力曲线的关系式为：

$$(p_c^{ow})_R = \frac{(\sigma_{ow}\cos\theta_{ow})_R}{(\sigma_{Hg}\cos\theta_{Hg})_L}(p_c^{Hg})_L \tag{2-102}$$

式中　$(p_c^{Hg})_L$——在实验室条件下压汞的毛细管压力，MPa；

　　　$(p_w^{ow})_R$——在地层条件下油水两相的毛细管压力，MPa；

　　　σ_{ow}——在地层条件下油水两相的界面张力，mN/m；

　　　σ_{Hg}——在实验室条件下汞与空气的界面张力，mN/m；

　　　θ_{ow}——在地层条件下油水两相的润湿接触角，（°）；

　　　θ_{Hg}——在实验室条件下汞与空气的润湿接触角，（°）；

　　　下角 R 与 L——分别表示地层与实验室条件。

　　在图 2-27 上表示了油水两相的毛细管压力曲线，若将油水相对渗透率与毛细管压力曲线相对照，可将毛细管压力随含水饱和度的分布划分为以下三段。

　　（1）纯水段：由初始驱替压力（p_d）划一条水平线 A，此线称为自由水面。低于自由

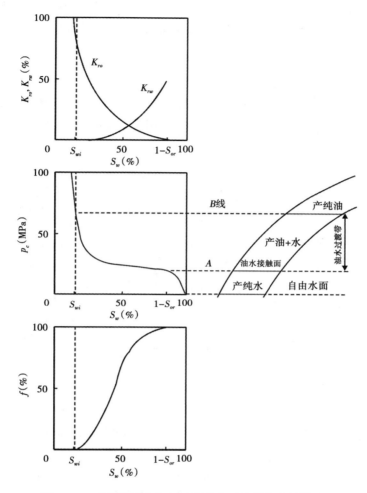

图 2-27　毛细管压力和相对渗透率对油藏生产的影响

水面的含水饱和度为 100%，钻入该段的井产纯水。

（2）油水过渡段：在对应于相对渗透率曲线的束缚水饱和度的位置，在毛细管压力曲线上画一条水平线 B，此为油水过渡段的顶面。该段的毛细管压力随含水饱和度的变化较小，钻入该段的井产油和水。

（3）纯油段：在 B 水平面以上，毛细管压力随含水饱和度的变化比较急剧，近于呈垂直的渐近线关系。由该段确定的含水饱和度通常称为束缚水饱和度，钻入该段的井产纯油。

根据油藏边部探井所取岩心，所分析的毛细管压力曲线，应用上述的分析方法，可以为划分油水接触面分布的位置及形状，提供有益的参考信息。

由（2-98）式得计算毛细管半径（又称孔喉半径）的公式为：

$$r = \frac{2 \times 10^{-3} \sigma \cos\theta}{p_c} \qquad (2-103)$$

对于利用压汞法测定的毛细管压力曲线，由于水银与空气的界面张力 $\sigma = 480\text{mN/m}$，接触角 $\theta = 140°$，$\cos 140° = 0.766$，因此，计算毛细管半径与毛细管压力的关系式为：

$$r = \frac{0.7354}{p_c^{Hg}} \tag{2-104}$$

利用压汞测试毛细管压力曲线取得的数据，由（2-104）式求得的毛细管半径，再与由压入汞体积计算的孔隙体积，可以构成研究孔隙结构的毛细管半径分布直方图，如图 2-28 所示。

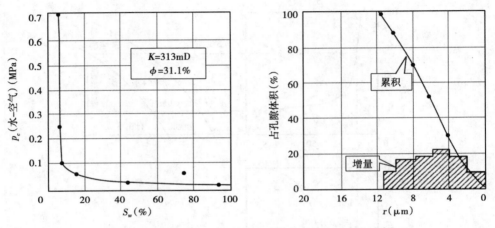

图 2-28　毛细管压力曲线及毛细管半径分布的直方图[4]

实验室研究的结果表明，不同储层的毛细管压力曲线是不相同的。也就是说，找不到一条能够代表所有储层特性的毛细管压力曲线，即使对于同一油层或气层，也会由于储层孔隙结构的差异，不同部位所取岩心测试的毛细管压力曲线也是不会相同的，如图 2-26 所示。因此，对于一个具体的储层来说，为了得到一条既有代表性，又能同其他储层毛细管压力曲线进行对比的毛细管压力曲线，为此，Leverett 提出了一个无量纲处理的 J 函数方法。现将由 SI 制基本单位表示毛细管压力的（2-96）式，改为任意两相的无量纲 J 函数的形式为：

$$J(S_w) = \frac{p_c r}{2\sigma \cos\theta} \tag{2-105}$$

式中　$J(S_w)$——Leverett 的 J 函数（function），dim；

　　　p_c——毛细管压力，Pa；

　　　r——毛细管半径，m；

　　　σ——界面张力，N/m；

　　　θ——润湿接触角，(°)。

将宏观测试的截面积为 A 和长度为 L 的岩样，从微观角度可假想地视为由 n 根直径相同、平行排列的毛细管组成。在一维稳定流动条件下，n 根毛细管的流量，可由 SI 制单位表示的单根毛细管流量的泊潇（Poiseuille）方程表示为：

$$Q = \frac{n\pi r^4 \Delta p}{8\mu L} \qquad (2\text{-}106)$$

式中　Q——n 根毛细管的流量，m^3/s；

　　　r——毛细管半径，m；

　　　Δp——上下游的流动压差，Pa；

　　　μ——流体黏度，$Pa \cdot s$；

　　　L——毛细管长度，m。

对于渗流面积为 A 和长度为 L 的岩样，在与（2-106）式相同流动压差和流体黏度条件下，由 SI 制基础单位表示的达西定律为：

$$Q = \frac{AK\Delta p}{\mu L} \qquad (2\text{-}107)$$

式中 A 的单位为 m^2；K 的单位为 m^2；其他参数的单位同上式所注。由（2-106）式和（2-107）式中的 Q、Δp、μ 和 L 相等得：

$$A = \frac{n\pi r^4}{8K} \qquad (2\text{-}108)$$

由 n 根毛细管的面积 $n\pi r^2$，除以岩样的渗流截面积 A，可以得到面孔隙率，并近似表示为岩样的孔隙度为：

$$\phi = \frac{n\pi r^2}{A} \qquad (2\text{-}109)$$

将（2-108）式代入（2-109）式得毛细管半径与渗透率、孔隙度的关系式为：

$$r = \sqrt{\frac{8K}{\phi}} \qquad (2\text{-}110)$$

再将（2-110）式代入（2-105）式得 Leverett 的 J 函数表达式为：

$$J(S_w) = \frac{p_c}{2\sigma\cos\theta}\sqrt{\frac{8K}{\phi}} \simeq \frac{p_c}{\sigma\cos\theta}\sqrt{\frac{K}{\phi}} \qquad (2\text{-}111)$$

将（2-111）式改为 SI 制实用单位表示时为：

$$J(S_w) = \frac{31.62 p_c}{\sigma\cos\theta}\sqrt{\frac{K}{\phi}} \qquad (2\text{-}112)$$

式中　$J(S_w)$——毛细管压力曲线的 J 函数，dim；

　　　p_c——毛细管压力，MPa；

　　　σ——界面张力，mN/m；

　　　θ——润湿接触角（°）；

K——宏观测试的岩心渗透率，mD；

ϕ——宏观测试的岩心孔隙度，frac；

S_w——含水饱和度，frac。

对于由压汞法测试的毛细管压力曲线，已知汞和空气的界面张力 $\delta = 480\text{mN/m}$，汞的润湿角 $\theta = 140°$，那么 $480\cos140° = 367.7$，并考虑 $S_w = 1 - S_{Hg}$，由（2-112）式得：

$$J(S_w) = 0.086 p_c^{Hg} \sqrt{\frac{K}{\phi}} \tag{2-113}$$

式中　p_c^{Hg}——压汞的毛细管压力，MPa。

利用（2-113）式，可以对某一具有渗透率 K、孔隙度 ϕ 岩样的压汞毛细管压力曲线进行无因次化处理，并得到该岩样在不同 S_w 下的 $J(S_w)$ 值。然而，对于一个油田来说，可能具有若干个不同 K 和 ϕ 值岩样的压汞毛细管压力曲线，因此，就存在一个如何建立一个能代表全油田的平均 J 函数曲线的问题。为此，在已求得不同岩样的 $J(S_w)$ 的条件下，需要利用下面的无因次关系，对含水饱和度进行无因次处理[26]：

$$S_{wD} = \frac{S_w - S_{wi}}{1 - S_{wi}} \tag{2-114}$$

此时的（2-113）式可写为：

$$J(S_{wD}) = 0.086 p_c^{Hg}(S_{wD}) \sqrt{\frac{K}{\phi}} \tag{2-115}$$

将不同岩样的 $J(S_{wD})$ 和 S_{wD} 的数值绘于同一张图上，可以得到该油田的平均 J 函数曲线，如图 2-29 所示。由此也可以说，J 函数是求一个平均毛细管压力曲线的有效方法。由于不同油、气层的 J 函数曲线有着明显的差异，如图 2-30 所示，因此可以通过 J 函数曲线的对比，对不同储层的初始驱替压力、孔隙结构平均分布特征和地层束缚水的大小，作出相对的比较。

实际资料的研究表明，不同岩样毛细管压力曲线的 $J(S_{wD})$ 与 S_{wD} 之间存在如下的指数关系[26]：

$$J(S_{wD}) = A S_{wD}^B \tag{2-116}$$

对（2-116）式等号两端取常用对数后得：

$$\log J(S_{wD}) = a + b\log S_{wD} \tag{2-117}$$

式中　　　　　　　　$a = \log A,\ A = 10^a \tag{2-118}$

$$b = B \tag{2-119}$$

由（2-117）式可以看出，将 $J(S_{wD})$ 与 S_{wD} 的相应数据，绘于双对数坐标纸上呈直线关系，经线性回归求得 a 和 b 的数值之后，再由（2-118）式和（2-119）式可以求得 A 和 B 的数值。而后，由（2-115）式和（2-116）式相等，可以得到计算平均毛细管压力的如下公式[26]：

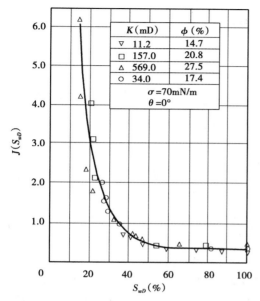

图 2-29　不同渗透率和孔隙度岩心的 J 函数曲线[27]

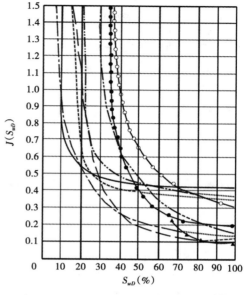

图 2-30　不同储层 J 函数曲线的对比[2]

$$\bar{p}_c^{Hg}(S_{wD}) = 11.63 A S_{wD}^B \sqrt{\frac{\bar{\phi}}{\bar{K}}} \qquad (2-120)$$

式中　$p_c^{Hg}(S_{wD})$ ——压汞毛细管压力曲线的平均毛细管压力，MPa；

$\bar{\phi}$ ——几何平均有效孔隙度，frac；

$\bar{K}$ ——几何平均空气渗透率，mD。

为了得到平均毛细管压力与含水饱和度的关系曲线，将（2-114）式代入（2-120）式得：

$$\bar{p}_c^{Hg}(S_w) = 11.63 A \left(\frac{S_w - \bar{S}_{wi}}{1 - \bar{S}_{wi}}\right) \sqrt{\frac{\bar{\phi}}{\bar{K}}} \qquad (2-121)$$

式中的 $\bar{S}_{wi}$ 为测试不同毛细管压力曲线岩样的几何平均束缚水饱和度，单位与 S_w 相同 frac（小数）。给定不同的 S_w 值（$1-S_{wi} \geqslant S_w \geqslant \bar{S}_{wi}$），由（2-121）式即可求得相应的 $\bar{p}_c^{Hg}(S_w)$ 值。将两者的相应数值绘于直角坐标纸上，便可得到具有代表性的毛细管压力曲线。

2.6　岩石有效压缩系数

岩石的有效压缩系数（Rock Effective Compresibility），又称为岩石的有效孔隙体积压缩系数。它定义为，单位压力变化孔隙体积的变化率，表示为：

$$C_f = \frac{\mathrm{d}V_p}{V_p \mathrm{d}p} \qquad (2-122)$$

式中　C_f——岩石有效压缩系数，MPa^{-1}；

　　　V_p——岩石孔隙体积，m^3；

　　　p——压力，MPa。

已知，$V_p = V\phi$，故（2-122）式又可写为：

$$C_f = \frac{\mathrm{d}V_p}{\phi V \mathrm{d}p} \qquad (2-123)$$

若设，$C_r = \phi C_f$，则由（2-123）式得下式：

$$C_r = \frac{\mathrm{d}V_p}{V \mathrm{d}p} \qquad (2-124)$$

式中的 C_r 称为岩石压缩系数，MPa^{-1}。注意 C_r 与 C_f 的关系和区别。

岩石的有效压缩系数 C_f 是油气藏工程的物质平衡和试井解释中的一个重要参数。该参数需要利用精密的岩石压缩系数仪进行精心的测定。由于仪器设备的限制和测试上的困难，并不是所有的油田都能取得该项资料。在这种情况下，目前通常应用 Hall 的图版[28]，由已知的有效孔隙度确定 C_f 的数值（图 2-31）。

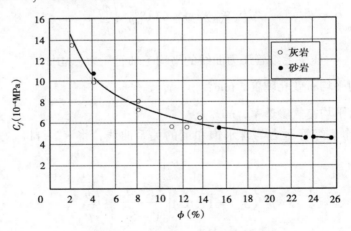

图 2-31　确定 C_f 的 Hall 图版

为便于应用起见，利用表 2-6 内所列 Halll 图版的有关数据[29]，由线性回归分析法得到了如下的相关经验公式[30]：

$$C_f = \frac{2.587 \times 10^{-4}}{\phi^{0.4358}} \qquad (2-125)$$

式中　C_f——岩石有效压缩系数，MPa^{-1}；

　　　ϕ——有效孔隙度，frac。

表 2-6　Hall 图版的数据[29]

ϕ	C_f（MPa^{-1}）	ϕ（f）	C_f（MPa^{-1}）
0.02	14.5×10^{-4}	0.1	6.96×10^{-4}
0.03	11.89×10^{-4}	0.12	6.38×10^{-4}
0.04	10.44×10^{-4}	0.16	5.80×10^{-4}
0.05	9.57×10^{-4}	0.20	5.22×10^{-4}
0.06	8.84×10^{-4}	0.24	4.93×10^{-4}
0.08	7.69×10^{-4}		

地层的岩石有效压缩系数, 还可用如下的相关经验公式确定[12]:

$$C_f = \frac{19.423 \times 10^{-4}}{\phi^{0.438}} \qquad (2-126)$$

式中　ϕ——有效孔隙度,%。

对于异常高压油、气藏, 岩石有效压缩系数由下面的相关经验公式确定[30]:

$$C_f = (8.820 \times 10^{-3} D - 2.510) \times 10^{-4} \qquad (2-127)$$

式中的 D 代表异常高压油、气藏的埋藏深度, 以 m 表示。

参 考 文 献

1. Clark, N. J.: Elements of Petroleum Reservoirs, 1960.

2. Amyx, J. W., Bass, D. M. Jr, and Whiting, R. L: Petroleum Reservoir Engineering, Physical Properties, 1960.

3. CORELAB: A Course in the Fundamentals of Core Analysis, 1973.

4. 姚爱华, 陈元千: 压实与弹性膨胀对孔隙度和饱和度影响的研究, 石油勘探与开发, 1993（1）90-99.

5. Serra, O.: Fundamentals of Well Log Interpretation-2. The Interpretation of Logging Data, Development in Petroleum Science, 1986.

6. CORELAB.: A Course in Special Core Analysis, 1982.

7. Teeuw, D.: Prediction of Formation Compaction from Laboratory Compressibility Data, SPEJ（Jan., 1971）: 263-271.

8. Newendrop, P. D.: Decision Analysis for Petroleum Exploration, Penn well Boops, Tulsa-Oklahoma, 1975.

9. Klinkenberg, L. L.: The Permeability of Porous Media to Liquids and Gases, Drilling and Production Practice, 1941（2）2, 200-213.

10. F. F. 克雷格: 油田注水开发工程方法, 石油工业出版社, 北京, 1977.

11. Anderson, G.: Coring and Core Analysis Handbook. Coring and core Analysis Hardbook, 1975.

12. Koedederitz, L. F. and Harvey, A. H,: Honarpour M. Introduction to Petroleum Reservoir Analysis, Gulf Publishing Company, Huston. London, Paris, Zurich, Tokyo）, 1989.

13. Scientific Software Corporation. Improved Oil Recovery by WaterFlooding and Gas Injection, 1981.

14. Corey, A. T.: Producers Monthly（Nov, 1954）P. 38.

15. Wahl, W. L, Mullins, L. D. and Elfrink, E. B.: Estimation of Ultimate Recovery from Solution Gas Drive Reservoirs, Trans. AIME（1958）213, 132-136.

16. Pirson, S. J., Boatman, E. M. and Nettle, R. L. : Prediction of Relative permeability Characteristics of Intergranular Reservoir Rocks from Electrical Resistivity Measurements. JPT（May, 1964）564-570.

17. Jones, P. J. : Petroleum production, VOL. 1, 1946.

18. 陈元千：面积注水的计算方法，石油学报，1984.5（1）67-79.

19. Willhite, G P. Waterflooding. : SPE Textbook Series VOL. 3, 1986.

20. Wyllie, M. R. J. : Relative Permeability, Chapter 25 0f Petroleum production Handbook. VOL. III, 1962.

21. Honarpour, M., Koederitz, L. F., and Harvey, A. H. : Empirical Equations for Estimating Two-phase Relative Permeability in Consolidated Rock, JPT（Decem 1982）2905-2908.

22. Wyllie, M. R. J, and Gardner, G. H. F. : World Oil, Vol. 146, 1958, 121, 210.

23. Stone, H. L. : Probability Model for Estimating Three Phase Relative Permeability, JPT（Feb 1970）214-218.

24. 陈元千：关于平均相对渗透率曲线标准化方法的改进：兼与张凤久先生讨论，石油工业技术监督，1991, 7（5）17-22.

25. Hollo, R., Holmes, M. and Pais, V. : HP-41CV Reservoir Economics and Engineering ManuaI, Gulf publishing Company（Houston, London, Paris, Tokyo）, 1983.

26. 陈元千：相对渗透率曲线和毛细管压力曲线的标准化方法，石油实验地质，1990, 12（1）64-69.

27. H. C. 斯利德：实用油藏工程学方法. 石油工业出版社，北京，1982.

28. Hall, H. N. : Compressibility of Reservoir Rocks. Journal of petroleum technology, Trams, AIME（1953）198-200.

29. Scientific Software Corporation, Reservoir Engineering Manual, 1975.

30. 陈元千：异常高压气藏物质平衡方程式的推导反应，石油学报，1983, 4（1）45-53.

第 3 章　油气田开发动态与调整

在第 1 章和第 2 章中，已对油气藏的流体物性和储层物性及其各项参数的确定方法进行了论述和分析。本章的内容将涉及油气藏的压力系统、温度系统和驱动类型，以及油气田开发调整和采收率确定方法等内容。

3.1　油气藏的压力与温度系统

油气藏的压力系统，是油气藏评价中的重要内容。对于每口探井和评价井，必须不失时机地准确确定该井的原始地层压力，绘制压力与埋深的关系图，以便用于判断油气藏的原始产状和分布类型，并用于确定储量参数和储量计算。

对于一个具有天然气顶和边水的油藏，在原始地层条件下，储层中的流体，将按其密度的大小，形成纵向的流体分布剖面图。在图 3-1 上绘出了一个具有边水油藏的剖面图，并在其含油水剖面上打探井 5 口。其中的 3 口探井打在含油部分；1 口探井打在油水界面上；另一口探井打在含水部分。由这 5 口探井所测原始地层压力与中部深度绘成的压力梯度图，如图 3-1 右侧部分。由压力梯度可以看出，含油部分与含水部分的压力点，分别形成斜率不同的两条直线。而两条直线的交点处深度，即为地层油水界面的位置。

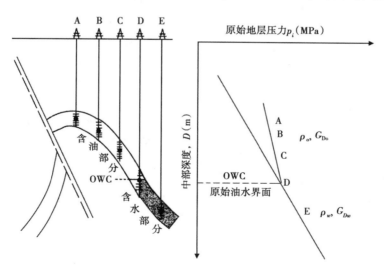

图 3-1　油藏的剖面与压力梯度图

对于任何具有气顶和边底水的油藏，或具有边底水的气藏，不同部位探井的原始地层压力与埋深的关系，可表示如下：

$$p_i = a + G_D D \tag{3-1}$$

式中　p_i——原始地层压力，MPa；

　　　a——关闭后的井口静压，MPa；

　　　G_D——井筒内静止流体梯度，MPa/m；

　　　D——埋深，m。

井筒内的流体静止梯度，由下式表示[1]：

$$G_D = \frac{\mathrm{d}p_i}{\mathrm{d}D} = 0.01\rho \tag{3-2}$$

式中　ρ——井筒内的静止流体密度，g/cm³。

由式（3-2）可以看出，压力梯度与地下流体密度成正比，即流体密度小的气顶部分，比流体密度大的含油部分或边水部分，具有较小的压力梯度，而且压力梯度乘以100即为地层流体密度。因此，可以通过压力梯度的大小判断地层流体类型，并确定地层的流体密度。同时，代表不同地层流体直线的交点处，即为地层流体的界面位置。在图3-2上绘出了我国涠洲10-3油田的压力梯度图。从图3-2可以看出，由压力梯度图的直线交会法，所得到的油气和油水界面的位置具有实际意义。

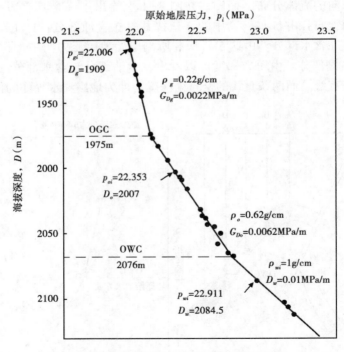

图 3-2　涠洲 10-3 油田的压力梯度图

应当指出，原始静压数据，可以利用 DST（Drill Stem Tester）、RFT（Repeat Formation Tester）或 MFDT（Modular Formation Dynamics Tester）等工具测得。

对于一个具有多层油水系统的油田，由于不同层位的边底水矿化度比较接近，地层水的密度也基本相同，因而，各油层可以形成统一的静水压力梯度线，并用于确定不同层位的油水界面位置。含油部分的压力梯度线若偏离静水压力梯度线越大，即两直线的夹角越大，则表明油藏的含油高度越大。油藏不同位置的压力系数（原始地层压力与静水压力之比），由下式表示[2]：

$$\eta_o = \frac{p_i}{p_{ws}} = 1 + \left(\frac{\rho_w - \rho_o}{\rho_w}\right)\left(\frac{D_{owc} - D}{D}\right) \tag{3-3}$$

式中　η_o——压力系数，dim；

　　　p_i——原始地层压力，MPa；

　　　p_{ws}——静水柱压力，MPa；

　　　p_w——地层水的密度，g/cm³。

　　　ρ_o——地层原油密度，g/cm³。

　　　D_{owc}——油水界面的深度，m；

　　　D——探井打开油层的深度，m。

由（3-3）式看出，油藏不同部位探井的压力系数各不相同。顶部高，翼部低，当 $D=D_{owc}$ 时 $\eta_o=1$，即油水界面位置的压力系数等于 1.0。

当已确定探井的压力系数之后，由（3-3）式改写的下式可以预测油水界面的位置[2]：

$$D_{owc} = D\left[1 + \frac{(\eta_o - 1)\rho_w}{\rho_w - \rho_o}\right] \tag{3-4}$$

当仅有一口探井打到含油部分，而未钻遇油水界面时，可由下式测算油水界面的位置[2]：

$$D_{owc} = D + \frac{100(p_i - p_{ws})}{\rho_w - \rho_o} \tag{3-5}$$

当一口探井打在含油部分，另一口探井打在含水部分，两者均未实际钻遇油水界面时，可由下式测算油水界面的位置[1]：

$$D_{owc} = \frac{(\rho_w D_w - \rho_o D_o) - 100(p_{iw} - p_{io})}{\rho_w - \rho_o} \tag{3-6}$$

式中　D_w——打入含水部分水井的深度，m；

　　　D_o——打入含油部分油井的深度，m；

　　　p_{iw}——水井的原始地层压力，MPa；

　　　p_{io}——油井的原始地层压力，MPa。

油气藏的温度系统，也是油气藏评价的重要内容。它既涉及到储层流体参数的确定，也是计算油气藏储量的重要参数。油气藏的温度系统，是指由不同探井所测静温与相应埋深的关系图，也可称为静温梯度图，如图 3-3 所示。

应当指出，油气藏的静温主要受地壳温度的控制，而不受埋深不同储层的岩性及其所含流体性质的影响。因此，任何地区油气藏的静温梯度图，均为一条静温随埋深变化的直

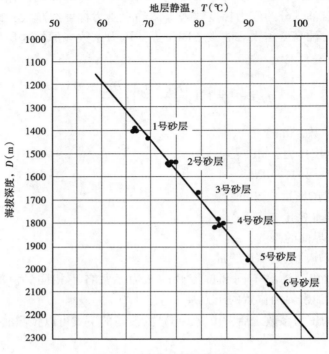

图 3-3　油藏的静温梯度图

线关系，表示为：

$$T = A + BD \tag{3-7}$$

式中　　T——油气藏不同埋深的静温，℃；

　　　　A——取决于地面的年平均常温，℃；

　　　　B——静温梯度，℃/m；

　　　　D——埋深，m。

　　实际资科表明，由于地壳温度受到构造断裂运动及其岩浆活动的影响，因而不同地区的静温梯度有所不同。比如，我国东部地区各油气田的静温梯度约为 3.5~4.5℃/100m；中西部各油气田的静温梯度约为 2.5~3.5℃/100m。油气田的静温数据，一般在探井进行测井和测压时，由附带的温度计测量。

3.2　油气藏的驱动类型

3.2.1　油藏的驱动类型

　　对于油藏来说，假若仅用天然能量开采，而不进行人工注水或注气保持地层压力的话，则称为一次采油。根据自然地质条件，一次采油可以利用的天然能量和驱动机理有：天然水驱、气顶气驱、溶解气驱、重力驱、压实驱和液体膨胀驱。对于一个实际开发的油藏，不可能只有一种驱动机理作用，而往往是两种，甚至是三种驱动机理同时作用。这时油藏的驱动类型称为综合驱动。应该指出的是，在综合驱动条件下，某一种驱动机理占据支配地位，不同驱动机理及其组合与转化，对油藏的采收率会产生明显的影响。

对于气藏来说，在其投入开发之后，由于生产井的生产造成地层压力的下降，因此，对于具有边底水的气藏，其主要驱动机理为边底水的驱动，以及气藏本体内天然气和储层岩石与束缚水的弹性膨胀作用。对于没有边底水或边底水不活跃的气藏，其主要驱动机理为定容消耗式驱动。在相同的地质条件下，定容消耗式气藏的采收率会比水驱气藏要高出一倍左右，而且水驱越活跃，则对气藏采收率的影响越大。由于气藏的驱动机理比较简单，本节主要讨论油藏的驱动机理和驱动类型。

（1）天然水驱（Natural Water drive）。

在原始地层条件下，当油藏的边部或底部与广阔或比较广阔的天然水域相连通时，在油藏投入开发之后，在含油部分产生的地层压降会连续地向外传递到天然水域，引起天然水域内的地层水和储层岩石的累加式弹性膨胀作用，并造成对油藏含油部分的水侵作用。天然水域越大，渗透率越高，则水驱作用越强。如果天然水域的储层与地面具有稳定供水的露头相连通，则可形成达到供采平衡和地层压力略降的理想水驱条件。天然水驱又可以根据油藏的类型和油水分布的产状，划分为边水驱动和底水驱动。在图 3-4 上绘出了一个具有有限边水油藏的剖面图和俯视图。

天然水驱油藏的采收率与地层压力保持程度、油藏的非均质性、储层渗透率、地层原油黏度、井网密度、层系划分有密切的关系，一般范围在 35%~75% 之间。天然水驱的能量不足时，可以采用人工注水补充能量的措施，但从此时即转为二次采油或称为一次加二次采油阶段。在图 3-5 上绘出了在天然水驱条件下，油藏开发的综合动态曲线。

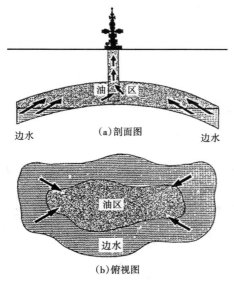

图 3-4 天然水驱油藏的剖面图和俯视图[3]

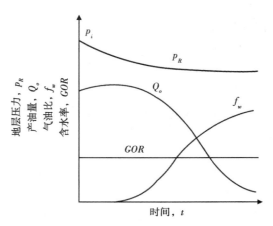

图 3-5 天然水驱的开发动态曲线

（2）气顶驱（Gas Cap Drive）。

在图 3-6 上表示具有原始气顶的油藏。当油藏含油区的油井投入生产之后，由于含油

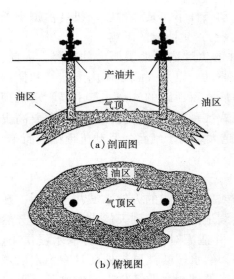

（a）剖面图

（b）俯视图

图 3-6　具有原始气顶的油藏图[3]

区形成了一定的动压降，因而引起气顶气向含油区的体积膨胀，驱动原油向生产井底流动。气顶驱油藏的有效开发，取决于气顶区的膨胀体积与含油区因开发的体积收缩之间保持平衡，因此，需要考虑拟定一个合理的采油速度生产。当采油速度过高时，会引起气顶气沿高渗透带形成气窜，而绕过低渗透带的原油，并在油气接触面的油井形成气锥，这将会大大影响气顶驱的效率。当气顶气的过快膨胀而引起油井的气油比显著增加时，为了保护气顶的能量，需考虑关闭构造高部位的高气油比井，或将其重新完井。

在有利的地质条件下，比如气顶比较大、渗透率比较高、储层比较均匀和地层原油黏度比较低时，气顶驱的采收率可达 60%，而一般的地质条件，气顶驱采收率在 20%~40%。

具有原始气顶的油藏属于饱和油藏，当含油区投入生产之后，由于地层压力的下降，除了会引起气顶驱的作用外，在含油区还会形成气从原油中逸出而引起的溶解气驱。在地层条件下，当气体从原油中分离出来所形成的含气饱和度达到可流动的临界饱和度之后，即会发生油气两相的同时流动，并且随着含气饱和度的增加，气体的流动能力加强，原油的流动能力减弱，生产气油比显著升高。如果允许气顶边缘的油井以高气油比生产，则会引起气顶区的压力下降和气顶的收缩，并在收缩部分引起原油的侵入，而形成难以再采出的原油饱和度。气顶驱油藏的开发动态曲线，如图 3-7 所示。

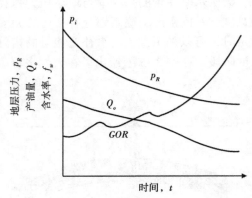

图 3-7　气顶驱油藏的开发动态曲线

（3）溶解气驱（Solution Gas Drive）。

对于一个既无原始气顶又无边底水的饱和油藏，当油藏投入开发之后，由于地层压力的下降，即引起从生产井底到整个油藏的溶解气驱，如图 3-8 所示。

单纯的溶解气驱指的就是随着压力的下降，原油中的溶解气，将以气泡的形式逐步分离出来，并在其分离的过程中，引起地层原油体积的膨胀，驱动原油向低压处的生产井底流动。由于溶解气驱是靠地层压降、溶解气分离、原油体积膨胀造成的驱动作用，因而它又被称为内在驱动或消耗式驱动。这一驱动过程可以一直到地层中临界含气饱和度形成之前。因为在此饱和度形成之后，随着地层压力的下降，气体从原油中脱出，除会增加地层原油黏度之外，还会形成油气的两相流动。同时，随着地层内含气饱和度的增加，增加了气体的相渗透率，降低了油的相渗透率，因而，引起油井产油量的连续下降和生产气油比的连续升高，直至达到峰值之后而进入溶解气驱开发的枯竭期。在图 3-9 上绘出了原始地

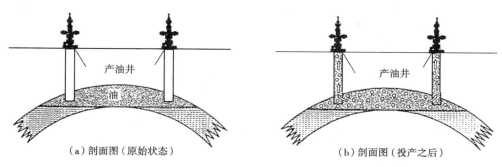

（a）剖面图（原始状态）　　　　　　　　（b）剖面图（投产之后）

图 3-8　溶解气驱油藏的剖面图[3]

层压力略高于饱和压力油藏的开发动态曲线。

根据油藏的开发经验，不同地质条件的溶解气驱油藏，采收率在 5%～25% 之间。当然，高溶解气油比、低地层原油黏度和连通性好、渗透率高的油藏，应当有比较高的采收率。对于地质构造条件比较好、溶解气油比比较高、垂向渗透率也比较高的油藏，有可能形成次生气顶。但因次生气顶一般较小，它和地层岩石及其束缚水的膨胀驱动能力、溶解气驱相比都可以忽略不计。

（4）重力驱（Grivaty Drive）。

对于一个无原始气顶和边底水的饱和型或未饱和油藏，当其油藏储层的向上倾斜度比较大时，就能存在并形成重力驱的机理，如图 3-10 所示。储层的倾角愈大、原油黏度愈低、垂向渗透率愈高，则重力驱的效率愈好。重力驱的采收率最高可达 75%。对于地层倾角比较小、原油黏度比较高、垂向渗透率比较低的油藏，重力驱动机理的作用可以忽略不计。

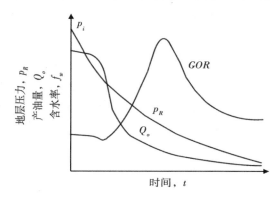

图 3-9　溶解气驱油藏的开发动态曲线

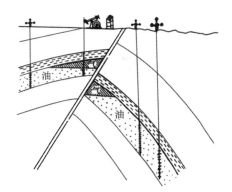

图 3-10　重力驱动油藏的剖面图

应当指出，假若油藏的产量低于重力驱油率时，则会产生比较好的重力驱动效果。反之，如果油藏的产量大于重力驱油率时，则会降低重力驱动的效果。在重力驱动条件下，油藏最高的产量，可由下式近似地加以确定[4]：

$$Q_o = \frac{8.472 \times 10^{-4} A K_o (\rho_w - \rho_o) \sin\theta}{\mu_o B_o}$$

（3-8）

式中　Q_o——重力驱的最高产量，m^3/d；

A——垂直地层倾角的流动截面积，m^2；

K_o——地层原油的有效渗透率，mD；

ρ_w——地层水的密度，g/cm^3；

ρ_o——地层原油的密度，g/cm^3；

μ_o——地层原油黏度，$mPa \cdot s$；

B_o——地层原油的体积系数；

θ——地层倾角，（°）。

（5）压实驱（Compaction Drive）。

对于定容封闭异常高压的油藏或气藏，在原始地层条件下，上覆岩层的压力（Overburden Pressure）应当等于储层中的流体压力（Fluid Pressure）或称为地层压力（Reservoir Pressure），与颗粒压力（Grain Pressure）或称为骨架压力（Matrix Pressure）之和，并由下式表示[5]：

$$OP = FP + GP \tag{3-9}$$

式中　OP——上覆岩层压力，MPa；

FP——流体压力，MPa；

GP——颗粒压力，MPa。

当异常压力油藏或气藏投入开发之后，由于流体压力的下降，则会增加上覆岩层压力与流体压力之间的差值。从而导致储层岩石颗粒的弹性膨胀和有效孔隙体积的减小，形成压实驱动的机理。对于异常高压、胶结性比较差的油藏或气藏，应当考虑储层压实驱动的作用，它除了可以补充储层的能量外，还会因渗透率的下降，而降低油气井的产能，并会造成套管的破裂。

3.2.2　气藏驱动类型

气藏的驱动类型分为定容消耗（Volumetric Deplation）和水驱（Water Drive）气藏两类。所谓定容气藏即为无边底水驱动的岩性、断块、裂缝系统控制的气藏（图 3-2）。它的视地层压力与累计产气量呈直线下降关系为：

$$p/Z = a - bG_{pt} \tag{3-10}$$

$$a = p_i/Z_i \tag{3-11}$$

$$b = (p_i/Z_i)/G \tag{3-12}$$

$$G = a/b \tag{3-13}$$

式中　p_i/Z_i——原始视地层压力，MPa；

p/Z——累积产气量达到 G_p 时的视地层压力，MPa；

G_p——累积产气量，$10^8 m^3$；

G——原始地质储量，$10^8 m^3$。

对于存在边底水驱动作用的气藏，视地层压力与累积产气量的关系式为：

$$p/Z = \frac{p_i/Z_i}{1-w}\left(1 - \frac{G_p}{G}\right) \qquad (3-14)$$

式中　w——累积水侵体积系数。

3.3　油气田开发调整

对于投入开发的油气田，由于地层压力的下降，含水的增加，以及井况等因素，都会引起油气田产量的降低。为此，都会不失时机地考虑进行油气田的开发调整，以达到提高产量、降低递减和提高油气田采收率的目的。调整的主要手段是注水开发油田的调整。主要是层系调整、井网井距调整和注采关系调整。在这些调整中打加密井是主要有效的手段。定容气田也是以打加密井作为层系和井距调整的手段。对于水驱气藏则以防止水侵、水锥和提高采收率为主。图 3-11 是新疆克拉玛依乌尔禾油田 8 区，因多次加密调整增加可采储量的效果图。

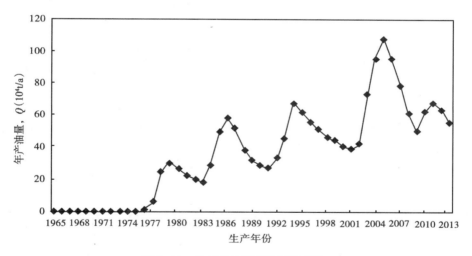

图 3-11　乌尔禾油田多次开发调整

3.4　三次采油原理

在油田开发理论和实践中，西方的专家、学者提出的三次采油原理（图 3-12），受到国际石油界的高度重视，并指导着油田的开发实践。三次采油（即三次开采）的指导思想就是，油田的开发先采用天然能量（天然水驱、气顶驱、溶解气驱、重力驱）开采，待能量消耗一定程度，并引起产量发生明显递减后，择时机再考虑人工注水、回注油田的伴生气等措施，进入二次采油阶段。这样可以看出，如果在油田开发初期不关注天然能量的利用，一味进行二次采油，就会增加大量的开发费用投资，而降低投资效益，并会影响到油气勘探所需要的资金投入。对于中小型油田来说，为了充分考虑天然水驱能量的利用，需要观察天然水驱能量的大小和活跃程度，才能作出是否需要进行早期注水和何时进行人工注水的选择。

为了合理有效地开发油田、三次采油的原理值得重视。在图3-12上绘出了三次采油系统的整个框架[6]。所谓一次采油（Primary Recovery），就是依靠天然能量开采，油井的生产可以是自喷的，也可以是人工举升的；二次采油（Secondery Recovery），是在一次采油的基础上，实施人工注水、回注采出的天然气保持地层压力；三次采油（Tertiary Recovery），是在一次采油或在二次采油的基础上，实施热力采油、注气（轻烃、混相 CO_2、混相 N_2 和非混相气）、化学驱（聚合物液、胶束溶液和碱溶液）和微生物液。在图3-12上的一次采油和二次采油属于常规油的开采。其中为改善开发现状进行的重要措施，比如加密调整等，称为改善原油开采（IOR）。三次采油属于提高原油开采量（EOR）和采收率的内容。

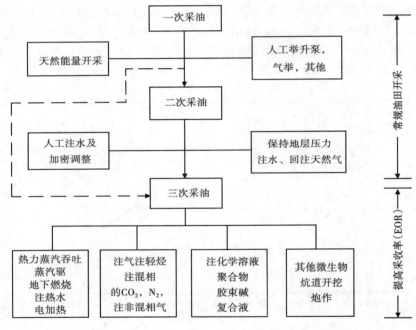

图3-12　一次、二次、三次采油机理关系图[6]

3.5　不同驱动类型的采收率确定方法

对于一个新发现的油气藏，在上报地质储量时，需要同时上报油气藏的可采储量。当用容积法评价地质储量后，可以选用类比法和相关经验公式法，先确定油气藏的采收率，再计算油气藏的可采储量。

3.5.1　影响油气藏采收率的主要因素

国内外大量油气藏开发的经验表明，油气藏的采收率与驱动类型密切相关。但即使是相同的驱动类型，采收率的变化范围也比较大。这说明影响采收率的因素是多方面的，就油藏来说，其主要的影响因素为：

（1）油藏的类型，如构造、断块、岩性和裂缝性油藏。

（2）储层的孔隙结构特征、润湿性、连通性和非均质程度，以及渗透率、孔隙度和饱和度的大小。

（3）有无天然能量，如油田气顶、边水和底水，以及天然能量的可利用程度。

（4）地层流体性质的好坏，如原油的黏度等。

（5）开发层系划分和开发方式选择的合理性。

（6）井网密度及布井的合理性，以及开发调整的效果。

（7）钻采工艺水平和增产措施应用的效果与规模。

（8）提高油田采收率的二次和三次采油方法，应用的规模与效果。

对气藏来说，影响采收率的主要因素是：驱动类型、储层渗透率、连通性和废弃地层压力的大小。定容气藏的采收率比水驱气藏高；渗透性是影响定容气藏采收率的重要因素，不同驱动机理油藏和气藏采收率的变化范围见表 3-1 和表 3-2。

表 3-1　不同驱动机理的采收率[7]

驱动机理		采收率变化范围（%）	注释
一次采油	弹性驱	2~5	个别情况可达 10% 以上（指采收程度）
	溶解气驱	10~30	
	气顶驱	20~50	
	水驱	25~50	对于薄油层可低于 10%，但偶尔可高达 70%
	重力驱	30~70	
二次采油	注水	25~60	个别情况可以高达 80% 左右
	注气	30~50	
	混相驱	40~60	一次开采的重油
	热力驱	20~50	

表 3-2　不同开采方式的气藏采收率

开采方式	采收率（%）	备注
消耗式定容	70~95	致密性砂岩可低于 30%
水驱	45~70	
回注的干气	65~80	

3.5.2　确定油藏采收率的相关经验公式

3.5.2.1　Guthrie 和 Greenberger 法

Guthrie 和 Greenberger[8]，根据 Craze 和 Buckley[8] 为研究井网密度对采收率的影响，所提供的 103 个油田中 73 个完全水驱和部分水驱砂岩油田的基础数据，利用多元回归分析法得到的相关经验公式为：

$$E_R = 0.11403 + 0.2719\log K - 0.1355\log\mu_o + 0.25569S_{wi} - 1.538\phi - 0.00115h$$

$$\text{（3-15）}$$

式中　E_R——采收率，frac；

　　　K——算术平均的绝对渗透率，mD；

　　　μ_o——地层原油黏度，mPa·s；

　　　S_{wi}——地层束缚水饱和度，frac；

　　　ϕ——有效孔隙度，frac；

　　　h——有效厚度，m。

（3-15）式的复相关系数为 0.8694。

3.5.2.2　美国石油学会（API）的相关经验公式

美国石油学会（API）采收率委员会，在 Arps 的主持下，从 1956 年至 1967 年，对北美（美国和加拿大）和中东地区 312 个油田的采收率，进行了广泛的研究[9]。若按油田驱动机理和储层类型划分，其结果列于表 3-3 内。

表 3-3　油藏类型划分表[10]

驱动机理	储层岩石类型		总计
	砂和砂岩	石灰岩、白云岩及其他	
水驱	72	39	111
溶气驱（没有辅助驱动）	77	21	98
溶气驱（有辅助驱动）	60	21	81
气顶驱	11	3	14
重力驱	6	2	8
总计	226	86	312

（1）水驱油藏的相关经验公式。

对于 72 个水驱砂岩油田的相关经验公式为[10,11]：

$$E_R = 0.3225 \left[\frac{\phi(1-S_{wi})}{B_{oi}}\right]^{+0.0422} \times \left(\frac{K\mu_{wi}}{\mu_{oi}}\right)^{+0.077} \times (S_{wi})^{-0.1903} \times \left(\frac{p_i}{p_a}\right)^{-0.2159} \quad (3-16)$$

式中　E_R——采收率，frac；

　　　ϕ——有效孔隙度，frac；

　　　S_{wi}——地层束缚水饱和度，frac；

　　　K——算术平均的绝对渗透率，mD；

　　　μ_{wi}——在原始地层压力下的地层水黏度，mPa·s；

　　　μ_{oi}——在原始地层压力下的地层原油黏度，mPa·s；

　　　p_i——原始地层压力，MPa；

　　　p_a——油田废弃时的地层压力，当早期注水保持地层压力时，$p_a=p_i$，MPa。

式（3-16）的复相关系数为 0.958，标准差为 17.6%，72 个水驱砂岩油田的基础参数的变化范围列于表 3-4 内。

Wayhan 等[11,12]利用式（3-16）对美国科罗拉多州丹佛盆地的 23 个注水开发的砂岩油田，进行了采收率的测算。这 23 个注水开发的油田已接近开发的结束阶段。他们的统计研究表明，注水开发的采收率，随注水前因一次采油地层压力消耗程度的增加而减小。这是由于注水前地层压力低于饱和压力时，会引起地层原油的收缩，从而增加了原油黏度和地层残余油饱和度，并降低了水驱的流度比。根据他们的统计研究结果，需要对（3-16）式作如下的修正：

$$E_{RS} = C_r \left[1 - (1 - E_R^*) \frac{B_{ob}}{B_{owf}} \right] \tag{3-17}$$

$$E_R^* = 0.54898 \left[\frac{\phi(1 - S_{wi})}{B_{oi}} \right]^{+0.0422} \times \left(\frac{K\mu_{wi}}{\mu_{owf}} \right)^{+0.077} \times (S_{wi})^{-0.1903} \tag{3-18}$$

式中　E_{RS}——考虑地层原油收缩影响修正后的采收率，frac；

　　　E_R^*——假定没有地层压力降（即 $p_i/p_a = 1$）和在注水时的地层原油黏度（μ_{owf}），由式（3-18）计算的采收率，frac；

　　　B_{ob}——饱和压力下的地层原油体积系数，dim；

　　　B_{owf}——在开始注水时的地层原油体积系数，dim；

　　　C_r——相对波及系数，即人工注水和天然水驱波及系数之比，frac。它的大小在 0.91~0.97。

表 3-4　水驱油田的参数变化范围[10]

参数	砂和砂岩			石灰岩、白云岩和其他		
	最小	中值	最大	最小	中值	最大
K（mD）	11	56.8	4000	10	127	1600
ϕ（%）	11.1	25.6	35.0	2.2	15.4	30.0
S_{wi}（%）	5.2	25	47.0	3.3	18.0	50.0
μ_{oi}（mPa·s）	0.2	1.0	500	0.2	0.7	142
μ_{wi}（mPa·s）	0.24	0.46	0.95	—	—	—
B_{oif}（闪蒸分离），dim	0.997	1.238	2.950	—	—	—
B_{obt}（闪蒸分离），dim	1.008	1.259	2.950	1.110	1.321	1.933
h（m）	1.981	5.334	48.768	2.743	15.301	56,389
T（℃）	28.9	72.8	132.2	32.2	83.3	107.8
p_i（MPa）	3.103	19.133	46.801	4.826	22.063	39.079
p_b（MPa）	0.359	12.514	37.231	0.207	12.445	26.345
URF [m³/（km²·m）]	19979	73601	211524	773	22171	183295
E_R（%）	27.8	51.1	86.7	6.3	43.6	80.5
S_{or}（%）	11.4	32.7	63.5	24.7	42.1	90.8

注：URF 为单采系数（Unit Recovery Factor）。

（2）溶解气驱的相关经验公式。

根据 98 个砂、砂岩、石灰岩和白云岩的实际开发数据，经多元回归分析所建立的相关经验公式为[9,10]：

$$E_R = 0.2126 \left[\frac{\phi(1 - S_{wi})}{B_{ob}} \right]^{+0.1611} \times \left(\frac{K}{\mu_{ob}} \right)^{+0.0979} \times (S_{wi})^{+0.3722} \times \left(\frac{p_b}{p_a} \right)^{+0.1741} \qquad (3-19)$$

式中　B_{ob}——饱和压力下的原油体积系数，dim；

　　　μ_{ob}——饱和压力下的地层原油黏度，mPa·s；

　　　p_b——饱和压力，MPa；

　　　p_a——溶解气驱开发的最终废弃压力，MPa；其他符号同（3-16）式。

（3-19）式的复相关系数为 0.932，标准差为 22.9%。98 个没有辅助驱动的溶解气驱油田的基础参数变化范围列于表 3-5 内。

表 3-5　溶解气驱油藏的参数变化范围[10]

参数	砂和砂岩			石灰岩、白云岩和其他		
	最小	中值	最大	最小	中值	最大
K（mD）	6.000	51.000	940	1.000	16.000	252.000
ϕ（%）	11.500	18.800	29.900	4.200	13.500	20.000
S_{wi}（%）	15.000	30.000	50.000	16.300	25.000	35.000
μ_{ob}（mPa·s）	0.300	0.800	6.000	0.200	0.400	1.500
R_{sb}（m³/m³）	10.700	100.600	299.000	53.800	114.000	332.000
B_{obd}（差异分离），dim	1.050	1.310	1.900	1.200	1.346	2.067
B_{obt}（闪蒸分离），dim	1.050	1.297	1.740	1.200	1.402	2.350
h（m）	1.040	9.810	235.300	1.190	8.230	129.500
T（℃）	26.100	65.600	126.700	41.700	78.900	93.300
p_b（MPa）	4.410	12.070	30.360	8.830	16.430	24.670
p_a（MPa）	0.070	1.030	6.890	0.340	1.380	8.960
URF［m³/（km²·m）］	6058	19850	68832	2578	11343	24104
E_R（%）	9.500	21.300	46.000	15.500	17.600	20.700
S_{gr}（%）	13.000	22.900	38.200	16.900	26.700	44.700

对于不同的地层岩石物性类型和地层流体物性类型，Arps 等[13,14]利用 Muskat 的理论方法，进行溶解气驱开发的动态计算，所得采收率的结果列于表 3-6 内。当确知溶解气油比 GOR、地面原油密度 ρ_o 和岩石性质之后，可查表 3-6 得到溶解气驱开发的采收率数值。

表 3-6　溶解气驱油藏的一次采收率[15]

溶解气油比		原油密度		砂层或砂岩			石灰岩、白云岩或硅质灰岩		
（m³/m³）	（scf/STB）	（g/cm³）	（°API）	最大	平均	最小	最大	平均	最小
10.68	60	0.9659	15	12.8	8.6	2.6	28.0	4.4	0.6
		0.8762	30	21.3	15.2	8.7	32.8	9.9	2.9
		0.7796	50	34.2	24.8	16.9	39.0	18.6	8.0

溶解气油比		原油密度		砂层或砂岩			石灰岩、白云岩或硅质灰岩		
（m^3/m^3）	（scf/STB）	（g/cm^3）	（°API）	最大	平均	最小	最大	平均	最小
35.60	200	0.9659	15	13.3	8.8	3.3	27.5	4.5	0.9
		0.8762	30	22.2	15.2	8.4	32.3	9.8	2.6
		0.7796	50	37.4	26.4	17.6	39.8	19.3	7.4
106.8	600	0.9659	15	18.0	11.3	6.0	26.6	6.9	1.9
		0.8762	30	24.3	15.1	8.4	30.0	9.6	(2.5)
		0.7796	50	35.6	23.0	13.8	36.1	15.1	4.3
178.0	1000	0.9659	15	—	—	—	—	—	—
		0.8762	30	34.4	21.2	12.6	32.6	13.2	(4.0)
		0.7796	50	33.7	20.2	11.6	31.8	12.0	(3.1)
356.0	2000	0.9659	15						
		0.8762	30						
		0.7796	50	40.7	24.8	15.6	32.8	(14.5)	(5.0)

当油田的原始地层压力高于饱和压力时（即 $p_i > p_b$），利用（3-19）式计算的结果，还应当加上由 p_i 降到 p_b 的弹性阶段的采收率，才是油田的总采收率。将（1-72）式代入（5-13）式得弹性驱动阶段采收率的表达式为：

$$E_{RE} = \frac{N_p}{N} = \frac{C_t^*(p_i - p_b)}{1 + C_o(p_i - p_b)} \tag{3-20}$$

式中 E_{RE}——弹性阶段的采收率，frac；

$\quad\quad N_p$——弹性阶段的累计产油量，$10^4 m^3$；

$\quad\quad N$——油田的原始地质储量，$10^4 m^3$；

$\quad\quad p_i$——原始地层压力，MPa；

$\quad\quad p_b$——饱和压力，MPa；

$\quad\quad C_t^*$——总压缩系数，见（4-12）式，MPa^{-1}；

$\quad\quad C_o$——地层原油压缩系数，MPa^{-1}。

3.5.2.3 苏联全苏石油科学研究所（ВНИИ）的相关经验公式

根据乌拉尔一伏尔加地区（又称第二巴库）约 50 个水驱砂岩油田的实际开发数据，利用多元回归分析法，得到确定采收率的相关经验公式，有以下两个：

（1）Кожакин 的相关经验公式。

Кожакин[16,17] 的相关经验公式为：

$$E_R = 0.507 - 0.167\log\mu_R + 0.0275\log K - 0.000855a + 0.171S_K - 0.05V_K + 0.0018h \tag{3-21}$$

式中 E_R——采收率；

μ_R——地层油水黏度比，dim；

K——平均空气渗透率，mD；

a——平均井控面积，$hm^2/well$；

S_K——砂岩系数（开发层系的有效厚度除以井段地层厚度）或称净毛比，frac；

V_K——渗透率变异系数（标准差除以均值），frac。

h——有效厚度，m。

乌拉尔—伏尔加地区 50 个水驱砂岩油田的地质与地层流体性质参数的变化范围见表 3-7。

表 3-7　乌拉尔—伏尔加地区 50 个水驱砂岩油田的参数变化范围

参数	变化范围
平均空气渗透率（mD）	140~3200
地层原油黏度（mPa·s）	0.4~42.3
地层原油流度［mD/(mPa·s)］	60~1460
流动系数［mD·m/(mPa·s)］	200~11000
砂岩系数（frac）	0.32~0.96
有效厚度（m）	2.6~26.9
平均井控面积（$hm^2/well$）	7.1~74

不同参数对水驱油藏采收率的影响性质和相对影响程度，由（3-21）式作出的估计列于表 3-8 内。对采收率的相对影响程度，主要是砂岩系数、地层油水黏度比和储层渗透率。

表 3-8　不同参数对水驱采收率的影响[17]

参数	$\log\mu_R$	$\log K$	a	S_K	V_K	h
影响方式（+，-）	-	+	-	+	-	+
相对影响程度（%）	18.5	21.3	8.1	36.8	10.4	4.9

（2）Гомизков 等的相关经验公式

Гомизков 等[18,19]根据苏联乌拉尔—伏尔加地区和斯达罗波尔地区的 50 个水驱砂岩油田的实际开发资料，建立的相关经验公式（复相关系数为 0.886，标准差为 20%）为：

$$E_R = 0.219 + 0.0821\log K - 0.0078\mu_R - 0.00086a + 0.180S_K \qquad (3-22)$$
$$- 0.054Z - 0.27S_{wi} + 0.00146t_R + 0.0039h$$

式中　E_R——采收率，frac；

K——平均空气渗透率，mD；

μ_R——地层油水黏度比，dim；

a——平均井控面积，$hm^2/well$；

S_K——砂岩系数，frac；

Z——储量比（过渡带的地质储量除以油田的总地质储量），frac。

S_{wi}——地层原始含水饱和度，frac；

t_R——地层温度，℃；

h——有效厚度，m。

多元回归统计研究所用参数的变化范围和平均值列于表 3-9 内。

表 3-9 （3-22）式参数的变化范围

参数	变化范围
平均空气渗透率（mD）	130～2580
地层油水黏度比（dim）	0.5～34.3
平均井控面积（hm²/well）	10～100
砂岩系数（dim）	0.5～0.95
过渡带储量比（dim）	0.06～1.0
原始含水饱和度（frac）	0.05～0.30
地层温度（℃）	22～73
有效厚度（m）	3.4～25

根据水驱油田实际应用的经验表明，苏联的相关经验公式比美国的相关经验公式计算的结果均有偏大。这可能与苏联油田的储量计算参数标准较严，以及早期注水保持地层压力的效果较好有关。如果注水时的地层压力已经低于饱和压力，考虑用（3-36）式校正是必要的。

（3）Маргос 等的相关经验公式。

苏联全苏石油地质勘探科学研究所（ВНИГНИ）的专家 Маргос 等[20]，根据除东西伯利亚和西西伯利亚，以及白俄罗斯和波罗的海地区之外，其他苏联处于开发后期的 166 个油田的地质开发数据，进行了采收率的统计研究。这 166 个油田（藏）的基础参数情况为：含油面积 A 为 1.02～322km²；有效厚度 h 为 3.8～458m；有效孔隙度 ϕ 为 0.6%～32.2%；渗透率 K 为 24～3200mD；地层原油黏度 μ_o 为 0.3～210mPa·s；含油饱和度 S_{oi} 为 70%～90%；砂岩系数 S_K 为 0.17～0.97；分层系数（平均单井控制层数）F_K 为 1.4～7.0；原始地层压力 p_i 为 1.7～49.4MPa；地层温度 t_R 为 11～82℃。

由乌拉尔—伏尔加地区 95 个水驱砂岩油藏得到的相关经验公式为：

$$E_R = 0.12\log\frac{Kh}{\mu_o} + 0.16 \tag{3-23}$$

式中 E_R——原油采收率，frac；

K——渗透率，mD；

h——有效厚度，m；

μ_o——地层原油黏度，mPa·s。

式（3-23）的相关系数 0.823；平均误差为±0.03。

由西西伯利亚地区 77 个水驱砂岩油藏得到的相关经验公式为：

$$E_R = 0.15\log\frac{Kh}{\mu_o} + 0.032 \tag{3-24}$$

（3-43）式的相关系数 0.75；平均误差为±0.05。

由乌拉尔—伏尔加地区 61 个碳酸盐岩水驱油藏得到的相关经验公式为：

$$E_R = 0.133\log\frac{Kh}{\mu_o} + 0.092 \tag{3-25}$$

式（3-25）的相关系数 0.827；平均误差为±0.04。

根据乌拉尔—伏尔加和西西伯利亚地区 30 个油田的地质开发数据，Мартос 等[20]，同时还建立了如下的相关经验公式：

$$E_R = 0.758 E_D \exp\left[-\left(7.6\times10^{-3}\frac{F_K}{S_K} + \frac{0.313a}{\sqrt{\varepsilon}}\right)\right] \tag{3-26}$$

$$\varepsilon = \frac{Kh}{\mu_o} \tag{3-27}$$

式中　E_R——采收率，frac；

E_D——驱油效率，frac；

F_K——井控层数（开发区内总层数除以总井数），个；

S_K——砂层系数或称净毛比，frac；

a——井控面积，hm²/well；

ε——流动系数，mD·m/(mPa·s)；

K——有效渗透率，mD；

h——有效厚度，m；

μ_o——地层原油黏度，mPa·s。

（3-26）式统计研究的地质开发参数变化范围列于表 3-10。

表 3-10　（3-26）式参数的变化范围

参数	变化范围
驱油效率（frac）	0.53~0.77
井控层数（个）	1.6~9.2
砂岩系数（frac）	0.37~0.90
流动系数［mD·m/(mPa·s)］	30~21590
井控面积（hm²/well）	16~36

3.5.3　我国水驱砂岩油藏的相关经验公式

根据我国东部地区 150 个水驱砂岩油藏，经统计得到的相关经验公式为[21]：

$$E_R = 0.05842 + 0.08461\log\frac{K}{\mu_o} + 0.3464\phi + 0.003871S \tag{3-28}$$

式中　　E_R——原油采收率，frac；

　　　　K——空气渗透率；mD；

　　　　μ_o——地层原油黏度，mPa·s；

　　　　ϕ——有效孔隙度，frac；

　　　　S——井网密度，well/km²。

（3-28）式的复相关系数为 0.7614，各项参数的变化范围列于表 3-11。

表 3-11　（3-27）式中各项参数的分布范围

参数	地层原油黏度，μ_o （mPa·s）	空气渗透率，K （mD）	有效孔隙度，ϕ （frac）	井网密度，S （well/km²）
变化范围	0.5~154	4.8~8900	0.15~0.33	3.1~28.3
平均值	18.4	1269	0.25	9.6

参 考 文 献

1. 陈元千：利用静压数据确定地层流体界面位置的原理及方法，新疆石油地质，1988（2）33-38.

2. 陈元千：. 天然水驱油（气）藏压力系数的推导及应用，石油勘探与开发，1989（2）73-76.

3. Clark，N. J.：Elements of Petroleum Reservoirs. Society of Petroleum Engineering，Dallas，1969.

4. Koederitz. L. F.，Harvey，A. H. and Honarpour，M.：Introduction to Petroleum Reservoir Analysis，Gulf Publishing Company，1989.

5. Dake L. P.：Fundamentals of Reservoir Engineering. Developments in Petroleum Science，1978.

6. Guntis Moritis：FOR Increases 24% Worlwide，OGJ（April 1992）51-52.

7. Desorcy，G. J.：Estimation Methods for Proved Recoverable Reserves of Oil and Gas，Preprint of the Tenth World Petroleum Congress，1979.

8. Guthrie，R. K. and Greenberger，M. H.：The Use of Multiple Correlation Analyses for Interpreting Petroleum Engineering Data，Drill. and Prod. Pract，1955，130-137.

9. Craze，R. C. and Buckley，S. E. A.：Factual Analysis of the Effect of Well Spacing on Oil Recovery，Drill. and Prod. Pract.，1945，144.

10. Arps，J. J. et al.：A Statistical Study of Recovery Efficiency，API Bul. D14 First，Edition October 1967.

11. Arps，J. J.：Reasons for Differences in Recovery Efficiency. SPE Reprint Series，No. 3. Oil and Gas Property Evaluation and Reserve Estimates，SPE of AIME，1970，49-54.

12. Wayhan，D. A, and Albrecht，R. A. and Andrea，D. W. et al.：Estimating Waterflood Recovery in Sandstone Reservoirs，Drill. and Prod. Pract.，1970，252-259.

13. Wayhan，D. A.：The Effect of Operating Decisions on Perpheral Waterflood Cash Flow，JPT（Nov.，1972）1320-1324.

14. Arps，J. J.：Estimation of Primary Oil Reserve，Trans. AIME（1956）207，182-191.

15. Arps，J. J. Robertz，T. G. and The Effect of Relative Permeability Ratio，the Oil Gravity and the Solution Gas Oil Ratio on the Primary Recovery from a Depletion Type Reservoir，Trans. AIME（1955）204，120-127.

16. Кожакин，С. В.：Стаистичское Нслование Нефтеотдачи Месторождений Урало—Поволжья Находящхся В Поздней Стадии Разработки，НД，1972，No. 7，С. 6-11.

17. Ivanova，M. M. et al.：Ways to Improve Oil Field Development Schemes Based on Operation Experience Analy-

sis. preprint of the Tenth World Petroleum Congress, Bucharest, 1979.

18. Гомзиков, В. К. и Молотова, Н. А. : Оденк Нефтеотдочи Залеҗей Урало - Поволҗья На Ранней Стадих Изученности, НХ, 1977, No. 12, С. 24.

19. Сургучев, М. Л. н Гомзиков, В. К. : Статистические Модели для Опредения Нефтеотдачи Пластов, НД, 1979, No. 9, С. 11.

20. Мартос, В. Н. и Куренков, А. И. : Прогнозирование Нефтеотдачи На Стадии Радведки Месторождений, Москва недра, 1989.

21. 陈元千, 刘雨芬, 毕海滨: 确定水驱砂岩油藏采收率的相关经验公式, 石油勘探与开发, 1996, 23 (4) 58-60.

第4章 油气资源与储量评价方法

油气勘探的主要目的，是要在已发现和未发现油气田的盆地与地区内，寻找发现新的油气资源。油气资源与储量评价，是油气勘探成果的重要体现。本章将涉及到油气流体分类及品阶的划分；油气资源与储量的分类分级，以及评价方法，并包括年度剩余可采储量的评价内容。

4.1 油气流体分类和资源品阶划分

石油（Petroleum）包括：轻质油（Light Oil）、中质油（Median Oil）、重质油（Heavy Oil）、超重油（Extra Heavy Oil）、沥青（Bituman）和油砂（Tar），以及凝析气田的凝析油（Condensate）和页岩油（Shale Oil）。

天然气（Natural Gas）包括：油田的气顶气（Cap Gas）和溶解气（Solution Gas）；气田的干气（Dry Gas）和湿气（Wet Gas）；致密气（Tight Gas）、页岩气（Shale Gas）、煤层气（Seam Coal Gas）和天然气水合物（Gas Hydrates）。油气资源的品阶划分如图4-1所示。

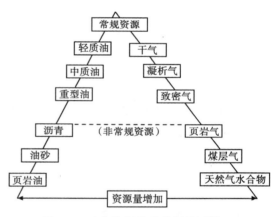

图4-1 油气资源品阶的划分图[1]

4.2 油气资源与储量的分类分级[1-3]

资源（Resource）是一个广义的物质名词。它是人类在地球上赖以生存与发展的物质基础。这些物质基础，除农业资源、森林资源、河流资源和海洋资源之外，还有风力资源、阳光资源和其他各种各类的矿产资源。石油天然气就是众多矿产资源中的一种。

油气总资源量（Total Oil and Gas Resources）是指在自然环境中，油气资源所蕴藏的地质总量。它包括已发现的资源量（Discovered Resources）和未发现的资源量（Undiscovered Resources）两部分。储量是资源量的延伸，它是一个泛指的名词。它可以包括：原始地质储量、原始可采储量和剩余可采储量。

原始地质储量（Lnitial Petroleum In Place），是在已发现资源量的部分，根据地震、钻井、测井和测试，以及取心和流体取样等取得的各项静、动态资料，利用确定参数的容积法计算的油气地质储量，如图4-2所示。

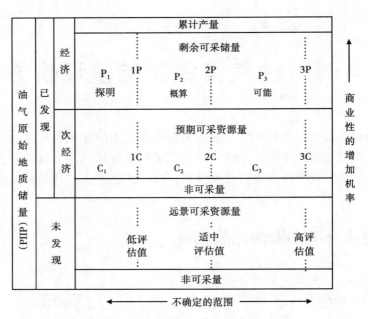

图4-2　国际油气资源分级分类图[1-3]

原始可采储量（Initial Recoverable Reserves），又称为总可采储量（Total Recoverable Reserves）或最终可采储量（Ultimate Recoverable Reserves）。国际评估公司又称为评估的最终采出量（Estimated Ultimate Recovery），简称为EUR。它是在现代工业技术条件下，从已探明的油气田或油气藏中，可以采出的具有经济效益的商业性油气总量。

剩余可采储量（Remaining Reserves），是指已经投入开发的油气田，在某一指定年份还剩余的可采储量。它也是原始可采储量与某一指定年份累计产量的差值。剩余可采储量随时间而变化，因此，需要每年计算，并上报国家有关管理部门。在国际上，无论是对一个油气田或油气藏，还是对一个油气区，乃至对于国家、地区或全球，剩余可采储量都是指目前还拥有的、可供开采的、剩余的商业可采储量，并通用一个英文名词"Reserves"表示。

关于油气资源与储量的分类，世界石油大会（WPC）、石油工程学会（SPE）、美国能源信息局（EIA）、美国石油评估学会（SPEE）和加拿大石油学会（CPS）等机构所提出的方案，大体上相同或基本一致，但其内涵均强调可采储量和剩余可采储量的划分与应用。在图4-2上，绘出了包括油气资源量、原始地质储量、原始可采储量和剩余可采储量的系列框图。应当指出，在SPE、WPC、AAPG、SPEE的国际规定中，Reserver一词则表示到某年度的探明、可采、商业和剩余的可采储量。它既包括评价统计年份的剩余可采储量，也包括当年新发现的新增可采储量。

在图4-2中，油气的原始地质储量（Petroleum initial in-place，PIIP）对油田的原始地质储量，过去用OOIP（Original Oil In Place）表示；对于气田用OGIP（Original Gas In Place）表示。在图4-2中的预期可采资源量（Contingent Resorces）是指，随今后油气价格、生产成本和技术进步可以转为经济的可采资源量。

应当指出，在图 4-2 中的不同储量级别，具有不同的可靠程度或称之可信度（Confidence Levels）。探明已开发可采储量（Proved Developed Reserves）、探明未开发可采储量（Proved Undeveloped Reserves）、概算可采储量（Probable Reserves）、可能可采储量（Possible Reserves），构成到某一评价年份，一个油田或油区，期望的总可采储量可表示如下[6,11]：

$$N_R = c_1 N_{R1} + c_2 N_{R2} + c_3 N_{R3} + c_4 N_{R4} \qquad (4-1)$$

式中　N_R——总可采储量，$10^4 \mathrm{m}^3$；

　　　N_{R1}——探明已开发可采储量，$10^4 \mathrm{m}^3$；

　　　N_{R2}——探明未开发可采储量，$10^4 \mathrm{m}^3$；

　　　N_{R3}——未探明概算可采储量，$10^4 \mathrm{m}^3$；

　　　N_{R4}——未探明可能可采储量，$10^4 \mathrm{m}^3$；

　　　c_1——探明已开发可采储量的可信度，$0.9 \sim 1.0$；

　　　c_2——探明未开发可采储量的可信度，$0.7 \sim 0.8$；

　　　c_3——未探明概算可采储量的可信度，$0.4 \sim 0.6$；

　　　c_4——未探明可能可采储量的可信度，$0.2 \sim 0.3$。

4.3　石油与天然气地质储量计算方法

根据油气田勘探开发所处的不同阶段，以及取得资料的情况，石油与天然气的储量评价，可选用以下不同方法。

4.3.1　类比法

类比法（Analoyy Method），是利用相类似油气田的储量已知参数，去类推尚不确定的油气田储量。类比法可用于推测尚未打预探井圈闭构造的资源量，或经打少量评价井，已获得工业油气流，但尚不具备计算储量各项参数的构造。类比法又可分为储量丰度法和单储系数法两种。前者定义为单位面积控制的地质储量；后者定义为单位体积控制的地质储量。现以油田为例，两种方法可分别表示为：

$$\Omega = \frac{N}{A} = 100 h \phi S_{oi} / B_{oi} \qquad (4-2)$$

$$SNF = \frac{N}{Ah} = 100 \phi S_{oi} / B_{oi} \qquad (4-3)$$

式中　Ω——储量丰度（Abundance），$10^4 \mathrm{m}^3 / \mathrm{km}^2$；

　　　SNF——单储系数（Specific OOIP Factor），$10^4 \mathrm{m}^3 / (\mathrm{km}^2 \cdot \mathrm{m})$；

　　　N——原始地质储量，$10^4 \mathrm{m}^3$；

　　　A——含油面积，km^2；

　　　ϕ——有效孔隙度，frac；

　　　S_{oi}——原始含油饱和度，frac；

B_{oi}——原始的原油体积系数，dim。

在利用类比法取得储量丰度或单储系数的数值之后，分别乘上估计的含油面积，或含油面积与有效厚度的乘积，即可得到估算的原始地质储量。

4.3.2 容积法

容积法（Volumetric Method），是在经过早期评价勘探，基本搞清了油气田含油气构造、油气水分布以及储集类型、岩石物性和流体物性之后，评价油气田原始地质储量和可采储量的基本或重要方法。油田的容积法表示为：

$$N = 100Ah\phi S_{oi}/B_{oi} \tag{4-4}$$

（4-4）式中各参数的意义及单位同前所注。

溶解气的原始地质储量为：

$$G_s = 10^{-4}NR_{si} \tag{4-5}$$

式中　G_s——溶解气的原始地质储量，10^8m^3；

　　　R_{si}——原始溶解气油比，dim。

气藏的容积法为：

$$G = 0.01Ah\phi S_{gi}/B_{gi} \tag{4-6}$$

$$B_{gi} = \frac{p_{sc}Z_iT}{p_iT_{sc}} \tag{4-7}$$

式中　G——气藏的原始地质储量，10^8m^3；

　　　S_{gi}——原始含气饱和度，frac；

　　　B_{gi}——天然气的原始体积系数，dim；

　　　p_i——原始地层压力，MPa；

　　　p_{sc}——地面标准压力，MPa；

　　　T_{sc}——地面标准温度，K；

　　　T——地层温度，K；

　　　Z_i——在 p_i 和 T 条件下的气体偏差系数，dim。

其他参数同前式所注。

凝析气藏的容积法为[12]：

$$G_t = 0.01Ah\phi S_{gi}/B_{gi} \tag{4-8}$$

$$G_d = G_t f_g \tag{4-9}$$

$$N_o = 0.01G_t\delta \tag{4-10}$$

$$f_g = \frac{1}{1 + \dfrac{GE_o}{GOR}} \tag{4-11}$$

$$\delta = \frac{10^6 \rho_o}{GOR + GE_o} \qquad (4-12)$$

$$GE_o = \frac{24056\gamma_o}{M_o} \qquad (4-13)$$

式中　G_t——凝析气藏的总原始地质储量，10^8m^3；

　　　G_d——干气的原始地质储量，10^8m^3；

　　　N_o——凝析油的原始地质储量，10^4t；

　　　B_{gi}——凝析气藏总井流体的原始体积系数，dim；

　　　Z_i——凝析气藏总井流体的偏差系数，dim；

　　　f_g——凝析气藏干气的摩尔含量，frac；

　　　δ——凝析油的含量，g/m^3；

　　　ρ_o——凝析油的密度，g/cm^3；

　　　γ_o——凝析油的相对密度（$\gamma_w = 1.0$），dim；

　　　GOR——凝析气藏的原始气油比，dim；

　　　GE_o——凝析油的气体当量体积，dim；

　　　M_o——凝析油的分子量，Mg/Mmol。

当缺少凝析油的取样分析的分子量时，可由如下的相关经验公式确定[13]：

$$M_o = \frac{44.29\gamma_o}{1.03 - \gamma_o} \qquad (4-14)$$

4.3.3　概率统计法[1,2,4]

概率统计法（Probabilistie Method），是国际上 SPE、WPC、AAPG 和 SPEE[1-4] 推荐使用的宏观评价方法。概率统计法建立的前提是，假定油气储量和储量参数的分布均符合正对正态分布（Log-Normal Distribution）。利用对数正态分布和 Monte Carlo（蒙特卡洛）模拟技术，可以排列组合计算出几百个到几千个储量数值。据此数据进行概率统计，可以得到如图 4-3 所示的储量分布密度曲线和累积分布曲线。然后，再绘出与累积分布曲线相反的

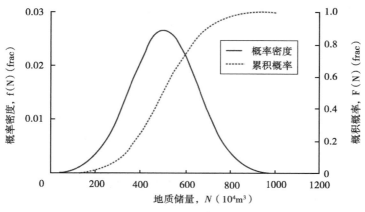

图 4-3　地质储量的分布密度和累积分布

逆累积分布曲线图（图4-4）。该逆累积分布曲线又称为储量出现的概率百分数（Probability%），比如写为P90%，简写为P90。在图4-4上对应于P90、P50和P10的储量，国际上通称为1P、2P和3P储量。$P_1 = 1P$；$P_2 = 2P - 1P$；$P_3 = 3P - 2P_2$，P_1为探明储量（Proved），P_2为概算储量（Probable），P_3为可能储量（Possible）。

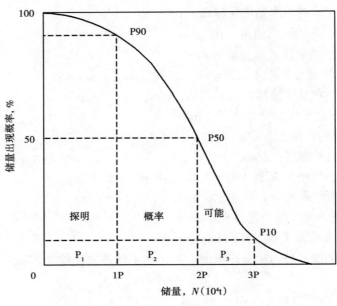

图4-4　储量出现概率分布

4.3.4　储量规模排序法

储量规模排序法（Accumulative Size Rank Order Method），是假设在一个含油气盆地和区带内，已发现和未发现油气田的储量，在一起按储量由大到小排序（气田和凝析气田，按油气当量1t = 1000m³折算为油）与相应的油气田储量规模，按小到大排序（$i = 1, 2, 3, \cdots n$）编号，符合意大利经济学者Pareto（帕雷托）于1897年提出的负指数幂函数分布[5-7]：

$$y = ax^{-b} \tag{4-15}$$

式中　y——储量规模，$10^4 m^3$；

　　　x——相应于y的油气田编号；

　　　a和b——分布常数。

储量规模排序法，是一种由已发现的油气田储量，预测在一个含油气盆地或区带内的总油气资源量和待发现的油气田储量。由于（4-15）式在理论上存在有缺陷，即$x = 0$时，$y = 0$，因此，得不到可靠有效的评价结果。陈元千[5]于2008年对（4-15）式进行了如下修正：

$$y = A(x + 1)^{-B} \tag{4-16}$$

式中　A 和 B——分布常数。

通过进一步研究，陈元千[5]于 2017 年基于修正的 Pareto 分布，又提出了直接描述和计算储量分布的如下解析式。

储量规模分布为[6]：

$$W(x) = \frac{1}{1 - B}\big[(x + 1)^{-B} - 1\big] \tag{4-17}$$

储量密度分布为[6]：

$$f(x) = \frac{(1 - B)(x + 1)^{-B}}{(x + 1)^{-B} - 1} \tag{4-18}$$

储量累积分布为[6]：

$$F(x) = \frac{(x + 1)^{1-B} - 1}{(x_{max} + 1)^{1-B} - 1} \tag{4-19}$$

式中　x_{max}——经过经济评价，经济极限储量的油气田编号。

储量出现概率分布为[6]：

$$储量出现概率 = 1 - mW(x) \tag{4-20}$$

式中

$$m = \frac{1 - B}{A\big[(x_{max} + 1)^{1-B} - 1\big]} \tag{4-21}$$

在图 4-5 至图 4-8 上分别绘出了储量规模分布图、储量密度分布图、储量累积分布图和储量出现概率分布图。在图 4-8 上，$1P = 5279 \times 10^4 t$；$2P = 13197 \times 10^4 t$；$3P = 23754 \times 10^4 t$。由此得：$P_1 = 1P = 5279 \times 10^4 t$；$P_2 = 2P - 1P = 7918 \times 10^4 t$；$P_3 = 3P - 2P = 10557 \times 10^4 t$。

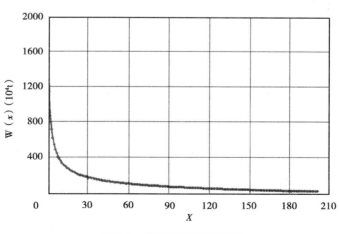

图 4-5　储量的规模分布图

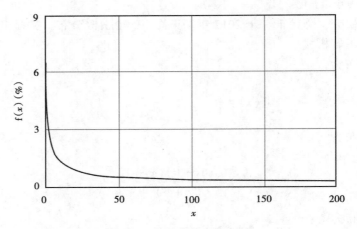

图 4-6　储量的密度分布图

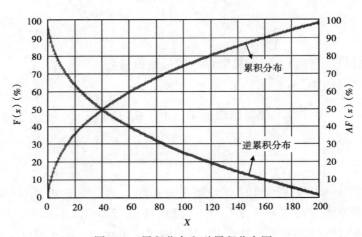

图 4-7　累积分布和逆累积分布图

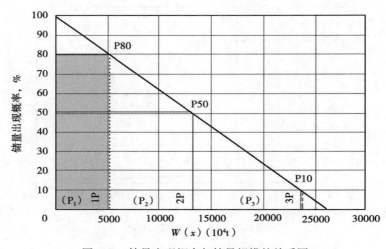

图 4-8　储量出现概率与储量规模的关系图

5. 产量递减法（见本书的第 7 章）

6. 预测模型法（见本书的第 8 章）

7. 水驱曲线法（见本书的第 9 章）

8. 压降法，主要用于定容气藏（见本书的第 6 章）。

9. 物质平衡方程（MBE），主要用于评价水驱油藏和水驱气藏的地质储量评价。

10. 压降曲线拟稳态法，又称为弹性二相法，主要用预测定容的岩性、断块和裂缝系统气藏的地质储量（见本书的第 13 章）。

4.4　年度剩余可采储量、储采比和储量补给率评价

对于一个油气田，一个油气区，乃至一个国家来说，油气田的剩余可采储量，也就是说目前剩下的可采储量，是最有实际意义和最有实用价值的矿产资产。对于一个国家来说，它不但会影响到今后产量指标的制定，甚至会影响到国家市场经济的发展决策。同时，由年度剩余可采储量与年产量之比得到的储采比，也是分析油气田、油气区、乃至全国油气开发形势的重要指标。储采比随着油气田的勘探开发而变化，根据大量油气田实际开发的统计表明，当储采比降至 10~12 时，即进入产量递减的警示区。下面将分别介绍年度剩余可采储量、储采比和储量补给率的评价方法。

4.4.1　年度剩余可采储量的计算[8]

以油田为例，也可用于油区或全国的年度剩余可采储量评价关系式为[8]：

$$N_{RR}^{i+1} = N_{RR}^{i} + \Delta N_{R1} + \Delta N_{R2} + \Delta N_{R3} + \Delta N_{R4} + \Delta N_{R5} - \Delta N_{R6} \pm \Delta N_{R7} - Q \qquad (4-22)$$

式中　N_{RR}^{i+1}——本年度的剩余可采储量，$10^4 \mathrm{m}^3$；

N_{RR}^{i}——上年度的剩余可采储量，$10^4 \mathrm{m}^3$；

ΔN_{R1}——本年度老油田扩边和扩块增加的可采储量，$10^4 \mathrm{m}^3$；

ΔN_{R2}——本年度老油田发现新层增加的可采储量，$10^4 \mathrm{m}^3$；

ΔN_{R3}——本年度在老油田以外新发现的独立油藏增加的可采储量，$10^4 \mathrm{m}^3$；

ΔN_{R4}——老油田因实施二次或三次采油技术本年度评价增加的可采储量，$10^4 \mathrm{m}^3$；

ΔN_{R5}——本年度老油田复算增加的可采储量，$10^4 \mathrm{m}^3$；

ΔN_{R6}——本年度老油田复算减少的可采储量，$10^4 \mathrm{m}^3$；

ΔN_{R7}——本年度因可采储量评价单位、评价方法和所用资料变化等原因，引起对可采储量的增减调整值，$10^4 \mathrm{m}^3$；

Q——本年度的产量，$10^4 \mathrm{m}^3/\mathrm{a}$。

在（4-22）式中，引起年度剩余可采储量变动的因素，对于一个油田来说不可能同时发生。但对于一个油区或一个国家来说，这些因素的部分发生或全部发生的可能性是存在的。总之，存在什么因素，就统计评价什么因素就可以了。

4.4.2　储采比和储量补给率[9]

根据国际上通用的定义，储采比（Reserves Production Ratio）为某年度的剩余可采储量

与当年产量之比值。它的单位为年，因此，储采比又称为储量寿命（Reserves Life），并表示为：

$$\omega = \frac{N_{RR}}{Q} \tag{4-23}$$

$$N_{RR} = N_R - N_p \tag{4-24}$$

式中　ω——储采比，a；

N_{RR}——到某年度的剩余可采储量，$10^4 m^3$；

N_R——总可采储量，$10^4 m^3$；

N_p——到某年度的累计产量，$10^4 m^3$；

Q——当年产量，$10^4 m^3/a$。

任何的储集类型和驱动类型的油气田，储采比与开发时间存在如下的双对数直线关系[14]：

$$\log\omega = a + b\log t \tag{4-25}$$

在图 4-9 上绘出了三个油气田的储采比与开发时间的直线关系。

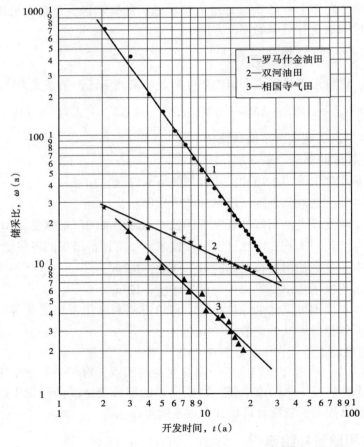

图 4-9　三个油气田的储采比与开发时间关系图

储量补给率定义为，当年发现上报的可采储量与当年产量之比值，表示为：

$$\eta = \frac{n_R}{Q_o} \qquad (4-26)$$

式中　η——储量补给率，dim；

　　　n_R——当年上报的可采储量，10^4t/a；

　　　Q_o——当年的产油量，10^4t/a。

4.5　稳产年限与经济极限产量

对于一个新发现的油气田，如何确定它的稳产年限。而对于一个已进入中后期开发的油气田，又如何确定它的经济极限产量，是油气田开发评价的重要问题。

4.5.1　稳产年限的确定[9]

对于一个新发现的油气田，当已知原始地质储量和预定的年产量之后，可由下式预测它的稳产年限[8]：

$$t_s = \frac{\alpha\beta N_R}{Q_s} \qquad (4-27)$$

式中　t_s——稳产年限，a；

　　　α——储量风险系数，它与储量级别有关，对于探明级储量，a 可取 0.7~0.8；

　　　β——稳产阶段或进入递减阶段之前可采储量的利用系数，它与油气藏类型和驱动类型有关，根据理论研究与实际开发经验表明，一般 β 可取 0.4~0.6；

　　　N_R——原始可采储量，10^4m^3；

　　　Q_s——稳定午产量，$10^4 \text{m}^3\text{/a}$；

　　　ω_i——初始储采比，a。

若人为地已确定了稳产年限和年产量的指标，可由（4-27）式改写的（4-28）式，确定所需的原始可采储量：

$$N_R = \frac{Q_s t_s}{\alpha\beta} \qquad (4-28)$$

4.5.2　经济极限产量的预测[10]

对于已进入产量递减阶段的油气田，为建立预测经济极限产量的方法，特作如下假定：

（1）油气田已经进入开发的偏后期，折旧费已经提完，因此，不再考虑油气田的勘探、开发和地面建设的原投资费用；

（2）油气田的开发已进入递减阶段，不再考虑进行层系、井网、注采方案和开采方式的重大调整，不再多打加密井，基本保持生产井、注水井和注气井的井数不变；

（3）维持目前的生产设施，不再考虑地面各种生产设备、装置、集输管站等设施的扩建和改建工作；

（4）保持目前油气田生产总成本和费用的规模，且不因产量的下降而改变；

（5）依目前的油气价格和现行税种税率为基础。

在上述 5 个假定条件下的基础上，根据投入产出的平衡原理，油田的经济极限产量可由下式评价[11]：

$$Q_{EL} = \frac{C_t}{\eta (A_o + A_g GOR)(1 - T_x)}$$ （4-29）

预测气田经济极限产量的公式为：

$$Q_{EL} = \frac{C_t}{\eta A_g (1 - T_x)}$$ （4-30）

预测回注干气保持地层压力开采，或天然水驱比较活跃凝析气田的经济极限产量的公式为：

$$Q_{EL} = \frac{C_t}{\eta (A_g + A_o OGR)(1 - T_x)}$$ （4-31）

式中　　Q_{EL}——经济极限产量，$10^4 \mathrm{m^3/a}$（油），$10^8 \mathrm{m^3/a}$（气）；

η——产量的商品率；

A_o——油价，元/$\mathrm{m^3}$；

A_g——气价，元/$\mathrm{m^3}$；

GOR——油田生产平均气油比，dim；

OGR——凝析气田生产平均气油比，dim；

C_t——油气田目前的生产总成本和有关费用。前者包括材料费、燃料费、动力费、工人工资、职工福利基金、注水费、井下作业费、油田维护费、储量有偿使用费、测井试井费、油气处理费、修理费和其他开采费；后者包括管理费、销售费和财务费。因油气田已进入中后开发期，折旧费早已提完，不再发生；

T_x——年综合税率（包括销售税、城建附加税、教育附加税和增值税），frac。

对于凝析油含量比较低（如小于 $100 \mathrm{g/m^3}$），或是凝析气田的地质储量较小（如小于 $100 \times 10^8 \mathrm{m^3}$），或是为提高凝析油采收率进行回注干气经济上不划算，以及当地天然气供需缺口较大，没有过量的干气可以回注等情况，均可利用（4-30）式预测进入递减开发阶段凝析气田的经济极限产量。

参 考 文 献

1. SPE/WPC/AAPG/SPEE：SPC Petroleum Resources Management System（PRMS），2007.

2. SPC/WPC/AAPG/SPEE：Guidelines for the Evaluation of Petroleum Reserves and Resources，2001.

3. Reserves Definition Committee. Society of Petroleum Evaluation Engineers. Guidelines for Application of the Definitions for oil and Gas Reserves，Houston，1988.

4. 陈元千，郝明强，李飞：油气资源量评估方法的对比与评价，断块油气田，2013，20（4）448-453.

5. 陈元千：预测油气资源帕雷托（Pareto）模型的建立、修正与应用，中国石油勘探. 2008，13（4）43-49.

6. 陈元千：修正的 Pareto 分布模型在油气资源应用的新方法，新疆石油地质，2017，38（2）216-222.

7. 陈元千，唐伟：评 Lee 的油气资源量发现过程模型及预测模型的建立，新疆石油地质，2016，37（4）442–446.

8. Energy Informalion Administration（EIA）U. S. Crude Oil, Natural Gas, and Natural Gas Liquids Reserves, 1999 An nual Report, Energy Information Admini-stration Office of Oil and Gas, U. S. Department of Energy, Washington, 1999.

9. 陈元千：油气藏工程实践，石油工业出版社，北京，2005，1–33，381–394.

10. 陈元千：油气藏工程实用方法，石油工业出版社，北京，1999，187–197.

第 5 章　油藏物质平衡方程式

自 1936 年 R. J. Schilthuis[1]利用物质守恒原理，首先建立了油藏的物质平衡方程式以来[1]，它在油藏工程中得到了广泛的应用和发展。物质平衡方程式（Material Balance Equation）的主要功能在于，确定油藏的原始地质储量；判断油藏的驱动机理；测算油藏天然水侵量的大小；在给定产量的条件下预测油藏未来的压力动态。

对于一个统一水动力学系统的油藏，在建立它的物质平衡方程式时，应当遵循以下基本假定：

（1）油藏的储层物性和流体物性是均质的，各向同性的；

（2）在相同时间油藏各点的地层压力处于平衡状态，并且是相等和一致的；

（3）在整个开发过程中，油藏保持热动力学平衡，地层温度保持为常数；

（4）不考虑油藏内毛细管力和重力的影响；

（5）油藏各部位的采出速度保持均衡，且不考虑可能发生的储层压实作用。

基于上述的假定，可以把一个实际的油藏，简化为封闭的或不封闭的（具有天然水侵）储存油、气的地下容器。在这个地下容器内，随着油藏的开采，油、气、水的体积变化服从物质守恒原理。由此原理建立的方程式称为物质平衡方程式。由于物质平衡方程式本身并不考虑油、气渗流的空间变化，故又将它称为两相或三相的零维模型。在建立和应用物质平衡穷程式时，应当注意到它所具有的地下平衡、累积平衡和体积平衡的特点。在应用物质平衡方程式时，需要注意取全取准地层压力、产量和 PVT 品样分析资料。

5.1　油藏饱和类型和驱动类型的划分

对于一个新发现的油藏，可以通过探井的测压和高压物性的分析资料，确定油藏的原始地层压力和饱和压力。根据两者数值的大小及其关系，可将原始条件的油藏划分为两大类。当原始地层压力大于饱和压力（$p_i > p_b$）时，称为未饱和油藏；当原始地层压力等于或小于饱和压力（$p_i \leqslant p_b$）时，则称为饱和油藏。

在原始条件下的饱和油藏，可以具有气顶或没有气顶。无论是未饱和油藏或是饱和油藏的饱和压力，都有从构造顶部向翼部减小的趋势。这是由于油藏的饱和压力，与压力、温度和油气的组分有关。因此，在实际应用时，无论是原始地层压力或是饱和压力，都需要考虑利用加权平均数据。

在确定油藏饱和类型的基础上，可以根据油藏的原始边外条件，即有无边、底水和气顶的存在，以及作用于油、气地层渗流的驱动机理情况，对油藏的天然驱动类型进行划分。

对于油藏的不同驱动类型，需要建立与之相应的物质平衡方程式。在矿场实际应用中，也需要根据油藏的驱动类型，选择不同驱动类型的物质平衡方程式。

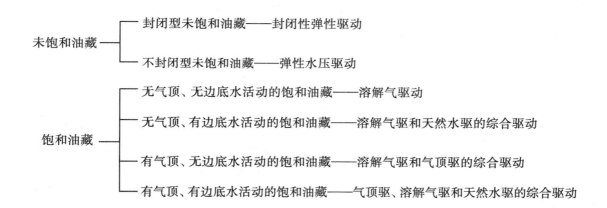

5.2　油藏物质平衡方程式的建立

对于一个具有气顶，并有边底水作用，而其原始地层压力等于饱和压力的油藏，在开发过程中即使人工注水、注气，假定仍不能保持地层能量平衡时，随着地层流体（油、气、水）从油藏中采出，地层压力将逐步下降，并由此必将引起气顶气的膨胀、地层原油的膨胀，以及地层内岩石和束缚水的弹性膨胀（图 5-1），与此同时，部分溶解气体也将释放，并随压降而膨胀，边底水也会随之侵入油藏内。这些就是促使地层流体向生产井流动的诸种主要驱动力量。

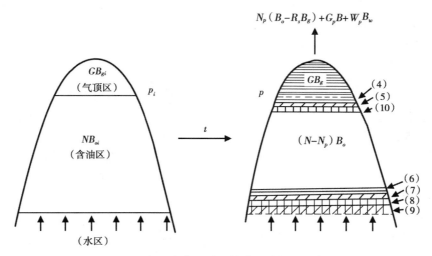

图 5-1　饱和油藏开采的综合驱动物质平衡图

在油藏的原始条件下，即在原始地层压力 p_i 和地层温度条件下，气顶区内天然气的原始地质储量（地面标准条件，0.101MPa 和 20℃）为 G，它所占有的地下体积为 GB_{gi}；含油区内原油的原始地质储量（地面标准条件）为 N，它所占有的地下体积为 NB_{oi}；气顶区的天然气地下体积与含油区的原油地下体积比为 m，即 $m = GB_{gi}/NB_{oi}$；气顶的孔隙体积为 V_p；

因此，可将气顶内原始天然气地质储量和所占的地层孔隙体积，分别表示如下：

$$G = \frac{mNB_{oi}}{B_{gi}} \tag{5-1}$$

$$V_p = \frac{GB_{gi}}{1 - S_{wi}} = \frac{mNB_{oi}}{1 - S_{wi}} \tag{5-2}$$

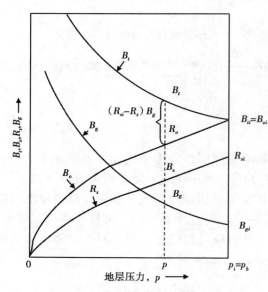

曲线 B_t—两相（总）体积系数；曲线 B_o—单相原

油体积系数；曲线 R_s—溶解气油比，m^3/m^3；

曲线 B_g—天然气的体积系数

图 5-2　地层流体物性随地层压力的变化关系

式中的 B_{oi}、B_{gi} 和 S_{wi} 分别表示原始地层原油体积系数、原始天然气体积系数和地层束缚水饱和度。根据高压物性取样分析资料，所得到的地层原油和天然气物性参数随地层压力的变化关系，如图 5-2 所示。图 5-2 上的 B_t 为地层原油的两相体积系数，由下式表示：

$$B_t = B_o + (R_{si} - R_s)B_g \tag{5-3}$$

$$B_{ti} = B_{oi} \tag{5-4}$$

式中　B_{ti}——原始总体积系数，dim。

而天然气的目前和原始体积系数分别为：

$$B_g = \frac{p_{sc}ZT}{pT_{sc}} \tag{5-5}$$

$$B_{gi} = \frac{p_{sc}Z_iT}{p_iT_{sc}} \tag{5-6}$$

下面让我们对饱和油藏的物质平衡方程式进行如下推导。已知油藏的原始地层压力为 p_i，经过 t 时间的开采后，地层压力下降到 p_o，在此期间内，从油藏中累计产出的油量为 N_p，气量为 G_p，水量为 W_p。三者累计产出的地下体积量，应等于气顶区和含油区内的诸项弹性累计体积膨胀量、天然累计水侵量和人工累计注水、注气地下体积量的总和，并可写出在 p 压力下的地下平衡、累计平衡、体积平衡的下列文字表达式：

　　[1] 累计产油量+［2］累计多产气量+［3］累计产水量=［4］气顶的累计体积膨胀量+［5］气顶区内地层束缚水和岩石的累计弹性体积膨胀量+［6］含油区内地层原油的累计膨胀量+［7］含油区内地层束缚水和岩石的累计弹性体积膨胀量+［8］累计天然水侵体积量+［9］人工累计注水体积量+［10］人工累计注气体积量。

　　利用油藏工程的参数符号，可将上面的文字表达式分写如下：

　　[1] 地面的累计产油量为 N_p，在 p 压力下的地下累计体积量为 N_pB_o，B_o 为 p 压力下的地层原油体积系数；

　　[2] 地面的累计产气量为 $G_p = N_pR_p$，R_p 为累计生产气油比。而在 p 压力下累计产油量

N_p 的溶解气量为 $N_p R_s$，R_s 为 p 压力下的溶解气油比。因此，地层压力由 p_i 下降到 p 时，由油藏中多产出的天然气地下体积量为 $N_p(R_p - R_s)B_g$，B_g 为 p 压力下的天然气体积系数；

〔3〕地面的累计产水量为 W_p，而在 p 压力下的地下体积量为 $W_p B_w$，B_w 为 p 压力下地层水的体积系数；

〔4〕气顶区内天然气的累计体积膨胀量为：

$$G(B_g - B_{gi}) = \frac{mNB_{oi}}{B_{gi}}(B_g - B_{gi})$$

〔5〕气顶区内地层束缚水和岩石和累计弹性体积膨胀量为：

$$V_p(C_w S_{wi} + C_f)\Delta p = \frac{mNB_{oi}}{1 - S_{wi}}(C_w S_{wi} + C_f)\Delta p$$

式中　C_w——地层水的压缩系数，MPa^{-1}；

　　　C_f——地层岩石的有效压缩系数，MPa^{-1}；

　　　S_{wi}——地层束缚水饱和度，frac；

　　　Δp——地层压降（$p_i - p$），MPa。

〔6〕含油区溶解气驱引起的地层原油累计体积膨胀量为：

$$N(B_t - B_{ti}) = N[B_o + (R_{si} - R_s)B_g - B_{oi}]$$

〔7〕含油区 V_p 孔隙体积，地层束缚水和岩石的累计弹性体积膨胀量为：

$$V_p(C_w S_{wi} + C_f)\Delta p = \frac{NB_{oi}}{1 - S_{wi}}(C_w S_{wi} + C_f)\Delta p$$

〔8〕累计天然水侵量为 W_e；

〔9〕累计人工注水量为 $W_i B_w$；

〔10〕累计人工注气量为 $G_i B_{ig}$，B_{ig} 为在 p 压力下注入气体的体积系数。

将上述由油藏工程参数符号表示的分项关系，代入前面的文字表达式为：

$$N_p B_o + N_p(R_p - R_s)B_p + W_p B_w = \frac{mNB_{oi}}{B_{gi}}(B_g - B_{gi}) + \frac{mNB_{oi}}{1 - S_{wi}}(C_w S_{wi} + C_f)\Delta p$$

$$+ N[B_o + (R_{si} - R_s)B_g - B_{oi}] + \frac{NB_{oi}}{1 - S_{wi}}(C_w S_{wi} + C_f)\Delta p + W_e + W_i B_w + G_i B_{ig} \quad （5-7）$$

对（5-7）式作简单整理后得，饱和油藏物质平衡方程式的第一个通式：

$$N = \frac{N_p[B_o + (R_p - R_s)B_g] - W_e - (W_i - W_p)B_w - G_i B_{ig}}{(B_o - B_{oi}) + (R_{si} - R_s)B_g + \frac{mB_{oi}}{B_{gi}}(B_g - B_{gi}) + (1 + m)B_{oi}\left(\frac{C_w - S_{wi} + C_f}{1 - S_{wi}}\right)\Delta p}$$

$$（5-8）$$

若将（5-8）式的分子，各加、减一项 $N_p R_{si} B_g$，并考虑由（5-3）式和（5-4）式表示的两相体积系数，则得饱和油藏物质平衡方程式的第二个通式：

$$N = \frac{N_p\left[B_t + (R_p - R_{si})B_g\right] - W_e - (W_i - W_p)B_w - G_i G_{ig}}{(B_t - B_{ti}) + \dfrac{mB_{ti}}{B_{gi}}(B_g - B_{gi}) + (1 + m)B_{ti}\left(\dfrac{C_w S_{wi} + C_f}{1 - S_{wi}}\right)\Delta p} \tag{5-9}$$

已知 $N_p R_p B_g = G_p B_g$，并假定 $B_{ig} = B_g$ 时，则由（5-9）式得：

$$N = \frac{N_p(B_t - R_{si}B_g) - W_e - (W_i - W_p)B_w - (G_i - G_p)B_g}{(B_t - B_{ti}) + \dfrac{mB_{ti}}{B_{gi}}(B_g - B_{gi}) + (1 + m)B_{ti}\left(\dfrac{C_w S_{wi} + C_f}{1 - S_{wi}}\right)\Delta p} \tag{5-10}$$

根据油藏的不同驱动类型，可对上述的物质平衡方程式的通式进行简化，而得到其相应特定条件下的物质平衡方程式。

5.2.1 未饱和油藏的物质平衡方程式

5.2.1.1 未饱和油藏的封闭性弹性驱动

该油藏的条件为，$p_i > p_b$；$W_e = 0$；$W_i = 0$；$W_p = 0$；$m = 0$；$G_i = 0$；$R_p = R_s = R_{si}$；$B_o - B_{oi} = B_{oi}C_o\Delta p$，故由（5-8）式得：

$$N = \frac{N_p B_o}{B_{oi}C_o\Delta p + B_{oi}\left(\dfrac{C_w S_{wi} + C_f}{1 - S_{wi}}\right)\Delta p} = \frac{N_p B_o}{B_{oi}\left(\dfrac{C_o + C_w S_{wi} + C_f}{1 - S_{wi}}\right)\Delta p} \tag{5-11}$$

若设

$$C_t^* = C_o + \frac{C_w S_{wi} + C_f}{1 - S_{wi}} \tag{5-12}$$

则得

$$N = \frac{N_p B_o}{B_{oi}C_t\Delta p} \tag{5-13}$$

5.2.1.2 未饱和油藏的天然弹性水压驱动

该油藏的条件为，$p_i > p_b$；$m = 0$；$W_i = 0$；$G_i = 0$；$R_p = R_s = R_{si}$；$B_o - B_{oi} = B_{oi}C_o\Delta p$，故由（5-8）式得：

$$N = \frac{N_p B_o - (W_e - W_p B_w)}{B_{oi}C_t^*\Delta p} \tag{5-14}$$

或写为：
$$N_p B_o = NB_{oi}C_t^*\Delta p + (W_e - W_p B_w) \tag{5-15}$$

5.2.1.3 未饱和油藏的天然水驱和人工注水的弹性水压驱动

该油藏的开发除有天然弹性水压驱动之外，还进行人工注水，因此得：

$$N = \frac{N_p B_o - \left[W_e + (W_i - W_p)B_w\right]}{B_{oi}C_t^*\Delta p} \tag{5-16}$$

或写为：
$$N_p B_o = NB_{oi}C_t^*\Delta p + \left[W_e + (W_i - W_p)B_w\right] \tag{5-17}$$

5.2.2　饱和油藏的物质平衡方程式

对于饱和油藏（$p_i \leqslant p_b$），可以根据不同驱动能量的组合，得到如下不同驱动类型油藏的物质平衡方程式。

（1）溶解气驱油藏。

这种油藏的开发主要靠溶解气的分离膨胀所产生的驱动作用，当同时考虑由于地层压降所引起的地层束缚水和地层岩石的弹性膨胀作用时，因为 $m=0$；$W_e=0$；$W_i=0$；$W_p=0$；$G_i=0$，故由（5-9）式得：

$$N = \frac{N_p\left[B_t + (R_p - R_{si})B_g\right]}{(B_t - B_{ti}) + B_{ti}\left(\dfrac{C_w S_{wi} + C_f}{1 - S_{wi}}\right)\Delta p} \tag{5-18}$$

当忽略地屡束缚水和地层岩石的弹性膨胀作用时，由（5-18）式可以得到纯溶解气驱动的物质平衡方程式：

$$N = \frac{N_p\left[B_t + (R_p - R_{si})B_g\right]}{B_t - B_{ti}} \tag{5-19}$$

（2）气顶驱、溶解气驱和弹性驱动油藏。

$$N = \frac{N_p\left[B_t + (R_p - R_{si})B_g\right]}{(B_t - B_{ti}) + \dfrac{mB_{ti}}{B_{gi}}(B_g - B_{gi}) + (1+m)B_{ti}\left(\dfrac{C_w S_{wi} + C_f}{1 - S_{wi}}\right)\Delta p} \tag{5-20}$$

（3）气顶、溶解气、天然水和弹性驱动油藏。

$$N = \frac{N_p\left[B_t + (R_p - R_{si})B_g\right] - W_e + W_p B_w}{(B_t - B_{ti}) + \dfrac{mB_{ti}}{B_{gi}}(B_g - B_{gi}) + (1+m)B_{ti}\left(\dfrac{C_w S_{wi} + C_f}{1 - S_{wi}}\right)\Delta p} \tag{5-21}$$

（4）溶解气、人工注水和弹性驱动油藏。

$$N = \frac{N_p\left[B_t + (R_p - R_{si})B_g\right] - (W_i - W_p)B_w}{(B_t - B_{ti}) + B_{ti}\left(\dfrac{C_w S_{wi} + C_f}{1 - S_{wi}}\right)\Delta p} \tag{5-22}$$

5.2.3　油藏的驱动指数

当有两个或两个以上的驱动能量同时作用于油藏开发时，每种驱动能量的作用程度，可由驱动指数表示[2]。根据油藏开发的实际数据，可以确定驱动指数的大小及其变化，由此分析在开发过程中各种驱动能量的利用状况，并可通过人为的开发措施影响，导致不同驱动因素之间的转化，以利于提高油田的开发效果。由（5-17）式可以得到未饱和油藏弹性水压驱动和人工注水的驱动指数的关系式：

$$\frac{NB_{oi}C_t^*\Delta p}{N_p B_o + W_p B_w} + \frac{W_e}{N_p B_o + W_p B_w} + \frac{W_i B_w}{N_p B_o + W_p B_w} = 1.0 \tag{5-23}$$

若令：

$$EDI = \frac{NB_{oi}C_t^* \Delta p}{N_p B_o + W_p B_w} \qquad (\text{弹性驱动指数}) \qquad (5-24)$$

$$W_e DI = \frac{W_e}{N_p B_o + W_p B_w} \qquad (\text{天然水驱动指数}) \qquad (5-25)$$

$$W_i DI = \frac{W_i B_w}{N_p B_o + W_p B_w} \qquad (\text{人工水驱动指数}) \qquad (5-26)$$

将（5-24）式至（5-26）式代入（5-23）式得：

$$EDI + W_e DI + W_i DI = 1.0 \qquad (5-27)$$

由（5-9）式可以得到当 $G_i = 0$ 时饱和油藏驱动指数的表达式：

$$\frac{N(B_t - B_{ti})}{N_p[B_t + (R_p - S_{si})B_g] + W_p B_w} + \frac{\frac{mNB_{ti}}{B_{gi}}(B_g - B_{gi})}{N_p[B_t + (R_p - R_{si})B_g] + W_p B_w}$$

$$+ \frac{(1+m)NB_{ti}\left(\frac{C_w S_{wi} + C_f}{1 - S_{wi}}\right)\Delta p}{N_p[B_t + (R_p + R_{si})B_g] + W_p B_w} + \frac{W_e}{N_p[B_t + (R_p - R_{si})B_g] + W_p B_w} \qquad (5-28)$$

$$+ \frac{W_i B_w}{N_p[B_t + (R_p - R_{si})B_g] + W_p B_w} = 1.0$$

若令：

$$DDI = \frac{N(B_t - B_{ti})}{N_p[B_t + (R_p - R_{si})B_g] + W_p B_w} (\text{溶解气驱动指数}) \qquad (5-29)$$

$$CDI = \frac{\frac{mNB_{ti}}{B_{gi}}(B_g - B_{gi})}{N_p[B_t + (R_p - R_{si})B_g] + W_p B_w} (\text{气顶驱动指数}) \qquad (5-30)$$

$$EDI = \frac{(1+m)NB_{ti}\left(\frac{C_w S_{wi} + C_f}{1 - S_{wi}}\right)\Delta p}{N_p[B_t + (R_p - R_{si})B_g] + W_p B_w} (\text{弹性驱动指数}) \qquad (5-31)$$

$$W_e DI = \frac{W_e}{N_p[B_t + (R_p - R_{si})B_g] + W_p B_w} (\text{天然水驱动指数}) \qquad (5-32)$$

$$W_i DI = \frac{W_i B_w}{N_p[B_t + (R_p - R_{si})B_g] + W_p B_w} (\text{人工水驱动指数}) \qquad (5-33)$$

将（5-29）式至（5-33）式代入（5-28）式得：

$$DDI + CDI + EDJ + W_e DI + W_i DI = 1.0 \qquad (5-34)$$

当油藏中没有哪一项驱动作用，或不考虑哪一项驱动影响时，则哪一项的驱动指数就等于零。

5.3　天然水侵量的计算方法

　　油藏的实际开发经验表明，很多油藏都与外部的天然水域相连通，而且，外部的天然水域，既可能是具有外缘供给的敞开水域，也可能是封闭性的有限边底水。因此，某些油藏的外部天然水域可能很大，具有充分的天然水驱能量，会对油藏的开发动态产生显著影响。因而，必须加以考虑。而对于断块型和受岩性圈闭的油藏，外部水域往往较小，其能量很弱。还有一些油藏，在油水接触面处存在一个致密层或稠油段，阻挡了外部水域的作用。在这些情况下，天然水域对油藏开发动态的影响可以忽略不计。

　　在油藏开发过程中，随着原油和天然气的采出，油藏内部的地层压力下降，必将逐步向外部天然水域以弹性方式传播，并引起天然水域内的地层水和储层岩石的弹性膨胀作用。在天然水域与油藏部分的地层压差作用下，就会造成天然水域对油藏的水侵。随着油藏的开发，地层压降波及的范围的不断扩大，直至达到天然水域的定压边界或相当于无限大天然水域的稳态供水条件，或是有限封闭水域的拟稳态供水条件。因此，对于那些外部天然水域较大的油藏，随着油藏的开发和地层压力的下降，天然水侵的补给量将不断增加，油藏地层压力的下降率将随之不断减小。当达到天然水域与油藏之间的供采平衡时，油藏的地层压力将趋于稳定。此时如果再提高油藏的采出量，而天然水侵量若小于采出量时，油藏地层压力的下降率将随之增加，并将调整到新的可能供采平衡条件。这就叫做天然水驱油藏的供采敏感性效应。该效应在天然水压驱动的未饱和油藏最为明显。油藏天然水侵的强弱，主要取决于天然水域的大小、几何形状、地层岩石物性和流体物性的好坏，以及天然水域与油藏部分的地层压差等因素。

　　当油藏的天然水域比较小时，油藏开采所引起的地层压力下降，会很快地波及整个天然水域的范围。此时，天然水域对油藏的累计水侵量可视为与时间无关，并表示为：

$$W_e = V_{pw}(C_w + C_f)\Delta p \tag{5-35}$$

式中　　W_e——天然累计水侵量，m^3；

　　　　V_{pw}——天然水域的地层孔隙体积，m^3；

　　　　C_w——天然水域的地层水压缩系数，MPa^{-1}；

　　　　C_f——天然水域的地层岩石有效压缩系数，MPa^{-1}；

　　　　Δp——油藏的地层压降（$\Delta p = p_i - p$），MPa。

　　然而，对于天然水域比较大的油藏，油藏开采的地层压降不可能很快地波及到整个天然水域。在某些情况下，甚至在整个开采阶段中，仍有一部分天然水域保持原始地层压力。这就存在着油藏含油部分的地层压力向天然水域传播时有一个明显的时间滞后现象。这样，天然水侵量的大小，除与地层压降有关外，还应当与开发时间有关。这时，应用（5-35）式就不能描述天然水侵量，而所需要的天然水侵量的表达式，必须考虑时间因素的影响。目前采用的表达式包括稳定流法和非稳定流法两类。就其天然水侵的几何形状而言，又可分为直线流、平面径向流和半球形流三种方式（图5-3）。

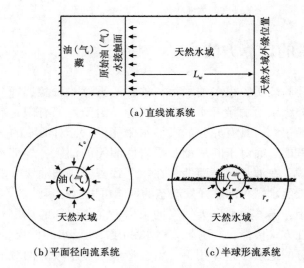

图 5-3　天然水侵的不同方式图

5.3.1　稳定流法

　　对于一个具有广阔天然水域或有外部水源供给的油藏，油藏和水域同属于一个水动力学系统。这时可将油藏部分简化地视为一口井底半径为 r_w 的扩大井。扩大井的半径 r_w 实际上为油藏的油水接触面的半径，或称为天然水域的内边界半径；天然水域的外缘半径，则称为天然水域的外边界半径。在原始条件下，油藏内部含油区和天然水域的地层压力都等于原始地层压力 p_i。当油藏投入生产 t 时间后，油藏内边界上的压力（即油藏地层压力）下降到 p，在考虑天然水域的地层水和岩石的有效弹性影响的条件下，Schilthuis[1] 1936 年基于达西稳定流定律，得到了估算天然水侵量的如下表达式：

$$\begin{cases} W_e = k \int_o^t (p_i - p)\,\mathrm{d}t \\ \dfrac{\mathrm{d}W_e}{\mathrm{d}t} = k(p_i - p) \end{cases} \tag{5-36}$$

式中　W_e——天然累计水侵量，m^3；

　　　p_i——原始地层压力，MPa；

　　　p——油藏开采到 t 时间的地层压力，MPa；

　　　t——开采时间，d；

　　　k——水侵常数，$\mathrm{m}^3/(\mathrm{MPa} \cdot \mathrm{d})$，它与天然水域的储层物性、流体物性和油藏边界形状有关。

　　天然水驱油藏的开采实际动态表明，（5-36）式中的 k 并不是一个常数，而是一个随时间变化的变量。Hurst[3] 于 1943 年对（5-36）式提出如下修正形式：

$$\begin{cases} W_e = C_h \int_0^t \dfrac{(p_i - p)}{\log at}\,dt \\ \dfrac{\mathrm{d}W_e}{\mathrm{d}t} = \dfrac{C_h(p_i - p)}{\log at} \end{cases} \tag{5-37}$$

式中　C_h——Hurst 的水侵常数，$\text{m}^3/(\text{MPa} \cdot \text{d})$；

　　　a——与时间单位有关的换算常数。

由（5-36）式和（5-37）式对比，可以得到如下关系式：

$$C_h = klogat \tag{5-38}$$

5.3.2　非稳定流法

当油藏具有较大或广阔的天然水域时，作为一口"扩大井"的油藏，由于开采所造成的地层压力降，必然连续不断地向天然水域传递，并引起天然水域内地层水和岩石的有效弹性膨胀。当地层压力的传递尚未波及到天然水域的外边界之前，这是一个属于非稳定渗流的过程。对于这一非稳定水侵过程，不同作者基于不同的流动方式和天然水域的内外边界条件，提出了计算天然水侵量的不同非稳定流方法。

5.3.2.1　Van Everdingen 和 Hurst 法[4]

对于平面径向流系统的天然累计水侵量的表达式为：

$$W_e = 2\pi r_{wR}^2 h\phi C_e \sum_0^t \Delta p_e Q(t_D,\ r_D) \tag{5-39}$$

若令：
$$B_R = 2\pi r_{wR}^2 h\phi C_e \tag{5-40}$$

则得：
$$W_e = B_R \sum_0^t \Delta p_e Q(t_D,\ r_D) \tag{5-41}$$

式中　B_R——水侵系数，m^3/MPa；

　　　r_{wR}——油水接触面的半径，m；

　　　h——天然水域的有效厚度，m；

　　　ϕ——天然水域的有效孔隙度，frac；

　　　C_e——天然水域内地层水和岩石的有效压缩系数（C_w+C_f），MPa^{-1}；

　　　Δp_e——油藏内边界上（即油藏平均）的有效地层压降（图5-4），MPa。

不同开发时间的有效地层压降，由下式确定：

$$\Delta p_{e0} = p_i - \bar{p}_1 = p_i = \frac{(p_i + p_1)}{2} = \frac{p_i - p_1}{2}$$

$$\Delta p_{e1} = \bar{p}_1 - \bar{p}_2 = \frac{(p_i + p_1)}{2} = \frac{(p_1 + p_2)}{2} = \frac{p_i - p_2}{2}$$

$$\Delta p_{e2} = \bar{p}_2 - \bar{p}_3 = \frac{(p_1 + p_2)}{2} = \frac{(p_2 + p_3)}{2} = \frac{p_1 - p_3}{2}$$

$$\vdots$$

$$\Delta p_{en} = \bar{p}_n - \bar{p}_{n+1} = \frac{(p_{n-1} + p_n)}{2} - \frac{(p_n + p_{n+1})}{2} = \frac{p_{n-1} + p_{n+1}}{2} \tag{5-42}$$

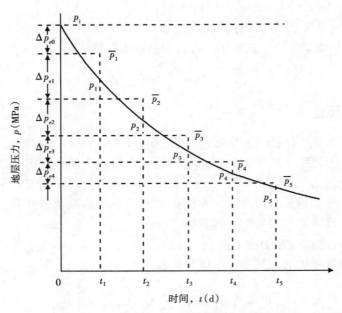

图 5-4　不同开发阶段求解有效地层压降示意图

$Q(t_D, r_D)$ 为无因次水侵量，它是由下面表示的无因次时间和无因次半径的函数：

$$t_D = \frac{8.64 \times 10^{-2} K_w t}{\phi \mu_w C_e r_{wR}^2} = B_R t \qquad (5-43)$$

$$r_D = r_e / r_{wR} \qquad (5-44)$$

式中　t_D——无因次时间，dim；

　　　r_D——无因次半径，dim；

　　　r_e——天然水域的外缘半径，m；

　　　r_{wR}——油水接触面半径，m；

　　　t——开发时间，d；

　　　K_w——天然水域的有效渗透率，mD；

　　　μ_w——天然水域内地层水的黏度，mPa·s；

　　　ϕ——有效孔隙度，frac；

　　　β_R——平面径向流的综合参数（$\beta_R = \dfrac{8.64 \times 10^{-2} K_w}{\phi \mu_w C_e r_{wR}^2}$）；

　　　C_e——有效压缩系数（$C_w + C_f$），MPa^{-1}。

平面径向流系统的无因次水侵量 $Q(t_D)$ 和无因次时间 t_D 的关系图，如图 5-5 所示。

对于一个实际的油（气）藏，如果周围的天然水域不是一个整圆形，而是圆形的一部分（即扇形），或由面积等值方法折合的某个半径的扇形，则由（5-40）式表示的水侵系数，应改为：

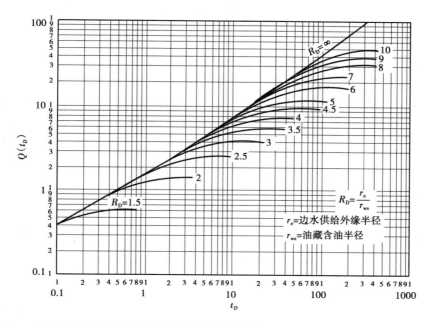

图 5-5　平面径向流系统无限大天然水域和有限封闭天然水域的 $Q(t_D)$ 与 t_D 的关系图

$$B_R = 2\pi r_{wR}^2 h\phi C_e \frac{\theta}{360°} \qquad (5\text{-}45)$$

式中　θ——水侵的圆周角，（°）。

在给定 r_D 和 β_R 值之后，根据天然水域的边界条件，对于不同开发阶段（时间）的无量纲水侵量，可利用回归的如下相关经验公式进行计算：

（1）无限大天然水域系统[5]。

当 $0<t_D<0.01$ 时

$$Q(t_D) = 2\sqrt{\frac{t_D}{\pi}} \qquad (5\text{-}46)$$

当 $0.01<t_D<200$ 时

$$Q(t_D) = \frac{1.1283\sqrt{t_D} + 1.1933t_D + 0.2699t_D\sqrt{t_D} + 0.008553t_D^2}{1 + 0.6166\sqrt{t_D} + 0.04130t_D} \qquad (5\text{-}47)$$

当 $t_D>200$ 时

$$Q(t_D) = \frac{2.02566t_D - 4.2988}{\ln t_D} \qquad (5\text{-}48)$$

（2）有限封闭天然水域系统。

对于不同的 r_D 值，$Q(t_D)$ 与 t_D 的回归关系式列于表 5-1 内。

表 5-1　平面径向流有限封闭天然水域不同 r_D 的 $Q(t_D)$ 与 t_D 的经验公式[6]

无量纲半径 r_D	无量纲时间 t_D 范围	相关经验公式
1.5	0.05~0.80	$Q(t_D) = 0.1319 + 3.4491t_D - 9.5488t_D^2 + 11.8813t_D^3 - 5.4741t_D^4$
2.0	0.075 ~ 5.0	$Q(t_D) = 0.1976 + 2.2684t_D - 1.6845t_D^2 + 0.6280t_D^3 - 0.1134t_D^4 + 7.8232 \times 10^{-3}t_D^5$
2.5	0.15 ~ 10	$Q(t_D) = 0.2860 + 1.7034t_D - 0.5501t_D^2 + 9.2590 \times 10^{-2}t_D^3 - 7.7672 \times 10^{-3}t_D^4 + 2.5401 \times 10^{-4}t_D^5$
3.0	0.40 ~ 24	$Q(t_D) = 0.4552 + 1.2588t_D - 0.1870t_D^2 + 1.3836 \times 10^{-2}t_D^3 - 4.9649 \times 10^{-4}t_D^4 + 6.8502 \times 10^{-6}t_D^5$
3.5	1 ~ 40	$Q(t_D) = 0.6686 + 1.0438t_D - 9.2077 \times 10^{-2}t_D^2 + 4.0633 \times 10^{-3}t_D^3 - 8.7286 \times 10^{-5}t_D^4 + 7.2211 \times 10^{-7}t_D^5$
4.0	2 ~ 50	$Q(t_D) = 0.7801 + 0.9569t_D - 5.8965 \times 10^{-2}t_D^2 + 1.8784 \times 10^{-3}t_D^3 - 2.9937 \times 10^{-5}t_D^4 + 1.8755 \times 10^{-7}t_D^5$
4.5	4 ~ 100	$Q(t_D) = 1.7328 + 0.6301t_D - 1.7931 \times 10^{-2}t_D^2 + 2.1127 \times 10^{-4}t_D^3 - 8.7284 \times 10^{-7}t_D^4$
5.0	3 ~ 120	$Q(t_D) = 1.2405 + 0.7580t_D - 2.21474 \times 10^{-2}t_D^2 + 3.2172 \times 10^{-4}t_D^3 - 2.2727 \times 10^{-6}t_D^4 + 6.1920 \times 10^{-9}t_D^5$
6.0	7.5 ~ 220	$Q(t_D) = 2.6552 + 0.5306t_D - 6.7399 \times 10^{-3}t_D^2 + 3.5673 \times 10^{-5}t_D^3 - 6.6564 \times 10^{-8}t_D^4$
8.0	9 ~ 500	$Q(t_D) = 2.4268 + 0.5620t_D - 4.4381 \times 10^{-3}t_D^2 + 1.7084 \times 10^{-5}t_D^3 - 3.1395 \times 10^{-8}t_D^4 + 2.1900 \times 10^{-11}t_D^5$
10.0	15 ~ 480	$Q(t_D) = exp[0.5105 + 0.3652 \ln t_D + 0.1684(\ln t_D)^2 - 2.2540 \times 10^{-2}(\ln t_D)^3]$

5.3.3　Nabor 和 Barham 法[7]

对于直线流系统的天然累计水侵量表示为：

$$W_e = bhL_w\phi C_e \sum_0^t \Delta p_e Q(t_D) \qquad (5-49)$$

若令：

$$B_L = bhL_w C_e \qquad (5-50)$$

则得：

$$W_e = B_L \sum_0^t \Delta p_e Q(t_D) \qquad (5-51)$$

式中　W_e——天然累计水侵量，m^3；

$\qquad$ B_L——直线流系统的水侵系数，m^3/MPa；

$\qquad$ b——天然水域的宽度，m；

h——天然水域的有效厚度，m；

ϕ——天然水域的有效孔隙度，frac；

L_w——油水接触面到天然水域外缘的长度，m。

直线流系统的无因次时间表示为：

$$t_D = \frac{8.64 \times 10^{-2} K_w t}{\phi \mu_w C_e L_w^2} = \beta_L t \qquad (5-52)$$

式中的 β_L 为直线流的综合参数（$\beta_L = \dfrac{8.64 \times 10^{-2} K_w}{\phi \mu_w C_e L_w^2}$）。

对于直线流系统，无限大天然水域、有限封闭天然水域和有限敞开外边界定压天然水域的三种情况，无因次水侵量 $Q(t_D)$ 与无因次时间 t_D 的关系，如图 5-6 所示。

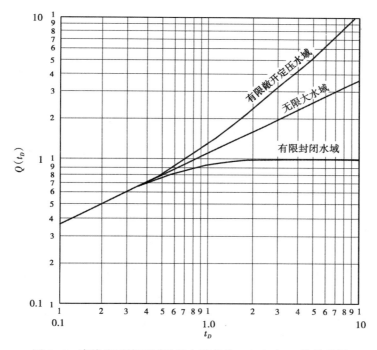

图 5-6　直线流系统不同天然水域条件 $Q(t_D)$ 与 t_D 的关系图

在实际计算时，可以利用如下的相关经验公式[7]：

（1）无限大天然水域系统：

$$Q(t_D) = 2\sqrt{t_D/\pi} \qquad (5-53)$$

（2）有限封闭天然水域系统：

$$Q(t_D) = 1 - \frac{8}{\pi^2} \sum_{n=\text{odd}}^{\infty} \left(\frac{1}{n^2}\right) \exp\left(-\frac{n^2 \pi^2 t_D}{4}\right) \qquad (5-54)$$

（3）有限敞开外边界定压天然水域系统：

$$Q(t_D) = \left(t_D + \frac{1}{3}\right) - \frac{2}{\pi^2}\sum_{n=1}^{\infty}\left(\frac{1}{n^2}\right)\exp(-n^2\pi^2 t_D) \tag{5-55}$$

当 $t_D \leqslant 0.25$ 时，上述三种天然水域条件的 $Q(t_D)$ 均等于 $2\sqrt{t_D/\pi}$。而当 $t_D \geqslant 2.5$ 时，有限敞开外边界定压天然水域系统的 $Q(t_D) = t_D + \frac{1}{3}$；有限封闭天然水域系统的 $Q(t_D) = 1.0$。

5.3.4　Chatas 法[8]

对于底水油藏开发的半球形流系统的天然累计水侵量表示为：

$$W_e = 2\pi r_{ws}^3 \phi C_e \sum_0^t \Delta p_e Q(t_D) \tag{5-56}$$

若令：

$$B_s = 2\pi r_{ws}^3 \phi C_e \tag{5-57}$$

则得：

$$W_e = B_s \sum_0^t \Delta p_e Q(t_D) \tag{5-58}$$

式中　W_e——天然累计水侵量，m^3；

　　　　B_s——半球形流的水侵系数，m^3/MPa；

　　　　r_{ws}——半球形流的等效油水接触球面的半径，m。

半球形流系统的无因次时间表示为：

$$t_D = \frac{8.64\times10^{-2}K_w t}{\phi\mu_w C_e r_{ws}^2} = \beta_s t \tag{5-59}$$

式中的 β_s 为半球形流的综合参数（$\beta_s = \frac{8.64\times10^{-2}K_w}{\phi\mu_w C_e r_{ws}^2}$）。

半球形流动，对于无限大天然水域、有限封闭天然水域和有限敞开天然水域三种情况的无因次水侵量 $Q(t_D)$ 与无因次时间 t_D 的关系数据绘制的 $Q(t_D)$ 和 t_D 的关系图，如图 5-7 所示。由图 5-7 看出，对于有限敞开天然水域，$r_D > 5$ 的 $Q(t_D)$ 与 t_D 的关系曲线已接近于无限大天然水域的情况；而对于有限封闭天然水域，不同 r_D 的 $Q(t_D)$ 与 t_D 的关系曲线，与无限大天然水域情况有显著的差异。

在进行油藏工程计算时，对于半球形流的不同天然水域情况，可采用以下相关经验公式。

（1）无限大天然水域系统[8]：

无限大天然水域的 $Q(t_D)$ 与 t_D 的相关经验公式为：

$$Q(t_D) \simeq t_D + 2\sqrt{\frac{t_D}{\pi}} \tag{5-60}$$

（2）有限封闭天然水域系统：

有限封闭天然水域，不同 r_D 的 $Q(t_D)$ 与 t_D 的相关经验公式，列于表 5-2 内。

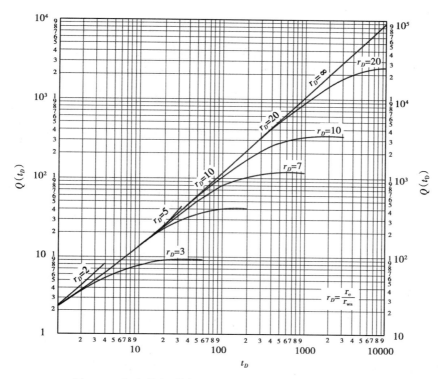

图 5-7　半球形流不同天然水域条件的 $Q(t_D)$ 与 t_D 关系图

表 5-2　半球形流有限封闭天然水域不同 r_D 的 $Q(t_D)$ 与 t_D 经验公式[6]

无量纲半径 r_D	无量纲时间 t_D 范围	相关经验公式
2	0.07~10	$Q(t_D) = \exp[\,0.5747 + 0.4130\ln t_D - 0.1489(\ln t_D)^2 - 2.0501 \times 10^{-2}(\ln t_D)^3 + 8.8346 \times 10^{-3}(\ln t_D)^4 + 1.8483 \times 10^{-3}(\ln t_D)^5\,]$
4	0.7~9	$Q(t_D) = \exp[\,0.7551 + 0.7346\ln t_D + 3.2545 \times 10^{-2}(\ln t_D)^2 + 3.0433 \times 10^{-5}(\ln t_D)^3 - 5.5053 \times 10^{-3}(\ln t_D)^4\,]$
6	2~800	$Q(t_D) = \exp[\,1.0150 + 0.1859\ln t_D + 0.3875(\ln t_D)^2 - 8.3585 \times 10^{-2}(\ln t_D)^3 + 4.8319 \times 10^{-3}(\ln t_D)^4\,]$
8	4~2000	$Q(t_D) = \exp[\,0.5507 + 0.8401\ln t_D + 5.5396 \times 10^{-2}(\ln t_D)^2 - 1.1591 \times 10^{-2}(\ln t_D)^3\,]$
10	6~100	$Q(t_D) = \exp[\,0.9169 + 0.5345\ln t_D + 0.1140(\ln t_D)^2 - 0.01192(\ln t_D)^3\,]$
10	200~4000	$Q(t_D) = \exp[\,-10.4783 + 5.9859\ln t_D - 0.7286(\ln t_D)^2 + 2.9367 \times 10^{-2}(\ln t_D)^3\,]$
20	30~2000	$Q(t_D) = \exp[\,2.1236 - 0.1685\ln t_D + 0.2305(\ln t_D)^2 - 1.5646 \times 10^{-2}(\ln t_D)^3\,]$
30	80~10000	$Q(t_D) = \exp[\,-0.7144 + 1.5492\ln t_D - 0.1008(\ln t_D)^2 - 1.3355 \times 10^{-3}(\ln t_D)^3 + 1.8321 \times 10^{-3}(\ln t_D)^4 - 1.2685 \times 10^{-4}(\ln t_D)^5\,]$

121

（3）有限敞开天然水域系统：

有限敞开天然水域，不同 r_D 的 $Q(t_D)$ 与 t_D 的相关经验公式，列于表 5-3。

表 5-3　半球形流有限敞开天然水域不同 r_D 的 $Q(t_D)$ 与 t_D 经验公式

无量纲半径 r_D	无量纲时间 t_D 范围	相关经验公式
2	0.07 ~ 3	$Q(t_D) = 0.1868 + 2.7744t_D - 1.2135t_D^2 + 0.3023t_D^3) + 0.6757t_D^4 - 0.4710t_D^5)$ $+ 0.08272t_D^6$
4	0.7 ~ 20	$Q(t_D) = 0.5795 + 1.5814t_D - 4.9088 \times 10^{-2}t_D^2) + 3.8356 \times 10^{-3}t_D^3 - 9.4781$ $\times 10^{-5}t_D^4$
6	2 ~ 40	$Q(t_D) = 0.7423 + 1.4911t_D - 3.5375 \times 10^{-2}t_D^2 + 1.9739 \times 10^{-3}t_D^3 - 5.0251$ $\times 10^{-5}t_D^4 + 4.7065 \times 10^{-7}t_D^5$
8	4 ~ 70	$Q(t_D) = 1.2085 + 1.2938t_D - 6.6483 \times 10^{-3}t_D^2 + 8.4128 \times 10^{-5}t_D^3 + 1.3421$ $\times 10^{-6}t_D^4 - 4.0782 \times 10^{-8}t_D^5 + 2.6010 \times 10^{-10}t_D^6$
10	6 ~ 90	$Q(t_D) = 1.5670 + 1.2253t_D - 3.2520 \times 10^{-3}t_D^2 + 3.9047 \times 10^{-5}t_D^3 - 1.6731$ $\times 10^{-7}t_D^4$
20	30 ~ 600	$Q(t_D) = \exp[0.6191 + 0.8272\ln t_D + 1.3421 \times 10^{-2}(\ln t_D)^2]$
30	80 ~ 1000	$Q(t_D) = \exp[0.5343 + 0.8637\ln t_D + 9.4421 \times 10^{-3}(\ln t_D)^2]$

5.4　物质平衡方程式的线性处理及多解性判断

在应用物质平衡方程式求解油藏的实际问题时，一般都要对它进行形式上的简化处理。油藏任何驱动类型的物质平衡方程式，都可写为如下的直线关系式[9,10]：

$$y = N + Bx \tag{5-61}$$

式中　N——油藏的原始地质储量，10^4m^3；

　　　B——天然水侵系数，$10^4 \text{m}^3/\text{MPa}$。

由（5-61）式可以看出，物质平衡方程式的直线表达式，具有截距就是地质储量，斜率是天然水侵系数的特点。

下面以弹性水压驱动的未饱和油藏和综合驱动的饱和油藏为例，说明这种线性化处理的方法。

5.4.1　未饱和油藏综合驱动的直线关系通式

将（5-17）式改写为：

$$\frac{N_p B_o - (W_i - W_p)B_w}{B_{oi} C_t^* \Delta p} = N + \frac{W_e}{B_{oi} C_t^* \Delta p} \tag{5-62}$$

假若天然水侵的方式为非稳定流动时，将（5-41）式代入（5-62）式得：

$$\frac{N_p B_o - (W_i - W_p)B_w}{B_{oi} C_t^* \Delta p} = N + \frac{B_R \sum_0^t \Delta p_e Q(t_D, r_D)}{B_{oi} C_t^* \Delta p} \tag{5-63}$$

若令

$$y_1 = \frac{N_p B_o - (W_i - W_p)B_w}{B_{oi}C_t^* \Delta p} \tag{5-64}$$

$$x_1 = \frac{\sum_0^t \Delta p_e Q(t_D, r_D)}{B_{oi}C_t^* \Delta p} \tag{5-65}$$

则得

$$y_1 = N + B_R x_1 \tag{5-66}$$

对于封闭性弹性驱动油藏，$W_e=0$，$W_i=0$，$W_p=0$，故由（5-62）式得：

或

$$\left.\begin{array}{c} \dfrac{N_p B_o}{B_{oi}C_t^* \Delta p} = N \\ y_1 = N \end{array}\right\} \tag{5-67}$$

5.4.2　饱和油藏综合驱动的直线关系通式

将（5-41）式代入（5-9）式，并改为下面的形式：

$$\frac{N_p[B_t + (R_p - S_{si})B_g] - (W_i - W_p)B_w - G_i B_{ig}}{(B_t - B_{ti}) + \dfrac{mB_{ti}}{B_{gi}}(B_g - B_{gi}) + (1+m)B_{ti}\left(\dfrac{C_w S_{wi} + C_f}{1 - S_{wi}}\right)\Delta p} = N +$$

$$\frac{B_R \sum_0^t \Delta p_e Q(t_D, r_D)}{(B_t - B_{ti}) + \dfrac{mB_{ti}}{B_{gi}}(B_g - B_{gi}) + (1+m)B_{ti}\left(\dfrac{C_w S_{wi} + C_f}{1 - S_{wi}}\right)\Delta p} \tag{5-68}$$

若令

$$y_2 = \frac{N_p[B_t + (R_p - R_{si})B_g] - (W_i - W_p)B_w - G_i B_{ig}}{(B_t - B_{ti}) + \dfrac{mB_{ti}}{B_{gi}}(B_g - B_{gi}) + (1+m)B_{ti}\left(\dfrac{C_w S_{wi} + C_f}{1 - S_{wi}}\right)\Delta p} \tag{5-69}$$

$$x_2 = \frac{\sum_0^t \Delta p_e Q(t_D, r_D)}{(B_t - B_{ti}) + \dfrac{mB_{ti}}{B_{gi}}(B_g - B_{gi}) + (1+m)B_{ti}\left(\dfrac{C_w S_{wi} + C_f}{1 - S_{wi}}\right)\Delta p} \tag{5-70}$$

则得饱和油藏综合驱动的直线关系通式为：

$$y_2 = N + B_R x_2 \tag{5-71}$$

由（5-66）式和（5-71）式可以看出，任何油藏驱动条件的物质平衡方程式，都可由（5-61）式的直线关系式表示，直线的截距为油藏的地质储量，直线的斜率为天然水侵系数，如图 5-8 所示。

当综合驱动的饱和油藏没有天然水驱作用，也不注气时，（5-68）式即简化为：

$$y_2 = \frac{N_p\left[B_t + (R_p - R_{si})B_g\right]}{(B_t - B_{ti}) + \dfrac{mB_{ti}}{B_{gi}}(B_g - B_{gi}) + (1 + m)B_{ti}\left(\dfrac{C_w S_{wi} + C_f}{1 - S_{wi}}\right)\Delta p} = N \tag{5-72}$$

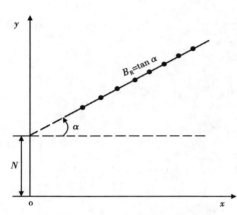

图 5-8　物质平衡方程式的直线关系图

这表明，对于没有天然水驱作用的饱和油藏，它的线性关系为一条平行于横轴的水平线。它与横轴的水平距离即为该油藏的地质储量。

在利用（5-61）式求解实际天然水驱油藏的物质平衡方程式时，往往采用试凑法，即根据油藏的矿场地质和地层流体物性的综合研究资料，事先假定一个无量纲半径 r_D 和无量纲时间系数 β 值，利用上述的关系式进行 y 值和 x 值的计算。当所得到的结果能够满足两者的直线关系时，则认为假定的 r_D 和 β 值符合油藏的实际条件。否则，需要重新假定 r_D 或 β 值，进行重复计算，直到 y 与 x 值能达到满意的直线关系为止。在实际工作中，应当根据油藏的矿场地质资料，首先给定一个适当的 r_D 值，然后再假定不同的 β 值，进行试差计算，最后取其能使 y 与 x 达到最佳直线关系的 β 值，并由该直线的截距和斜率分别确定出油藏的 N 和 B 值。

在计算工作中可以发现，r_D 对计算结果的影响远不及 β 敏感。当 $r_D \geqslant 10$ 时，其动态接近于无限大水域系统，但 β 对计算结果的影响是比较明显的。当 β 值取得正确时，计算的 y 与 x 值便能形成一条直线；而当 β 值取得比正确值小时，y 与 x 是一条向上弯曲的曲线；反之，当 β 值取得比正确值大时，则 y 与 x 是一条向下弯曲的曲线（图 5-9）。因此，在利用试差（凑）法求解水驱油藏的物质平衡方程式时，应当注意到这一特点。

应当强调指出，在应用（5-61）式求解天然水驱油藏的物质平衡方程式时，存在着多解性的问题。也就是说，当给定的 r_D 值和 β 值的不同组合，都可能得到不同的 y 与 x 之间的直线关系。因而，同一油藏的实际开发数据，就会得到若干个数值不同的地质储量和天然水侵系数。这就是所谓的天然水侵油藏物质平衡方程式的多解性。在这种情况下，如何判断哪一条直线是具有代表性的最佳结果呢？对于这样一个问题，通常采用最小二乘法中的最小标准差值加以判断[11,12]，不同直线关系式的标准差值，由下式计算：

$$\sigma = \sqrt{\frac{\sum_i^n (y_i - y_j)^2}{n - 1}} \tag{5-73}$$

式中　σ——标准差；

　　　y_i——利用实际生产数据，由（5-64）式或（5-69）式计算的结果；

　　　y_j——由不同 β 值与 r_D 值组合求解得到的直线关系式（5-66）式或（5-71）式计算的结果；

　　　n——线性回归的数据点数。

物质平衡方程式的多解性判断分析表明，β 值比 r_D 值的作用明显得多[10]。当 $r_D \geqslant 10$ 时，它的影响可以忽略不计，而 β 值的影响则非常敏感。利用 (5-73) 式可以算出，由不同 r_D 与 β 值组合所得直线式的 σ 值，对应于最小 σ 值的 N 值和 B 值，即是最佳的所求结果（图 5-10）。

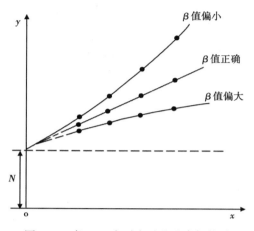

图 5-9　当 r_D 一定时由试差法求解物质平衡方程式关系图

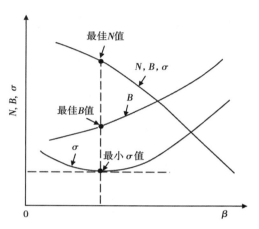

图 5-10　物质平衡方程式求解最佳结果的判断

5.5　应用举例

下面通过三个例题，说明物质平衡方程式求解的基本方法。

5.5.1　封闭性弹性驱动的未饱和油藏[9]

该油藏的基本参数如下：油藏的原始地层压力 $p_i = 33.564\mathrm{MPa}$；饱和压力 $p_b = 29.455\mathrm{MPa}$；在原始压力下原油的体积系数 $B_{oi} = 1.4802$；饱和压力下的原油体积系数 $B_{ob} = 1.492$；原油的压缩系数 $C_o = 19.56 \times 10^{-4}\mathrm{MPa}^{-1}$；地层水的压缩系数 $C_w = 4.26 \times 10^{-4}\mathrm{MPa}^{-1}$；地层岩石的有效压缩系数 $C_f = 4.94 \times 10^{-4}\mathrm{MPa}^{-1}$；地层束缚水饱和度 $S_{wi} = 0.25$；油藏的实际生产数据和相应的原油体积系数列于表 5-4 内。试确定该油藏的地质储量。

由 (5-13) 式求得该油藏的总弹性压缩系数为：

$$C_t^* = 19.56 \times 10^{-4} + \frac{4.26 \times 10^{-4} \times 0.25 + 4.94 \times 10^{-4}}{0.75} = 27.57 \times 10^{-4}\mathrm{MPa}^{-1}$$

故得：
$$B_{oi}C_t^* = 1.4802 \times 27.57 \times 10^{-4} = 40.81 \times 10^{-4}\mathrm{MPa}^{-1}$$

由表 5-4 中的累计产油量 N_p 与地层总压降 Δp 绘成的压降图（图 5-11）看出，两者呈一很好的直线关系。因此，可以推测该油藏确实是一个封闭性弹性驱动的未饱和油藏。经线性回归后得到，油藏的弹性产率，即单位地层压降的累计产油量为：

$$\eta = N_p/\Delta_p = 4.545 \times 10^4 \mathrm{m}^3/\mathrm{MPa}$$

根据（5-67）式计算的油藏地质储量数据也列于表 5-4 内。由表内所列数据表明，不同开发时间利用物质平衡方程式计算的结果是一致的。这也说明该油藏是封闭性的未饱和油藏。实际油藏地质情况分析的结果，也证明了这是一个封闭的油藏。

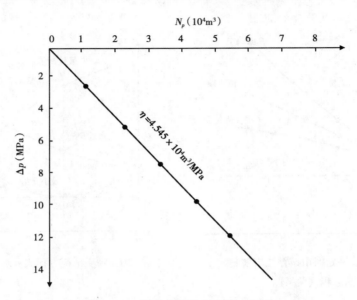

图 5-11 封闭型弹性驱动的压降图

表 5-4 弹性驱动未饱和油藏数据

t （d）	N_p （$10^4 m^3$）	p （MPa）	Δp （MPa）	$B_{oi} C_t^* \Delta p$	B_o （dim）	$N_p B_o$ （$10^4 m^3$）	$y = \dfrac{N_p B_o}{B_{oi} C_t^* \Delta p} = N$ （$10^4 m^3$）
0	0	33.564	0	0	1.4802	0	0
364.8	1.1281	33.313	0.251	102.43×10^{-5}	1.4808	1.6705	1630
638.4	2.2883	33.054	0.510	208.13×10^{-5}	1.4815	3.3901	1628
820.8	3.3065	32.816	0.748	305.25×10^{-5}	1.4822	4.9009	1605
1003.2	4.3808	32.598	0.966	394.22×10^{-5}	1.4828	6.4958	1647
1185.6	5.3576	32.381	1.183	482.78×10^{-5}	1.4835	7.9480	1646

5.5.2 气顶驱和溶解气驱的饱和油藏[13]

某带气顶的饱和油藏（图 5-12），原始地层压力 $p_i = 22.653$MPa，原油的原始体积系数 $B_{oi} = 1.2511$，原始溶解气油比 $R_{si} = 90.87 m^3/m^3$，利用容积法计算的原始地质储量 $N = 1828 \times 10^4 m^3$；油藏投产后的开发数据及原油体积系数 B_o、溶解气油比 R_s、天然气的体积系数 B_g 和两相体积系数 B_t 随压力变化的数据列于表 5-5。试利用物质平衡法核验油藏的地质储量，确定气顶的原始地质储量 G 和原始地下气与油的储量比 m 值。

由于该油藏是一个带气顶的饱和油藏，且无天然水驱，也不进行人工注水、注气。因此，$W_e = 0$、$W_i = 0$、$G_i = 0$、$W_p = 0$。当忽略地层束缚水和岩石的压缩系数的影响时，即 $C_w =$

0 和 $C_f = 0$，故由（5-9）式得该驱动条件下的物质平衡方程式为：

$$N = \frac{N_p\left[B_t + (R_p - R_{si})B_g\right]}{(B_t - B_{ti}) + \dfrac{mB_{ti}}{B_{gi}}(B_g - B_{gi})} \qquad (5-74)$$

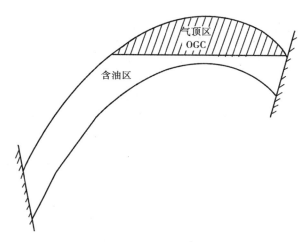

图 5-12　气顶驱和溶气驱的油藏剖面图

表 5-5　气顶驱和溶解气驱的饱和油藏数据

p (MPa)	N_p ($10^4\mathrm{m}^3$)	R_p (dim)	B_o (dim)	R_s (dim)	B_g (dim)	B_t (dim)	y	x
22.653 (p_i)	0	90.78 (R_{si})	1.2511 (B_{oi})	90.78 (R_{si})	48.85×10⁻⁴ (B_{gi})	1.2511 (B_{ti})	/	/
21.428	52.38	186.90	1.2353	84.91	51.66×10⁻⁴	1.2656	6365	4.96
20.408	93.85	188.68	1.2222	80.10	53.90×10⁻⁴	1.2797	5930	4.52
19.388	140.73	206.48	1.2122	75.65	56.71×10⁻⁴	1.2980	5863	4.29
18.367	182.88	219.83	1.2022	71.38	60.08×10⁻⁴	1.3187	5665	4.25
17.347	230.73	225.17	1.1922	66.75	63.45×10⁻⁴	1.3447	5416	3.99
16.326	281.87	231.40	1.1822	62.66	67.38×10⁻⁴	1.3717	5420	3.93

将（5-74）式改写为：

$$\frac{N_p\left[B_t + (R_p - R_{si})B_g\right]}{B_t - B_{ti}} = N + \frac{mNB_{ti}}{B_{gi}}\left(\frac{B_g - B_{gi}}{B_t - B_{ti}}\right) \qquad (5-75)$$

若令

$$y = \frac{N_p\left[B_t + (R_p - R_{si})B_g\right]}{B_t - B_{ti}} \qquad (5-76)$$

$$x = \frac{B_{ti}(B_g - B_{gi})}{B_{gi}(B_t - B_{ti})} \qquad (5-77)$$

则得

$$y = N + mNx \tag{5-78}$$

如果，设 $a=N$，$b=mN$，则（5-78）式可简写为：

$$y = a + bx \tag{5-79}$$

由（5-79）式看出，气顶驱和溶解气驱油藏的物质平衡方程式，可以简化为一个直线关系式。直线的截距就是油藏的原始地质储量 N；直线的斜率与截距之比，即为地下气顶体积与含油区地下体积之比 m。当 N 和 m 确定之后，可由（5-1）式确定气顶内天然气的原始地质储量 G。

利用（5-76）式和（5-77）式，计算的 y 值和 x 值也列于表 5-5。按（5-79）式的关系，将 y 与 x 的数值绘于普通直角坐标纸上，得到了一条直线（图 5-13）。经对直线作线性回归后得，直线的截距 $a = 1729 \times 10^4 \mathrm{m^3}$；直线的斜率 $b = 936 \times 10^4$；直线的相关系数 $r = 0.9851$，故 $m = 936 \times 10^4 / 1729 \times 10^4 = 0.5413$。再将其他已知参数代入（5-1）式得：

$$G = \frac{0.5413 \times 1729 \times 10^4 \times 1.2511}{48.85 \times 10^{-4}} = 23.97 \times 10^8 \mathrm{m^3}$$

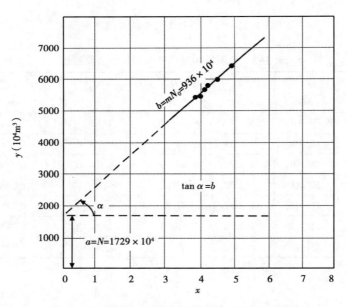

图 5-13　气顶与溶解气驱油藏的 y 与 x 关系图

上述计算结果表明，利用物质平衡方程式求得的油藏原始原油地质储量 $N = 1729 \times 10^4 \mathrm{m^3}$，与用容积法计算的原始原油地质储量 $N = 1828 \times 10^4 \mathrm{m^3}$，基本上是一致的。

5.5.3　溶解气驱和天然水驱综合驱动的饱和油藏[13]

某没有气顶，具有活跃边水作用的扇形油藏，原始地层压力 $p_i = 18.639\mathrm{MPa}$，且等于饱和压力 p_b，该油藏的油水系统关系如图 5-14 所示。油藏和天然水域的一般参数为：地层有效厚

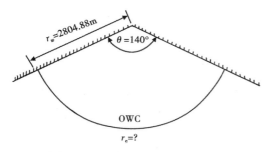

图 5-14　油藏的油水系统关系图

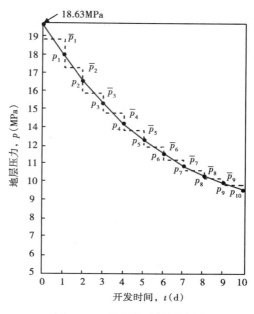

图 5-15　油藏的地层压降图

度 $h = 30.49$m，地层有效渗透率 $K_w = 200$mD；地层水黏度 $p_w = 0.55$mPa·s；地层有效孔隙度 $\phi = 0.25$；地层水的体积系数 $B_w = 1.0$；地层水的弹性压缩系数 $C_w = 4.41 \times 10^{-4}$MPa^{-1}；地层岩石的有效压缩系数 $C_f = 5.88 \times 10^{-4}$MPa^{-1}；综合有效弹性压缩系数 $C_e = C_w + C_f = 10.29 \times 10^{-4}$MPa^{-1}。油藏开发后不同时间的地层压力 p、地层压降 Δp、台阶压力 $\bar{p}$ 和有效地层压降 Δp_e 如图 5-15 和表

5-6 所示。不同开发时间的累计产油量 N_p、累计生产气油比 R_p、以及地下流体物性的变化数据列于表 5-7。油藏的扇形角 $\theta = 140°$，油水接触面的半径（又称天然水域的内边界半径）$r_w = 2804.88$m，天然水域的外边界半径 r_e 尚不明确。试利用物质平衡方程式，确定油藏的原始地质储量 N 和天然水侵系数 B_o。由于该油藏的天然水驱比较活跃，故计算时考虑为平面径向流的非稳定流水侵方式。

表 5-6　溶解气驱和天然水驱油藏生产数据

t 开发时间 （a）	p 地层压力 （MPa）	Δp 地层压降 （MPa）	$\bar{p}$ 台阶压力 （MPa）	Δp_e 有效地层压降 （MPa）
0	18.639（p_i）	0	—	—
1	17.007	1.632	17.823	0.816
2	15.578	3.061	16.293	1.530
3	14.347	4.292	14.959	1.334
4	13.258	5.381	13.803	1.156
5	12.367	6.272	12.809	0.994
6	11.578	7.061	11.973	0.836
7	10.939	7.700	11.258	0.715
8	10.442	8.197	10.687	0.571
9	10.068	8.571	10.252	0.435
10	9.796	8.843	9.932	0.320

表 5-7　溶解气驱和天然水驱油藏计算数据

t (a)	N_p ($10^6 m^3$)	R_p (dim)	B_o (dim)	R_s (dim)	B_g (dim)
0	0	115.7 (R_{si})	1.404 (B_{oi})	115.7 (R_{si})	0.005222 (B_{gi})
1	1.253	135.28	1.374	105.38	0.005503
2	2.929	150.41	1.349	97.01	0.006006
3	4.635	163.76	1.329	90.25	0.006570
4	6.470	173.55	1.316	83.84	0.007187
5	7.972	182.45	1.303	78.68	0.007805
6	9.289	189.57	1.294	74.40	0.008422
7	10.397	194.91	1.287	70.84	0.008984
8	11.248	199.36	1.280	68.17	0.009546
9	11.852	203.81	1.276	66.04	0.009882
10	12.312	206.48	1.273	64.79	0.01022

根据油藏的驱动条件，当不考虑含油区地层岩石和束缚水的弹性压缩系数影响时，由（5-9）式得到溶解气驱和天然水驱综合驱动的物质平衡方程式为：

$$N = \frac{N_p[B_t + (R_p - R_{si})B_g] - W_e + W_p B_w}{B_t - B_{ti}} \tag{5-80}$$

将（5-80）式改写为（5-71）式表示的直线关系式：

$$y = N + Bx \tag{5-81}$$

式中

$$y = \frac{N_p[B_t + (R_p - R_{si})B_g] + W_p B_w}{B_t - B_{ti}} \tag{5-82}$$

$$x = \frac{\sum_0^t \Delta p_e Q(t_D)}{B_t - B_{ti}} \tag{5-83}$$

天然水侵量的计算方法，采用 Van Everdingen 和 Hurst 的平面径向非稳定流法。由于开发时间是以 a 为单位，故由（5-43）式表示的无量纲时间改为如下公式表示：

$$t_D = \frac{31.5360 K_w t}{\phi \mu_w C_e r_w^2} \tag{5-84}$$

经过试差计算后确知，无量纲半径 $r_D = r_e / r_{wR} = 5$ 时，能满足（5-81）式的线性关系。下面介绍利用 Van Everdingen 和 Hurst 的平面径向非稳定流方法，求解物质平衡方程式，确定油藏的原始地质储量和水侵系数的方法。

将已知参数代入（5-84）式，得到无量纲时间和实际开发时间的如下关系式：

$$t_D = \frac{31.536 \times 200 \times t}{0.25 \times 0.55 \times 10.29 \times 10^{-4} \times (2804.88)^2} = 5.67t$$

将不同开发时间（t）代入（5-85）式求得的 t_D，并由 $r_D = 5$ 及 $r_D = 10$ 利用表 5-2 得到的 $Q(t_D)$ 值，以及不同开发时间的有效地层压降 Δp_e 值，同列于表 5-8。

表 5-8　无量纲计算数据

t (a)	t_D 由（4-85）式计算	Δp_e （MPa） 由（4-42）式计算	$Q(t_D)_{r_D=5}$ （查专用表）	$Q(t_D)_{r_D=10}$ （查专用表）
0	0			
1	5.67	0.816	4.88	4.95
2	11.34	1.531	7.46	8.12
3	17.01	1.333	9.10	10.90
4	22.68	1.156	10.09	13.50
5	28.35	0.993	10.83	15.90
6	34.02	0.837	11.27	18.10
7	39.69	0.714	11.52	20.20
8	45.36	0.571	11.69	22.20
9	51.03	0.435	11.81	24.00
10	56.70	0.320	11.89	25.70

在表 5-8 数据的基础上，利用下式计算（5-83）式的分子部分为：

$$\sum_{j=0}^{n-1} \Delta p_{ej} Q(t_D) = \Delta p_{eo} Q(t_{Dn}) + \Delta p_{e1} Q(t_{Dn} - t_{D1}) + \Delta p_{e2}(t_{Dn} - t_{D2}) \qquad (5-85)$$
$$+ \cdots\cdots + \Delta p_{ej} Q(t_{Dn} - t_{Dj}) + \cdots\cdots + \Delta p_{en-1} Q(t_{Dn} - t_{Dn-1})$$

利用（5-85）式计算的结果列于表 5-9。

根据（5-80）式，若设：

$$E_o = B_t - B_{ti} \qquad (5-86)$$

$$F = N_p [B_t + (R_p - R_{si})B_g] + W_p B_w \qquad (5-87)$$

表 5-9　$\sum_0^t \Delta p_e Q(t_D)$ 的计算方法及结果

t (a)	运算过程	$\sum_0^t \Delta p_e Q(t_D)$
1	(0.816×4.88)	3.984
2	(0.816×7.46+1.531×4.88)	13.559
3	(0.816×9.10+1.531×7.46×1.333×4.88)	25.353
4	(0.816×10.09+1.531×9.10+1.333×7.46+1.156×4.88)	37.755

t (a)	运算过程	$\sum_0^t \Delta p_e Q(t_D)$
5	（0. 816×10. 83+1. 531×10. 09+1. 333×9. 10+1. 156×7. 46+0. 993×4. 88）	49. 892
6	（0. 816×11. 27+1. 531×10. 83+1. 333×10 . 09+1. 156×9. 10+0. 993×7. 46+0. 837×4. 88）	61. 247
7	（0. 816×11. 52+1. 531×11. 27+1. 333×10. 83+1. 156×10. 09+0. 993×9. 10+0. 837×7. 46+0. 714×4. 88）	71. 529
8	（0. 816×11. 69+1. 531×11. 52+1. 333×11. 27+1. 156×10. 83+0. 993×10. 09+0. 837×9. 10+0. 714×7. 46+0. 571×4. 88）	80. 479
9	（0. 816×11. 81+1. 531×11. 69+1. 333×11. 52+1. 156×11. 27+0. 993×10. 83+0. 837×10. 09+0. 714×9. 10+0. 571×7. 46+0. 435×4. 88）	88. 013
10	（0. 816×11. 89+1. 531×11. 81+1. 333×11. 69+1. 156×11. 52+0. 993×11. 27+0. 837×10. 83+0. 714×10. 09+0. 571×9. 10+0. 435×7. 46+0. 320×4. 88）	94. 163

同时，我们可以得到由 Havlena 和 Odeh 表示的直线关系式为[9]：

$$\frac{F}{E_o} = N + \frac{W_e}{E_o} \tag{5-88}$$

将（5-41）式代入（5-88）式得：

$$y = \frac{F}{E_o} = N + B_R \frac{\sum_0^t \Delta p_e Q(t_D)}{E_o} = N + B_R x \tag{5-89}$$

将表 5-7 中的数据代入（5-86）式和（5-87）式，求得的 E_o、F 和 y 值，并由 E_o 值和表 5-9 中的 $\sum_0^t \Delta p_e Q(t_D)$ 值，利用（5-83）式求得的 x 值，列于表 5-10。

表 5-10　x 与 y 的计算结果

t (a)	E_o (dim)	F ($10^6 m^3$)	y ($10^4 m^3$)	$\sum_0^t \Delta p_e Q(t_D)$ ($r_D=5$)	$\sum_0^t \Delta p_e Q(t_D)$ ($r_D=10$)	x ($r_D=5$)	x ($r_D=10$)
1	0. 0268	1. 93	7201	3. 984	4. 041	148. 6	150. 7
2	0. 0574	4. 89	8519	13. 559	14. 205	236. 2	247. 4
3	0. 0923	8. 40	9101	25. 353	27. 926	274. 6	302. 5
4	0. 1411	12. 69	8993	37. 755	44. 256	267. 5	313. 6
5	0. 1881	16. 85	8958	49. 892	62. 483	265. 2	332. 1
6	0. 2380	21. 03	8836	61. 247	81. 924	257. 3	344. 2
7	0. 2862	24. 97	8725	71. 529	102. 162	249. 9	356. 9
8	0. 3299	28. 49	8636	80. 479	122. 719	243. 9	372. 0
9	0. 3630	31. 26	8611	88. 013	143. 105	242. 4	394. 2
10	0. 3895	33. 50	8601	94. 163	162. 945	241. 7	418. 3

将表 5-10 内的 x 值和 y 值，根据（5-81）式绘于图 5-16 上，由图 5-16 看出，$r_D = 5$ 的 x 与 y 值呈线性关系，而 $r_D = 10$ 的 x 与 y 值则是一条向下弯曲的曲线。因此，后者所拟定的条件不符合油田的实际情况。利用线性回归法，求得 $r_D = 5$ 的直线截距，即油田的原始地质储量 $N = 4960 \times 10^4 \mathrm{m}^3$；直线的斜率（即水侵系数）$B_R = 0.1507 \times 10^6 \mathrm{m}^3/\mathrm{MPa} = 15.07 \times 10^4 \mathrm{m}^3/\mathrm{MPa}$；直线的相关系数 $r \approx 1.0$。

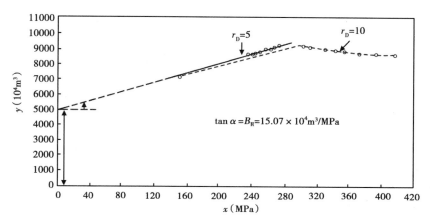

图 5-16　利用物质平衡方程式确定地质储量的线性关系图

根据油田的实际资料，利用（5-45）式求得的水侵系数为：

$$B_R = 2\pi(2804.88)^2 \times 30.488 \times 0.25 \times 10.29 \times 10^{-4}\left(\frac{140}{360}\right)$$

$$= 0.1508 \times 10^6 \mathrm{m}^3/\mathrm{MPa} = 15.08 \times 10^4 \mathrm{m}^3/\mathrm{MPa}$$

另知，油田由其他方法测算的地质储量 $N = 4961 \times 10^4 \mathrm{m}^3$，因此，说明上面利用物质平衡方程式核验地质储量和水侵系数是可靠的。

5.5.4　影响水驱开发油田采收率因素的分析

对于原始地层压力高于饱和压力（$p_i > p_b$）的未饱和油藏，由于天然水驱的能量不足，在饱和压力以上又进行了人工补充能量注水，试研究人工注水的最佳时机，并分析影响采收率昀主要因素。

将（5-17）式改写为：

$$\frac{N_p B_o}{N B_{oi}} = \left(C_o + \frac{C_w S_{wi} + C_f}{S_{oi}}\right)(p_i - p) + \frac{W_e + (W_j + W_p)B_w}{N B_{oi}} \tag{5-90}$$

天然水驱和人工注水的净水侵占据油藏含油部分的体积量为：

$$W_e + (W_i - W_p)B_w = V_{wi}(S_{oi} - S_{or}) \tag{5-91}$$

式中　V_{wi}——天然水驱和人工注水占据油藏含油部分的孔隙体积，m^3；

　　　S_{or}——残余油饱和度，frac。

水驱油藏原始含油部分的地下体积量为：

$$NB_{oi} = V_{pi}S_{oi}$$ (5-92)

式中 V_{pi}——原始含油孔隙体积，m^3。

由（5-91）式除以（5-92）式得：

$$\frac{W_e + (W_i - W_p)B_w}{NB_{oi}} = E_v\left(1 - \frac{S_{or}}{S_{oi}}\right)$$ (5-93)

在（5-93）式中的 E_v 为水驱的体积波及系数，表示为：

$$E_v = V_{wi}/V_{pi}$$ (5-94)

将（5-94）式代入（5-90）式得：

$$\frac{N_pB_o}{NB_{oi}} = \left(\frac{C_o + C_wS_{wi} + C_f}{S_{oi}}\right)(p_i - p) + E_v\left(1 - \frac{S_{or}}{S_{oi}}\right)$$ (5-95)

将（1-72）式改写为下式：

$$C_o = \left(1 - \frac{B_o}{B_{oi}}\right)\frac{1}{(p_i - p)}$$ (5-96)

将（5-96）式代入（5-95）式得油田的采出程度关系式为[13]：

$$R_o = 1 - \frac{B_{oi}}{B_o}\left[1 - C_e(p_i - p) - E_v\left(1 - \frac{S_{or}}{S_{oi}}\right)\right]$$ (5-97)

当在饱和压力附近注水保持地层压力时，由（5-97）式得油田的采收率关系式为[13]：

$$E_R = 1 - \frac{B_{oi}}{B_{owf}}\left[1 - C_e(p_i - p_{Rwf}) - E_{va}\left(1 - \frac{S_{or}}{S_{oi}}\right)\right]$$ (5-98)

式中 p_{Rwf}——注水保持的地层压力，MPa；

B_{owf}——注水保持地层压力下的原油体积系数，dim；

E_{va}——油田水驱的最终体积波及系数，frac。

由（5-98）式看出，对于一个具体的未饱和油藏，除天然水驱外并进行人工注水时，影响采收率的因素有：B_{owf}、Δp_{Rwf}、E_{va} 和 S_{or} 的数值。p_{Rwf} 和 B_{owf} 愈低则采收率愈高；E_{va} 愈大和 S_{or} 愈低则采收率愈高。前者也可以说是在饱和压力附近或略低于饱和压力注水愈好；后者是说增加水驱体积波及系数和降低残余油饱和度，则会直接提高原油的采收率。

参 考 文 献

1. Schilthuis, R. J.; Active Oil and Reservoir Energy, Trans. AIME (1936) 118 37.

2. Pirson, S. J.: Elements of Oil Reservoir Engineering, 2nd Ed, 1958.

3. Hurst, W.: Water Influx Into a Reservoir and Its Application to the Equation of Volumetric Balance, AIME (1943) 151, 47.

4. Van Everdingen, A. F, and Hurst, W. : The Application of the Laplace Transformation to Flow problems in Reservoirs, Trans. AIME （1949） 186, 305-324.

5. Whiting, R. L. and Ramey, H. J. : Application of Material and Energy Balance to Geothermal Steam production, JPT （July, 1969） 893-900.

6. 廖运涛：计算天然水侵量的回归公式, 石油勘探与开发, 1991, 17, （1） 71-75.

7. Nabor, G. W, and Barham, R. H. : Linear Aquifer Behavior, JPT （May, 1964） 561-563.

8. Chatas, A. T. : Unsteady Spherical Flow in Petroleum Reservoirs, SPEJ （July, 1966） 102-114.

9. Havlena, D. and Odeh, A. S. : The Material Balance as An Equation of a Straight line. JPT （Aug. 1963） 896-900.

10. 陈元千：油气藏的物质平衡方程式及其应用, 石油工业出版社, 北京, 1979.

11. 陈元千, 王正鉴：物质平衡方程式多解性的判断方法, 石油勘探与开发, 1982 （6） 88-93.

12. Scientific Software Corporation, Reservoir Engineering Manual, 1975.

13. L. P. 迪克：油藏工程原理, 石油工业出版社, 北京, 1984.

14. 陈元千：影响油田采收率因素的分析方法, 江苏油气, 1993, 4, （4） 25-29.

15. F. W 科尔：油藏工程方法, 石油工业出版社, 北京, 1981.

16. H. C. 斯利德：实用油藏工程学方法, 石油工业出版社, 北京, 1982.

17. Frick, T. C. and Taylor R. W. Petroleum Production Handbook, McGraw-Hill, 1962.

18. Alfred Mayer-Gurr：. Petroleum Engineering, Geology of Petroleum, VOL. 3, 1976.

第6章 气藏物质平衡方程式

根据气藏有无边底水的侵入，可将气藏划分为水驱气藏和定容封闭气藏两类。此外，还有大量压力系数（原始气藏压力除以静水压力）大于1.5以上的异常高压气藏，正常压力系统的定容气藏，在天然气工业生产中占有极为重要的地位。异常高压气藏一般封闭得较好，但也有一定的边底水的驱动作用。

对于定容正常压力系统的气藏来说，在整个开发过程中，只有气体单相的流动，并表现为一个压力连续下降的过程。由于天然气的密度小、黏度低，在气藏压力很低的情况下，只要能有一个较低的压差作用，气井便能继续生产。因此，气藏可以采用比油藏稀的井网进行开发。而且中高渗透率气藏的采收率可达85%~90%以上。然而，对于天然水驱的气藏，随着气藏开发引起的地层压降，必然导致水对气藏的侵入和气井的见水，以及在气层中出现气、水两相流动的情况。这将会大大地影响到气井的产能和气藏的采收率。气藏开发的实际经验表明，水驱气藏的采收率只有40%~60%。为了保持气藏的产量和提高气藏的采收率，在水驱气藏的开发过程中，往往需要打一定的加密井，并采取排水采气、抑制水锥等复杂性的技术措施。

在国内外发现并开发的大量异常高压气藏。例如法国的拉克（Lacq）气田、我国四川的二叠系、青海的古近系的气藏和新疆库车凹陷的白垩系气藏等。这类气藏的压力系数可高达2以上，并常具有高凝析油含量、高地层含水饱和度和高矿化度的特点。异常高压气藏形成的地质因素，目前尚不完全清楚。但与成藏后的地质构造运动推起、上覆地层后来的削蚀，以及缺乏气体的横向运移和缺少与广阔的水域相连有着密切的关系。在异常高压气藏投入开发之后，随着地层压力的下降，会引起储层岩石的再压实作用，并导致渗透率和孔隙度的减少、结垢和套管的破裂等，因而，气井和气藏的产量难以保持稳定。

6.1 正常压力系统气藏的物质平衡方程式

当原始气藏压力等于或略大于静水压力时，称之为正常压力系统气藏。下面按其有无天然水驱作用划分为水驱气藏和定容气藏。现对物质平衡方程式加以简单推导。

6.1.1 水驱气藏的物质平衡方程式

对于一个具有天然水驱作用的气藏，随着气藏的开采和气藏压力的下降，必将引起气藏内的天然气、地层束缚水和岩石的弹性膨胀，以及边水对气藏的侵入。由图6-1看出，在气藏累计产出（$G_p B_g + W_p B_w$）的天然气和地层水的条件下，经历了开发时间 t，气藏的压力由 p_i 下降到 p。此时，气藏被天然水侵占据的孔隙体积，加上被地层束缚水和岩石弹性膨胀占据的孔隙体积，再加上剩余天然气占有的孔隙体积，应当等于在 p_i 压力下气藏的原始含气的体积，即在地层条件下气藏的原始地下储气量。由此，可直接写出如下关系式：

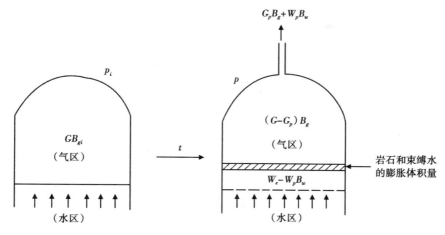

图 6-1　水驱气藏的物质平衡图

$$GB_{gi} = (G - G_p)B_g + GB_{gi}\left(\frac{C_w S_{wi} + C_f}{1 - S_{wi}}\right)\Delta p + (W_e - W_p B_w) \tag{6-1}$$

式中　G——气藏在地面标准条件下（0.101MPa 和 20℃）的原始地质储量，10^8m^3；

G_p——气藏在地面标准条件下的累计产气量，10^8m^3。

其他符号同油藏物质平衡方程式所注。

由（6-1）式解得水驱气藏的物质平衡方程式为：

$$G = \frac{G_p B_g - (W_e - W_p B_w)}{B_{gi}\left[\left(\dfrac{B_g}{B_{gi}} - 1\right) - \left(\dfrac{C_w S_{wi} + C_f}{1 - S_{wi}}\right)\Delta p\right]} \tag{6-2}$$

对于正常压力系数的气藏，由于（6-2）式分母中的第 2 项与第 1 项的相比，因数值很小，通常可以忽略不计，因此得到下式[1]：

$$G = \frac{G_p B_g - (W_e - W_p B_w)}{B_g - B_{gi}} \tag{6-3}$$

将（5-5）式和（5-6）式代入（6-3）式得：

$$G = \frac{G_p - (W_e - W_p B_w)\dfrac{pT_{sc}}{p_{sc}ZT}}{1 - \dfrac{p/Z}{p_i/Z_i}} \tag{6-4}$$

由（6-4）式解得水驱气藏的压降方程式为[1]：

$$\frac{p}{Z} = \frac{p_i}{Z_i}\left[\frac{G - G_p}{G - (W_e - W_p B_w)\dfrac{p_i T_{sc}}{p_{sc}Z_i T}}\right] \tag{6-5}$$

由（6-5）式看出，天然水驱气藏的视地层压力（p/Z）与累计产气量（G_p）之间并不存在直线关系，而是随着净水侵量（$W_e-W_pB_w$）的增加，气藏的视地层压力的下降率随累计产气量的增加而不断减小，两者之间是一条曲线（图6-2）。因此，对于水驱气藏，不能利用压降图的外推方法确定气藏的原始地质储量，而必须应用水驱气藏的物质平衡方程式进行评价计算。

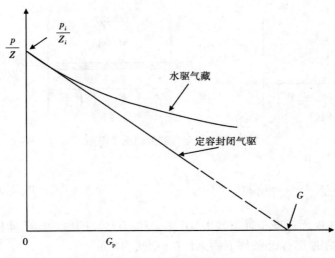

图6-2　气藏的压降图

将（6-3）式改写为下式[2]：

$$\frac{G_pB_g + W_pB_w}{B_g - B_{gi}} = G + \frac{W_e}{B_g - B_{gi}} \tag{6-6}$$

若考虑天然水驱为非稳定流时，即 $W_e = B \sum_0^t \Delta p_e Q(t_D, r_D)$，则（6-6）式可写为：

$$\frac{G_pB_g + W_pB_w}{B_g - B_{gi}} = G + B \frac{\sum_0^t \Delta p_e Q(t_D, r_D)}{B_g - B_{gi}} \tag{6-7}$$

若令：

$$y = (G_pB_g + W_pB_w)/(B_g - B_{gi}) \tag{6-8}$$

$$x = \sum_0^t \Delta p_e Q(t_D, t_D)/(B_g - B_{gi}) \tag{6-9}$$

则得

$$y = G + Bx \tag{6-10}$$

由此可见，与油藏的物质平衡方程式相似，水驱气藏的物质平衡方程式，同样可以简化为直线关系式。直线的截距为气藏的原始地质储量；直线的斜率为气藏的天然水侵系数。在应用（6-10）式求解气藏的地质储量和水侵系数时，同水驱油藏一样，存在着多解性问题。该问题仍需采用上述的最小二乘法加以解决。

天然水驱对气藏的累计水侵量，由（6-3）式得：

$$W_e = G_p B_g + W_p B_w - G(B_g - B_{gi})\qquad(6-11)$$

同样，也可由（6-4）式得：

$$W_e = \frac{\left[G_p - G\left(1 - \dfrac{p/Z}{p_i/Z_i}\right)\right] p_{sc} Z T}{p T_{sc}} + W_p B_w \qquad(6-12)$$

6.1.2　定容气藏的物质平衡方程式

定容气藏，也常被称为定容封闭性气藏或定容消耗式气藏。当气藏没有水驱作用，即 $W_e = 0$，$W_p = 0$，由（6-3）式和（6-5）式可分别得，定容气藏的物质平衡方程式和压降方程式为：

$$G_p B_g = G(B_g - B_{gi})\qquad(6-13)$$

$$\frac{p}{Z} = \frac{p_i}{Z_i}\left(1 - \frac{G_p}{G}\right)\qquad(6-14)$$

若令 $a = p_i/Z_i$，$b = p_i/Z_i G$，则由（6-14）式得：

$$\frac{p}{Z} = a - b G_p \qquad(6-15)$$

当 $P/Z = 0$ 时，气田的原始地质储量表示为：

$$G = a/b \qquad(6-16)$$

由（6-15）式可以看出，定容气藏的视地层压力（p/Z）与累计产气量（G_p）成直线下降关系（图6-2）。当 $p/Z = 0$ 时，由（6-14）式得 $G_p = G$，因此，可以利用压降图的直线外推法或线性回归确定定容气藏原始地质储量。

由（6-14）式也可得：

$$G = \frac{G_p \dfrac{p_i}{Z_i}}{\dfrac{p_i}{Z_i} - \dfrac{p}{Z}}\qquad(6-17)$$

对于封闭性气藏，只要已经确知原始视地层压力（p_i/Z_i），以及投产之后的任一时间的视地层压力（p/Z）和相应的累计产气量（G_p），可由（6-17）式计算气藏的原始地质储量（G）。但是，如果没有取得原始视地层压力，仅在气藏投产后取得第一个视地层压力（p_1/Z_1）和相应的累计产气量（G_{pl}），以及在第一个测试点后的任一个视地层压力（p/Z）和相应的累计产气量（G_p），那么，可由下式计算气藏的原始地质储量[2]：

$$G = \frac{(G_p - G_{p1}) \dfrac{p_1}{Z_1}}{\dfrac{p_1}{Z_1} - \dfrac{p}{Z}} + G_{p1} \tag{6-18}$$

6.1.3　天然水侵的判断方法

当一个气藏投入开发之后，可以利用下面的方法[1]，判断气藏有无天然水侵和水侵量的大小。为此，将（6-5）式改写为：

$$\frac{p}{Z} = \frac{p_i}{Z_i} \left[\left(1 - \frac{G_p}{G}\right) \frac{1}{1 - \dfrac{(W_e - W_p B_w)}{G}\left(\dfrac{p_i T_{sc}}{p_{sc} Z_i T}\right)} \right] \tag{6-19}$$

气藏的原始地质储量可表示为：

$$G = V_{pi}/B_{gi} \tag{6-20}$$

式中　V_{pi}——天然气占有气藏的原始有效孔隙体积，$10^8 m^3$；

B_{gi}——天然气的原始体积系数，dim。

将（4-6）式代入（6-20）式得：

$$G = \frac{V_{pi} p_i T_{sc}}{p_{sc} Z_i T} \tag{6-21}$$

将（6-21）式代入（6-19）式得：

$$\frac{p}{Z} = \frac{p_i}{Z_i} \left[\left(1 - \frac{G_p}{G}\right) \frac{1}{1 - \dfrac{(W_e - W_p B_w)}{V_{pi}}} \right] \tag{6-22}$$

若令

$$\omega = \frac{W_e - W_p B_w}{V_{pi}} \tag{6-23}$$

则得

$$\frac{p}{Z} = \frac{p_i}{Z_i} \left[\left(1 - \frac{G_p}{G}\right) \frac{1}{1 - \omega} \right] \tag{6-24}$$

式中　ω——气藏的水侵体积系数，frac。

再将（6-24）式改写为下式[1]：

$$\frac{p/Z}{p_i/Z_i} = \left(1 - \frac{G_p}{G}\right) \frac{1}{1 - \omega} \tag{6-25}$$

若令 $\psi = (p/Z)/(p_i/Z_i)$ 和 $R_D = G_p/G$，则由（6-25）式得：

$$\psi = \frac{1 - R_D}{1 - \omega} \tag{6-26}$$

140

式中　ψ——无因次相对压力，dim；

　　　R_D——地质储量的采出程度，frac。

根据（6-26）式，可以制作出相对压力 ψ、采气程度 R_D 和水侵体积系数的关系图，见图 6-3 所示。

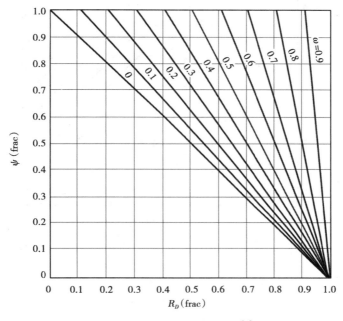

图 6-3　气藏的水侵指示图[1]

对于一个无天然水驱作用的定容封闭性气藏，由于 $\omega=0$，故由（6-26）式得：

$$\psi = 1 - R_D \tag{6-27}$$

由（6-27）式可以看出，对于定容封闭性气藏，相对压力与采气程度之间呈 45° 下降的 45° 直线关系，即图 6-3 上的对角直线。而对于存在水驱作用的气藏，由于 $\omega<1$，则 $1/(1-\omega) > 1$，则由（6-26）式看出，相对压力与采气程度的直线倾角大于 45°。由此可见，图 6-3 可以作为判断气藏是否存在有水侵作用的指示图。将任一气藏不同开发时间的相对压力与采气程度的数据点在图 6-3 上，若点子落到 45° 的对角直线上，则说明是定容封闭气藏；如果点子落到 45° 对角直线上面的三角形区内，则表明气藏有天然水侵的存在。同时，由点子所处的位置可以直接读得水侵体积系数 ω 的大小。为便于在气藏开发初期进行有无天然水侵作用的判断，将图 6-3 的早期部分进行了放大，如图 6-4 所示。

气藏的水侵体积系数，由（6-26）式可得：

$$\omega = \frac{\psi + R_D - 1}{\psi} \tag{6-28}$$

当气藏的原始孔隙体积和水侵体积系数确知之后，天然水侵占据气藏的有效孔隙体积

141

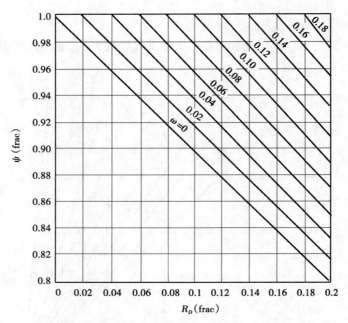

图 6-4　水侵指示图 6-3 的放大部分

V_{ew} 由（6-23）式得：

$$V_{ew} = W_e - W_p B_w = \omega V_{pi} \tag{6-29}$$

6.1.4　影响水驱气藏采收率因素分析

已知水驱气藏地质储量的采出程度为 R_D，气藏本体的地层束缚水和岩石孔隙体积的有效压缩系数为 C_e，那么，（6-1）式可改写为[3,4]：

$$R_D = 1 - \frac{B_{gi}}{B_g}\left[1 - C_e \Delta p - \frac{(W_e - W_p B_w)}{GB_{gi}}\right] \tag{6-30}$$

式中

$$R_D = G_p / G \tag{6-31}$$

$$C_e = \frac{C_w S_{wi} + C_f}{S_{gi}} \tag{6-32}$$

天然水驱对气藏的有效（净）水侵体积量可表示为：

$$W_e - W_p B_w = V_{wi}(S_{gi} - S_{gr}) \tag{6-33}$$

式中　V_{wi}——天然水驱气藏累计水侵的孔隙体积，$10^8 \mathrm{m}^3$；

S_{gr}——水侵区的残余气饱和度，frac。

若以 V_{pi} 表示水驱气藏的天然气占有的原始孔隙体积，那么，天然气的原始地质储量可表示为：

$$GB_{gi} = V_{pi} S_{gi} \tag{6-34}$$

由（6-33）式除以（6-34）式得：

$$\frac{(W_e - W_p B_w)}{G B_{gi}} = E_v \left(1 - \frac{S_{gr}}{S_{gi}} \right)$$ （6-35）

式中的 E_v 为水侵体积波及系数，表示为：

$$E_v = V_{wi} / V_{pi}$$ （6-36）

将（6-35）式代入（6-30）式得地质储量的采出程度为：

$$R_D = 1 - \frac{B_{gi}}{B_g} \left[1 - C_e \Delta p - E_v \left(1 - \frac{S_{gr}}{S_{gi}} \right) \right]$$ （6-37）

再将（4-5）式和（4-6）式代入（6-37）式得：

$$R_D = 1 - \frac{p/Z}{p_i/Z_i} \left[1 - C_e \Delta p - E_v \left(1 - \frac{S_{gr}}{S_{gi}} \right) \right]$$ （6-38）

最后，若代入气藏的废弃条件，即 $p/Z = p_a/Z_a$，$\Delta p = \Delta p_a = p_i - p_a$，$E_v = E_{va}$，则由式（6-38）式得水驱气藏的采收率为[3,4]：

$$E_R = 1 - \frac{p_a/Z_a}{p_i/Z_i} \left[1 - C_e (p_i - p_a) - E_{va} \left(1 - \frac{S_{gr}}{S_{gi}} \right) \right]$$ （6-39）

式中　E_R——水驱气藏的采收率，frac；

　　　p_a/Z_a——废弃时的视地层压力，MPa；

　　　p_a——废弃时的地层压力，MPa；

　　　Z_a——在 p_a 压力下的气体偏差系数，dim；

　　　E_{va}——废弃时的水驱波及体积系数，frac。

由（6-39）式可以看出，影响水驱气藏采收率的主要因素包括：p_a/Z_a、p_a、E_{va} 和 S_{gr}，p_a/Z_a、p_a 和 S_{gr} 越低，以及 E_{va} 的数值越大，则 E_R 的数值越高。

考虑到（6-20）式，$G B_{gi} = V_{pi}$，再将（6-23）式与（6-35）式相等可得：

$$\omega = E_v \left(1 - \frac{S_{gr}}{S_{gi}} \right)$$ （6-40）

对于定容气藏，由于 $E_{va} = 0$，故由（6-39）式得采收率的关系式为：

$$E_R = 1 - \frac{p_a/Z_a}{p_i/Z_i} \left[1 - C_e (p_i - p_a) \right]$$ （6-41）

当忽略 C_e 的影响时，由（6-41）式得定容气藏的关系式为：

$$E_R = 1 - \frac{p_a/Z_a}{p_i/Z_i}$$ （6-42）

由（6-42）式看出，定容气藏的采收率主要取决于，废弃时的视地层压力和地层压力。而废弃时的地层压力与气藏渗透率和经济极限产量有关。当经济产量确定之后，它与井口控制的压力，或输气要求的压力有关。

6.2　异常高压气藏的物质平衡方程式

气藏开发的实际资料表明，正常压力系统气藏的压力梯度，一般在 0.001～0.003MPa/m 之间，而异常高压气藏的压力梯度可以高达 0.02MPa/m 以上。或者说，正常压力系统气藏的压力系数等于 1；而异常压力系数气藏的压力系数不等于 1；异常高压气藏的压力系数可达 1.5 至 2.0。异常高压气藏具有地层压力高、温度高和储层封闭好的特点。由于异常高压气藏储层的压实程度一般较差，地层岩石的有效压缩系数可达 $40×10^{-4}MPa^{-1}$ 以上。在异常高压气藏的开发过程中，随着气藏压力的下降，表现出明显的储层的岩石压实特征。

利用视地层压力 p/Z 与累计产气量 G_p，在绘制异常高压气藏的压降图时，可以清楚地看到，该压降图具有两个斜率完全不同的直线段，而且第一直线段的斜率要比第二直线的小（图 6-5）。国外研究结果表明[5-7]，在异常高压气藏投入开发的初期，随着天然气从气藏中采出和地层压力的下降，必将引起天然气的膨胀作用、储气层的再压实和岩石颗粒的弹性膨胀作用，以及地层束缚水的弹性膨胀作用和周围泥岩的再压实可能引起的水侵作用。如果气藏周围存在着有限范围的封闭边水时，还会引起边水的弹性水侵作用。除天然气膨胀之外，上述的作用都能起到补充气藏能量和减小地层压力下降的作用，从而形成异常高压气藏初期压降较缓的第一直线段。

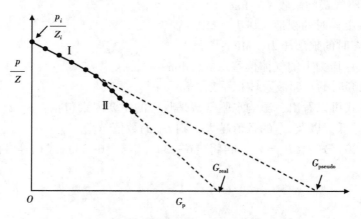

图 6-5　异常高压气藏的压降图

当异常高压气藏的地层压力，随着生产下降到正常压力系统时，即当地层压力等于或小于气藏的静水柱压力时，气藏储层的压实作用影响已基本结束。此时，储层岩石的有效压缩系数将保持在较低的正常数据，如砂岩为（4～8）$×10^{-4}MPa^{-1}$。若与随地层压力下降显著增加的天然气弹性膨胀系数相比可以忽略不计。因此，气藏开采表现为定容封闭性正常压力系统的动态特征。在压降图上，就是压降较快、直线斜率较大的第二直线段。对于异常高压气藏来说，应当利用第二直线段的外推，或利用本章中给出的（6-68）式计算气藏的真实地质储量，而不能应用第一直线段的外推或回归计算，否则，将会引起大于 100%

的误差。然而，第二直线段的出现时间较晚，一般要在采出气藏地质储量的 20% ~ 30% 以后。此时，可以利用（6-50）式进行第一直线段的校正和计算。

6.2.1　异常高压气藏的物质平衡方程式

对于一个埋藏较深的异常高压气藏，在投产的初期，随着天然气的采出和气藏压力的下降，必将引起天然气的膨胀作用、储气层的压实和岩石颗粒的弹性膨胀作用、地层束缚水的弹性膨胀作用，以及由于周围泥岩的压实和有限边水的弹性膨胀所引超的水侵。这几部分驱动能量的综合作用，就是异常高压气藏初期开发的主要动力。它们膨胀所占据气藏的有效孔隙体积，应当等于气藏累计产出天然气的地下体积量。若以 G 表示异常高压气藏的地质储量，以 V_{pi} 表示气藏的原始有效孔隙体积，则得异常高压气藏的物质平衡方程式为[8]：

$$G_p B_g = G(B_g - B_{gi}) + V_{pi} C_f \Delta p + V_{pi} S_{wi} C_w \Delta p + W_e - W_p B_w \tag{6-43}$$

式中

$$\Delta p = p_i - p \tag{6-44}$$
$$V_{pi} = G B_{gi} / (1 - S_{wi}) \tag{6-45}$$

将（6-45）式代入（6-43）式，并解出 G 得：

$$G = \frac{G_p B_g}{(B_g - B_{gi}) + \left(\dfrac{C_w S_{wi} + C_f}{1 - S_{wi}}\right) B_{gi} \Delta p + \left(\dfrac{W_e - W_p B_w}{V_{pi}}\right) B_{gi}} \tag{6-46}$$

将（6-32）式代入（6-46）式得：

$$G = \frac{G_p B_g}{B_{gi}\left[\left(\dfrac{B_g}{B_{gi}} - 1\right) + C_e \Delta p + \left(\dfrac{W_e - W_p B_w}{V_{pi}}\right)\right]} \tag{6-47}$$

将（5-5）式、（5-6）式和（6-23）式代入（6-47）式，得到异常高压气藏的压降方程式：

$$\frac{p}{Z} = \frac{p_i}{Z_i}\left(\frac{1 - G_p/G}{1 - C_e \Delta p - \omega}\right) \tag{6-48}$$

由（6-48）式和（6-14）式的对比可以看出，异常高压气藏，与正常压力系统的定容气藏，压降方程式的主要区别在于，前者需要考虑 C_e 和 ω 的影响。然而，对于异常高压气藏来说，由于周围泥岩的再压实作用和有限封闭边水造成的弹性水侵作用都很小，而与 C_e 相比可以忽略不计，因此，由（6-48）式得如下的关系式：

$$\frac{p}{Z} = \frac{p_i}{Z_i}\left(\frac{1 - G_p/G}{1 - C_e \Delta p}\right) \tag{6-49}$$

6.2.2　确定异常高压气藏地质储量的方法

对于定容的异常高压气藏，确定原始地质储量的方法有如下四种。

6.2.2.1　压力校正法

对于异常高压气藏，可以采用如下的视地层压力校正方法[9]，将具有两个不同直线段的压降校正为一条直线的压降，由并直线的外推或线性回归，确定异常高压气藏的地质储量。该校正方法由（6-49）式得：

$$\frac{p}{Z}(1 - C_e \Delta p) = \frac{p_i}{Z_i} - \frac{p_i}{Z_i} \frac{G_p}{G} \tag{6-50}$$

由（6-50）式可以看出，该式为一截距为 $a = p_i/Z_i$，斜率为 $b = p_i/Z_i G$ 的直线关系式。当将该直线外推到 $p/Z = 0$，与横轴的交点即为气藏的地质储量 G。

6.2.2.2　一元回归法[10]

对于定容封闭气藏，无论是异常高压气藏，或是正常压力气藏，或是负异常（压力系数小于 1.0）气藏，都可利用如下的一元回归法，同时确定气藏的原始地质储量（G）和有效压缩系数（C_e）。

将（6-50）式改写为下式：

$$\frac{1 - \psi}{\psi \Delta p} = - C_e + \frac{1}{G}\left(\frac{G_p}{\psi \Delta p}\right) \tag{6-51}$$

式中

$$\psi = \frac{p/Z}{p_i/Z_i} \tag{6-52}$$

若设

$$y = (1 - \psi)/\psi \Delta p \tag{6-53}$$

$$z = G_p/\psi \Delta p \tag{6-54}$$

$$a = - C_e \tag{6-55}$$

$$b = 1/G \tag{6-56}$$

则得

$$y = a + bx \tag{6-57}$$

由（6-57）式可以看出，对于不同类型的定容封闭性气藏，它的开发动态都可用一个简单的直线关系式表示。而直线的截距 a 等于气藏的有效压缩系数，直线斜率的倒数等于气藏的原始地质储量。

6.2.2.3　二元回归法[11]

对于定容封闭的异常高压气藏，可利用如下的二元回归法，可以同时确定气藏的原始地质储量和有效压缩系数。将（6-50）式改写为下式：

$$G_p = G - \frac{G(1 - C_e p_i)}{p_i/Z_i}\left(\frac{p}{Z}\right) - \frac{GC_e}{p_i/Z_i}\left(\frac{p^2}{Z}\right) \tag{6-58}$$

若设

$$y = G_p \tag{6-59}$$

$$x_1 = p/Z \tag{6-60}$$

$$x_2 = p^2/Z \tag{6-61}$$

$$a_0 = G \tag{6-62}$$

$$a_1 = -\frac{G(1 - C_e p_i)}{p_i/Z_i} \tag{6-63}$$

$$a_2 = -\frac{GC_e}{p_i/Z_i} \tag{6-64}$$

则得

$$G_p = a_0 + a_1 x_1 + a_2 x_2 \tag{6-65}$$

根据异常高压气藏的实际生产数据：G_p 和 p，以及由 p、T 和气体组分确定的 Z 值，可利用（6-65）式的二元回归分析，直接求得该气藏的 a_0、a_1 和 a_2 的数值。该 a_0 的数值就是异常高压气藏的原始地质储量。由（6-63）式和（6-64）式的联立可得确定异常高压气藏的有效压缩系数：

$$Ce = \frac{a_2}{a_1 + a_2 p_i} \tag{6-66}$$

当已知 C_w 和 C_f 的数值后，可由（6-32）式改写的下式，确定气藏的原始含气饱和度：

$$S_{gi} = \frac{C_w + C_f}{C_w + C_e} \tag{6-67}$$

6.2.2.4　解析法[8]

由图 6-5 可以看出，对于定容封闭的异常高压气藏，它的压降图由两条直线组成。第一直线段表示异常高压气藏储层再压实作用的影响段，由它外推到 $p/Z=0$ 所得的原始地质储量为虚拟原始地质储量 G_{pseudo}；第二直线段表示的储层再压实作用已消失，进入了正常压力变化动态阶段，由它外推到 $p/Z=0$ 可得气藏的真实原始地质储量 G_{real}。再由 G_{pseuo} 求 G_{real} 的方法如下[8]：

$$G_{real} = \frac{G_{pseudo}}{1 + \dfrac{C_e(p_i - p_{ws})}{\dfrac{p_i/Z_i}{p_{ws}/Z_{ws}} - 1}} \tag{6-68}$$

式中　G_{real}——真实的原始地质储量，$10^8 \mathrm{m}^3$；

$\quad\quad G_{pseudo}$——虚拟的原始地质储量，$10^8 \mathrm{m}^3$；

$\quad\quad p_{ws}$——气藏的静水压力，MPa；

$\quad\quad Z_{ws}$——在 p_{ws} 压力和 t_R 温度下的气体偏差系数，dim；

$\quad\quad p_{ws}/Z_{ws}$——视静水压力，MPa。

将（6-16）式代入（6-68）式得，利用第一直线段截距 a_1 和斜率 b_1，确定真实原始地质储量的方法为：

$$G_{real} = \frac{a_1/b_1}{1 + \dfrac{C_e(p_i - p_{ws})}{\dfrac{p_i/Z_i}{p_{ws}/Z_{ws}} - 1}} \tag{6-69}$$

6.3 应用举例

6.3.1 定容封闭正常压力系统的气藏

美国南得克萨斯的维克斯伯格（VickSburg）气藏[12]，原始地层压力 $p_i = 42.177$MPa，气藏的地层温度 $T = 355.29$K，天然气的拟临界温度和拟临界压力分别为：$T_{pc} = 245.5$K 和 $p_{pc} = 4.5$MPa，气藏的生产数据列于表 6-1 内。将表 6-1 内的 p/Z 与 G_p 的相应数据，按（6-15）式绘于普通直角坐标纸上得到了一条直线（图 6-6）。经线性回归后求得直线的截距 $a = 38.626$；直线的斜率 $b = 3.3467$。将 a 和 b 值代入（6-16）式得到该气藏的地质储量为：

$$G = 38.626/3.3467 = 11.54 \times 10^8 \text{m}^3$$

表 6-1 定容封闭气藏的生产数据

t（a）	p（MPa）	Z（dim）	p/Z（MPa）	G_p（10^8m³）
0	42.177	1.090	38.694	0
0.33	40.211	10.060	37.932	0.1931
0.80	37.843	1.020	37.102	0.4445
1.21	36.177	0.990	36.544	0.6257
2.20	33.544	0.950	35.306	0.9740
2.94	31.918	0.920	34.694	1.1941

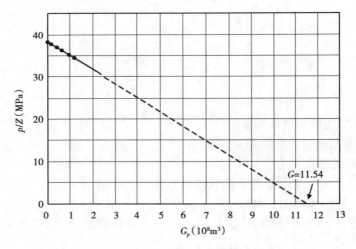

图 6-6 定容封闭气藏的压降图

6.3.2 水驱气藏

已知某带状水驱气藏[13]，长为 7.45km，宽为 0.62~1.24km，气藏的埋藏深度为 1830m，产气层的最大厚度为 137m。通过测井和生产测试确定的原始气水接触面位置为

1936m，气藏的原始地层压力 $p_i = 19.7\text{MPa}$，天然气的原始体积系数 $B_{gi} = 5360.1 \times 10^{-6}$，利用容积法计算的气藏原始地质储量为 $(339.85 \sim 489.94) \times 10^8 \text{m}^3$，气藏前三年的开发数据列于表 6-2。试求气藏的地质储量和水侵系数。

由于该气藏的面积较小，外部天然水域很大，故可用无限大供水系统的直线流方式求解。将（5-53）式代入（5-49）式得，天然累计水侵量的计算公式为：

$$W_e = 2bhL_w\phi C_e \sum_0^t \Delta p_e \sqrt{t_D/\pi} \tag{6-70}$$

式中　C_e——天然水域的有效压缩系数（等于 $C_w + C_f$），MPa^{-1}。

表 6-2　水驱气藏生产数据

t_{mon}（mon）	p（MPa）	G_p（10^8m^3）	W_p（10^8m^3）	B_g（dim）
0	19.7（p_i）	0	0	5360×10^{-6}（B_{gi}）
12	19.4	6.88	0	5444×10^{-6}
20	19.0	17.00	0	5569×10^{-6}
28	18.7	27.50	0	5701×10^{-6}
36	18.2	37.30	0	5820×10^{-6}

将（5-52）式代入（6-70）式，并设 $A = bh$，则得：

$$W_e = \frac{2AL_w\phi C_e \sqrt{\beta_L}}{\sqrt{\pi}} \sum_0^t \Delta p_e \sqrt{t} \tag{6-71}$$

若令：

$$B_L' = 2AL_w\phi C_e \sqrt{\beta_L/\pi} \tag{6-72}$$

则得：

$$W_e = B_L' \sum_0^t \Delta p_e \sqrt{t} \tag{6-73}$$

将（6-73）式代入（6-6）式得：

$$\frac{G_p B_g + W_p B_w}{B_g - B_{gi}} = G + B_L' \frac{\sum_0^t \Delta p_e \sqrt{t}}{B_g - B_{gi}} \tag{6-74}$$

若令：

$$y = \frac{G_p B_g + W_p B_w}{B_g - B_{gi}} \tag{6-75}$$

$$x = \frac{\sum_0^t \Delta p_e \sqrt{t}}{B_g - B_{gi}} \tag{6-76}$$

则得：

$$y = G + B'_L x \tag{6-77}$$

利用（6-75）式和（6-76）式计算的 y 值和 x 值列于表 6-3。

表 6-3 水驱气藏计算数据

t (mon)	$G_p B_g$ ($10^8 m^3$)	$B_g - B_{gi}$ (dim)	y ($10^8 m^3$)	Δp_e (MPa)	$\sum_0^t \Delta p_e \sqrt{t}$ (MPa · $\sqrt{mon}$)	x
0	0	0	0	0	—	—
12	0.0373	83.9×10^{-6}	445	0.15	5.2	6.20×10^4
20	0.0947	209.6×10^{-6}	453	0.35	16.62	7.92×10^4
28	0.1565	341.0×10^{-6}	459	0.35	31.75	9.30×10^4
36	0.2170	460.0×10^{-6}	471	0.40	51.8	11.26×10^4

现以开发时间 t 为 36 个月的第 4 开发阶段为例，说明 Δp_e 和 $\sum_0^t \Delta p_e \sqrt{t}$ 的计算方法。利用表 6-2 的开发数据，由（5-42）式计算的有效地层压降为：

$$\Delta p_{e4} = \frac{1}{2}(p_2 - p_4) = \frac{1}{2}(19.0 - 18.2) = 0.4 \text{MPa}$$

而 $\sum_0^t \Delta p_e \sqrt{t}$ 的计算为：

$$\sum_0^t \Delta p_e \sqrt{t} = \Delta p_{e1} \sqrt{t_4} + \Delta p_{e2} \sqrt{t_4 - t_1} + \Delta p_{e3} \sqrt{t_4 - t_2} + \Delta p_{e4} \sqrt{t_4 - t_3}$$

$$= 0.15 \sqrt{36} + 0.35 \sqrt{24} + 0.35 \sqrt{16} + 0.4 \sqrt{8} = 5.2$$

将表 6-3 的 y 值和相应的 x 值，按（6-77）式的关系绘在图 6-7 上，得到了很好的一条直线。由线性回归法求得直线的截距，即气藏的地质储量 $G = 413 \times 10^8 m^3$；直线的斜率，

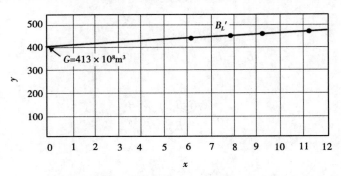

图 6-7 水驱气藏物质平衡法的线性求解关系图

即天然水侵系数 $B_L' = 5.09 \times 10^4 \mathrm{m}^3/(\mathrm{MPa} \cdot \sqrt{\mathrm{mon}})$。由此可见，利用物质平衡法确定的气藏地质储量与容积法测算的结果基本上是一致的。

6.3.3　异常高压气藏

美国路易斯安那近海异常高压气藏（Louisiana offshore abnormally gas reservoir）[9]，埋藏深度为 4055m，气藏的原始地层压力 $p_i = 78.904\mathrm{MPa}$，气藏的原始压力梯度为 0.0194MPa／m，气藏的原始压力系数为 1.946，气藏的地层温度为 128.4℃，天然气的相对密度为 0.6，气藏的地层原始含水饱和度 $S_{wi} = 0.22$，原始含气饱和度 $S_{gi} = 0.88$，地层水的压缩系数 $C_w = 4.41 \times 10^{-4}\mathrm{MPa}^{-1}$。气藏的实际开发数据列于表 6-4。

表 6-4　异常高压气藏数据

日期	p （MPa）	Δp （MPa）	Z	p/Z （MPa）	$\dfrac{p}{Z}(1 - C_e\Delta p)$	G_p （$10^8\mathrm{m}^3$）
1966.01.25	78.904（p_i）	0	1.496（Z_i）	52.743	52.041	0
1967.02.01	73.595	5.309	1.438	51.178	49.341	2.809
1968.02.01	69.851	9.053	1.397	50.001	47.413	8.105
1969.06.01	63.797	15.106	1.330	47.968	44.219	15.180
1970.06.01	59.116	19.787	1.280	46.184	41.674	21.997
1971.06.01	54.510	24.393	1.230	44.317	39.099	28.723
1972.06.01	50.883	28.020	1.192	42.687	37.013	34.087
1973.09.01	47.208	31.694	1.154	40.909	34.828	41.067
1974.08.01	44.044	34.859	1.122	39.255	32.890	45.491
1975.08.01	40.176	38.727	1.084	37.063	30.429	51.640
1976.06.01	37.294	41.609	1.057	35.283	28.528	55.998
1977.06.01	34.474	44.429	1.033	33.373	26.604	61.076
1978.08.01	31.026	47.876	1.005	30.872	24.148	66.763
1979.08.01	28.751	50.151	0.988	29.100	22.469	69.640

将气藏埋藏深度 $D = 4055\mathrm{m}$ 代入（2-127）式，得岩石有效压缩系数为：

$$C_f = (8.82 \times 10^{-3} \times 4056 - 2.51) \times 10^{-4} = 33.25 \times 10^{-4}\mathrm{MPa}^{-1}$$

再将有关数据代入（6-32）式得：

$$C_e = \frac{4.41 \times 10^{-4} \times 0.22 + 33.25 \times 10^{-4}}{0.78} = 43.87 \times 10^{-4}\mathrm{MPa}^{-1}$$

按照（6-50）式计算校正视地层压力的 $\dfrac{p}{Z}(1 - C_e\Delta p)$ 数值，也列于表 6-4。若将 $\dfrac{p}{Z}(1 - C_e\Delta p)$ 与 G_p 的相应数据绘在直角坐标纸上，得到了一条直线（图 6-8）。将此直线作线性回归外推到 $\dfrac{p}{Z}(1 - C_e\Delta p) = 0$，得到气藏的地质储量 $G = 130 \times 10^8\mathrm{m}^3$。在图 6-8 上，同

时绘出了 p/Z 与 G_p 的相应数据，所得到的是两条斜率明显不同的直线。

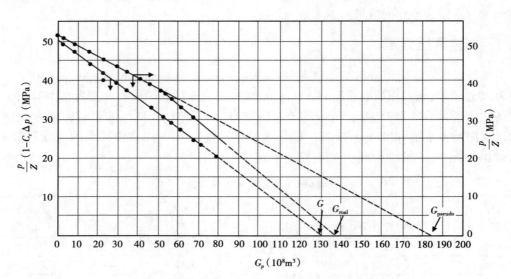

图 6-8　路易斯安那近海异常高压气藏的压降图

对于路易斯安那近海异常高压气藏的开发数据，当利用一元回归法和二元回归法处理时，由（6-53）式和（6-54）式分别得到的 y 值和 x 值，以及由（6-60）式和（6-61）式分别得到的 x_1 值和 x_2 值，同列于表6-5。

表 6-5　一元回归法和二元回归法的数据表

p (MPa)	Z (dim)	$x_1=p/Z$ (MPa)	$x_2=p^2/Z$ (MPa²)	ψ (frac)	Δp (MPa)	G_p (10⁸m³)	x	y
78.904 （p_i）	1.496 （Z_i）	52.743	4161.620	1.0	0	0	—	—
73.595	1.438	51.178	3766.464	0.970	5.309	2.809	0.5425	4.765×10^{-3}
68.851	1.397	50.001	3492.581	0.948	9.053	8.105	0.9396	5.468×10^{-3}
63.797	1.330	47.968	3060.214	0.909	15.106	15.180	1.0993	6.216×10^{-3}
59.116	1.280	46.184	2730.205	0.876	19.787	21.997	1.2630	6.878×10^{-3}
54.510	1.230	44.317	2415.721	0.840	24.393	28.723	1.3942	7.543×10^{-3}
50.883	1.192	42.687	2172.075	0.809	28.020	34.087	1.4929	8.108×10^{-3}
47.208	1.154	40.909	1931.226	0.776	31.694	41.067	1.6619	8.917×10^{-3}
44.044	1.122	39.255	1728.921	0.744	34.859	45.491	1.7444	9.659×10^{-3}
40.176	1.084	37.630	1489.015	0.703	38.727	51.640	1.8879	10.737×10^{-3}
37.294	1.057	35.283	1315.822	0.669	41.609	55.998	2.0015	11.709×10^{-3}
34.474	1.033	33.737	1150.477	0.633	44.429	61.076	2.1614	12.881×10^{-3}
31.026	1.005	30.872	957.849	0.585	47.876	66.763	2.3702	14.615×10^{-3}
28.751	0.988	29.100	836.669	0.552	50.151	69.640	2.5039	16.016×10^{-3}

将表 6-5 中的 x 值与 y 值，按（6-57）式的直线关系绘于图 6-9。由图 6-9 看出，对于异常高压气藏 y 与 x 的关系图，由前面的曲线部分和后面的直线部分组成，而后面的直重线具有负的截距。这就是这种类型气藏的动态特点。由线性回归求得：直线的截距 $a = 0.003495\mathrm{MPa}^{-1}$；直线的斜率 $b = 0.007645$（$10^8\mathrm{m}^3$）$^{-1}$；相关系数 $r = 0.9963$。

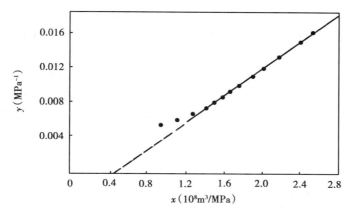

图 6-9　路易斯安那近海异常高压气藏的 y 与 x 的关系图

由（6-55）式得有效压缩系数 $C_e = a = 0.003495\mathrm{MPa}^{-1}$；再由（6-56）式得气藏的原始地质储量 $G = 1/b = 1/0.007645 = 130.8 \times 10^8\mathrm{m}^3$。

将表 6-5 中的 G_p 与相应的 x_1 和 x_2 的数值，按照（6-65）式进行二元回归，得到 $a_0 = 129.9824$；$a_1 = 1.7465$；$a_2 = 9.6958 \times 10^{-3}$。因此，由（6-62）式得气藏的原始地质储量 $G = a_0 = 130 \times 10^8\mathrm{m}^3$；

将 a_1，a_2 和 p_i 的数值代入（6-66）式得气藏的有效压缩系数为：

$$C_e = \frac{9.6958 \times 10^{-3}}{1.7465 + 9.6958 \times 10^{-3} \times 78.904} = 38.61 \times 10^{-4}\mathrm{MPa}^{-1}$$

再将 C_w，C_f 和 C_e 的数值代入（6-67）式得该气藏的原始含气饱和度为：

$$S_{gi} = \frac{4.41 \times 10^{-4} + 33.25 \times 10^{-4}}{4.41 \times 10^{-4} + 38.61 \times 10^{-4}} = 0.875 \text{ 或 } 87.5\%$$

这里计算的原始含气饱和度数值，与文献报导数据几乎完全相同。

已知该异常高压气藏的埋深 $D = 4055\mathrm{m}$，相应的静水压力 $p_{ws} = 40.55\mathrm{MPa}$。在此压力下的气体偏差系数 $Z_{ws} = 1.09$，故视静水压力 $p_{ws}/Z_{ws} = 37.202\mathrm{MPa}$。又知 $p_i/Z_i = 52.743\mathrm{MPa}$；$C_e = 43.87 \times 10^{-4}\mathrm{MPa}^{-1}$；对表 6-5 上在第一直线段前 9 个点 p/Z 与 G_p 的线性回归得，直线的截距 $a_1 = 52.3605\mathrm{MPa}$；直线的斜率 $b_1 = 0.2836$；直线的相关系数 $r = 0.9989$。将 a_1 和 b_1 的数值代入（6-16）式，得该气藏的虚拟原始地质储量为：

$$G_{pseudo} = 52.3605/0.2836 = 184.6 \times 10^8\mathrm{m}^3$$

若将 a_1、b_1、C_e、p_i、p_{ws}、p_i/Z_i 和 p_{ws}/Z_{ws} 的数值代入（6-69）式，得该气藏的真实原

始地质储量为：

$$G_{real} = \frac{52.3605/0.2836}{1 + \dfrac{43.87 \times 10^{-4} \times (78.904 - 40.55)}{\dfrac{52.743}{37.202} - 1}} = 131.6 \times 10^8 \, m^3$$

综合上述，由压力校正法求得该异常高压气藏的真实原始地质储量为 $130 \times 10^8 m^3$；由一元回归法求得的真实原始地质储量为 $130.8 \times 10^8 m^3$；由二元回归法求得的真实原始地质储量为 $130 \times 10^8 m^3$；由解析法求得的真实原始地质储量为 $131.6 \times 10^8 m^3$。由此可见，这些方法确定的结果是可靠的，并起到了相互验证的作用。由解析法计算结果看出，如果将由第一直线段外推确定的虚拟原始地质储量 G_{pseudo} 误认为是真实的原始地质储量 G_{real} 的话，则会产生偏大 40.7% 的后果。

参 考 文 献

1. 陈元千：气田天然水侵的判断方法，石油勘探与开发，1978，5（3）51-57.

2. 陈元千：油气藏的物质平衡方程式及其应用，石油工业出版社，北京，1979.

3. 陈元千：排水采气对水驱气藏采收率的影响，天然气工业，1991，11（4）74-78.

4. 陈元千：确定水驱凝析气藏采收率的方法，天然气工业，1992，12（2）29-35.

5. Hammerlindl, D. J：Predicting Gas Reserves in Abnormally Pressured Reservoirs, SPE 3479, 46th SPE Fall Meeting. New Orleans. La. October，1971.

6. Fertl, W. H：Abonrmal Formation pressures, Developments in petrolem Science, 1976, 275.

7. Harville, D. W. Jr and M H. Rock Compressibility and Failure as Reservoir Mechanisms in Geopressured Gas Reservoirs, JPT（Decem, 1969）1528-1530.

8. 陈元千：异常高压气藏物质平衡方程式的推导及应用，石油学报，1983，4（1）45-53.

9. Ramagost, B. P, and Farshad, F. F.：P/Z Abnormally Pressured Gas Reservoirs, SPE 10125, 56th SPE Fall Meeting, San Antonio, Texas, October, 5-7, 1981.

10. 陈元千：确定不同类型压力系统定容气藏原始地质储量的方法，试采技术，1993，14（2）5-12.

11. 陈元千：胡建国．确定异常高压气藏地质储量和有效压缩系数的新方法，天然气工业，1993，13（1）53-58.

12. Meehan, D. M. and Vogel, E. L.：HP-41Reservoir Engineering Manual, Pennwell Books, 1982.

13. Guerrero, E. T.：How to Estimate Original Dry Gas in Place by Material Balance for Gas Reservoir with Water Drive，OGJ, 1966, 3, 76-82.

第 7 章　产量递减法

产量递减法（Production Decline Method），是当油气田的开发进入递减阶段之后，评价油气田可采储量和剩余可采储量，以及预测油气田未来产量的重要方法。Arps[1,2]于1945年基于油井产量递减数据的实际统计和分析研究，提出了递减率（decline rate）的概念，并建立了指数（Exponential）、双曲线（Hyperbolic）和调和（Hamonic）三种经典的递减类型，广泛应用于国际石油界，至今不衰。我国于1980年代中期，将 Arps 递减用于油气田可采储量的标定工作。后于1990年代后期，为了中国石油、中国石化和中国海油的上市，特聘请 DeGolyer and MacNaughton（D&M）和 Ryder Scott 两大国际著名评估公司，对各自所辖油气田的可采储量和剩余可采储量进行年度评价。这两家评估公司所用的评价方法，主要是 Arps 的指数递减法，而且是它的变异形式[3,4]。该法是在确定或给定递减率，以及按照目前经济评价指标，确定了油气田的经济极限产量条件下，由 Arps 的指数递减，先预测到经济极限产量的产量剖面，再将其相加得到剩余可采储量。此储量与累计产量相加，可得油气田的可采储量（Recoverable Reserves），又称为评价的最终采出量（Estimated Ultimate Recovery，EUR）。应当指出的是，Arps 的3种经典递减的原式，从理论上讲，只适用于油气田从投产即进入递减的情况，因此，具有一定的局限性。陈元千[5]于2005年提出了扩展的 Arps 递减表达式，使其适用于任何时间进入产量递减的开发模式，并建立了直接、快速、准确评价油气田可采储量和剩余可采储量的方法。该法于2010年被国家石油天然气行业标准引入[6]，成为标定油气田可采储量的方法。它也可有效地用于油气田加密开发调整[7,8]、注聚合物提高采收率[9]、重油注蒸汽开采[10,11]等效果的评价。陈元千[12]于2015年还建立了可用于评价致密油气藏可采储量和井控页岩气可采储量的线性递减类型。同时，于2016年以新的递减指数 m 为基础，建立了包括3种扩展 Arps 递减的广义递减模型[13]。该广义递减模型，既可用常规油气田，又可用于非常规油气田可采储量和剩余可采储量的评价，以及产量的预测[14]。应该强调的是，产量递减法的应用，不受储集类型、油气藏类型和驱动类型、开采方式的限制，只要进入了递减阶段，就可有效地加以应用。

7.1　油气田的开发模式

所谓开发模式（Olwelopment Mode），是指油气藏和油气田在投产后的产量变化模式图。在图7-1上绘出了未经开发调整影响的四种开发模式图。图7-1（a）为投产即进入递减的开发模式；图7-1（b）为投产经过一段稳产后进入递减的模式；图7-1（c）为投产后经历先产量上升达到峰值后，再进入递减的模式；图7-1（d）为具有相对稳产阶段的开发模式。

当油气藏和油气田的生产动态进入递减阶段之后，为了改善开发的效果，都会及时地

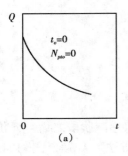 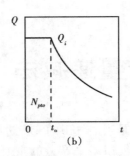 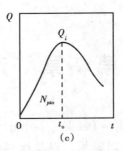 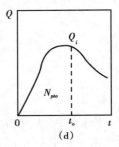

图 7-1   油气田的开发模式图

进行开发调整，比如细分开发层系，加密井网井距和加强注水等，从而使产量回升。但当其调整效果减弱消失，或因含水率的再上升，就会导致油气藏和油气田再次进入新的递减阶段。在图 7-2 上表示了双峰或多峰的开发模式。

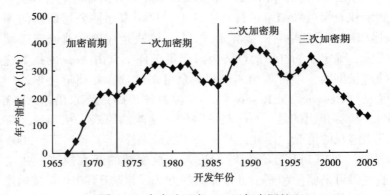

图 7-2   大庆油田杏 4-6 区加密调整

7.2 扩展的 Arps 递减

Arps[1,2]基于矿场油井产量递减数据的统计分析研究，建立了指数递减、双曲线递减和调和递减三种经典递减类型。指数递减的递减率最大，调和递减的递减率最小。但许多实际应用表明，多数油气井、油气藏和油气田的递减都符合指数递减，少数符合双曲线递减，符合调和递减的机率较小。应当强调指出，Arps 的三种经典递减类型，仅描述了投产即进入递减的开发模式。所谓扩展的 Arps 递减就是将只适用于投产即进入递减的 Arps 三种经典递减模式，扩展到如图 7-1 至图 7-2 所示的模式。为便于递减类型的划分和应用，扩展的 Arps 递减，用 m 表示递减指数（Decline Exponent）。它与 Arps 的递减指数 n 的关系为，$m=1-n$，当 $m=2$ 时为线性递减[10]；当 $m=1$ 时为指数递减；当 m 大于 0 和小于 1 时，（1>m>1）时为双曲线递减；当 $m=0$ 时为调和递减。

根据 Arps[1]定义的递减率（Decline Rate），由图 7-3 可表示为：

$$D = -\frac{\mathrm{d}Q}{Q\mathrm{d}t} \tag{7-1}$$

由（7-1）式看出，递减率是有单位的，其单位为时间的倒数。根据产量的时间单位与生产时间单位一致的原则：当产量的时间单位为 d，递减率的单位为 d^{-1}；当产量的时间单位为 mon，递减率的单位为 mon^{-1}；当产量的时间单位为 a，递减率的单位为 a^{-1}。月递减率 $D_m = 30.5 D_\mathrm{d}$（日递减率），年减率 $D_a = 12 D_m$（月递减率）。

当递减率 D 为常数时，由（7-1）式分离变量代入上下限积分：

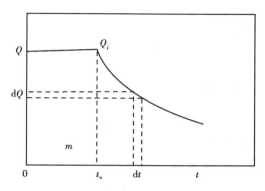

图 7-3　递减阶段的递减率定义

$$D\int_{t_o}^{t}\mathrm{d}t = -\int_{Q_i}^{Q}\frac{\mathrm{d}Q}{Q} \tag{7-2}$$

由（7-2）式的积分可得指数递减的关系式为：

$$Q = Q_i e^{-D(t-t_o)} \tag{7-3}$$

根据 Arps[2] 的研究，产量、递减率和递减指数（Exponential Necline）存在如下的关系：

$$D = D_i\left(\frac{Q}{Q_i}\right)^{1-m} \tag{7-4}$$

将（7-1）式代入（7-4）式，并分离变量代入积分的上下限：

$$\int_{Q_i}^{Q}\frac{\mathrm{d}Q}{Q^{2-m}} = \frac{D_i}{Q_i^{1-m}}\int_{t_o}^{t}\mathrm{d}t \tag{7-5}$$

由（7-5）式积分，可得扩展 Arps 递减的通式，或称为双曲线递减（Hyperbolic Decline）的关系为[3-6]：

$$Q = \frac{Q_i}{\left[1 + D_i(1-m)(t-t_o)\right]^{1/(1-m)}} \tag{7-6}$$

当 $m=2$ 时，由（7-6）式可得线性递减的关系式为：

$$Q = Q_i\left[1 - D_i(t-t_o)\right] \tag{7-7}$$

当 $m=1$ 时，将（7-6）式改写为下式：

$$Q = \frac{Q_i}{\left[1 + \left(\frac{1}{1/Z}\right)^{1/Z}\right]^{D_i(t-t_o)}} \tag{7-8}$$

式中　$Z = (1-m)D_i(t-t_o)$

当 $m=1$，$Z=0$，而 $1/Z \to \infty$ 时，利用常用的序列极限为：

$$\lim_{1/Z \to \infty} \left[1 + \left(\frac{1}{1/Z} \right)^{1/Z} \right]^{D_i(t-t_o)} = e^{D_i(t-t_o)} \tag{7-9}$$

将（7-9）式代入（7-8）式得，扩展的指数递减的关系式为：

$$Q = Q_i e^{-D_i(t-t_o)} \tag{7-10}$$

当 $m=0$ 时，由（7-6）式得调和递减的关系式为：

$$Q = \frac{Q_i}{1 + D_i(t-t_o)} \tag{7-11}$$

上述 4 种递减关系式的对比列于表 7-1。

表 7-1　4 种递减类型的关系式对比

递减类型	递减指数	递减率	产量	累计产量
线性	$m = 2$	$D = \dfrac{D_i}{1 - D_i(t-t_o)}$	$Q = Q_i[1 - D_i(t-t_o)]$	$N_{pt} = N_{pto} + \dfrac{Q_i^2 - Q^2}{2D_i Q_i}$
指数	$m = 1$	$D = D_i = $ 常数	$Q = Q_i e^{-D(t-t_o)}$	$N_{pt} = N_{pto} + \dfrac{Q_i - Q}{D}$
双曲线	$1 > m > 0$	$D = D_i[1 + D_i(1-m)(t-t_o)]^{-1}$	$Q = Q_i[1 + D_i(1-m)(t-t_o)]^{-1}$	$N_{pt} = N_{pto} + \dfrac{Q_i}{mD_i} \cdot [1 - (Q/Q_i)^m]$
调和	$m = 0$	$D = D_i[1 + D_i(t-t_o)]^{-1}$	$Q = \dfrac{Q_i}{1 + D_i(t-t_o)}$	$N_{pt} = N_{pto} + \dfrac{Q_i}{D_i} \ln \dfrac{Q_i}{Q}$

为了制作产量递减分析的典型曲线图版，根据（7-6）式作出如下的无因次量设定[15]：

$$Q_D = Q/Q_i \tag{7-12}$$

$$t_D = D_i(t - t_o) \tag{7-13}$$

式中　Q_i——相应于 t_o 时间的理论初始产量，m^3/mon 或 $10^4 \text{m}^3/\text{a}$；

$\quad\quad Q$——从投产计时 t 时间的产量，m^3/mon 或 $10^4 \text{m}^3/\text{a}$；

$\quad\quad t$——从投产计时递减阶段的某时间，d 或 a；

$\quad\quad t_o$——从投产计时进入递减阶段的开始时间，d 或 a；

$\quad\quad D_i$——t_o 时间的理论初始递减率，d^{-1} 或 a^{-1}。

考虑到（7-12）式和（7-13）式的无因次量设定，可以分别由（7-6）式、（7-7）式、（7-10）式和（7-11）式得，如下不同递减类的无因次表达式。

双曲线递减的无因次表达式为：

$$Q_D = \frac{1}{[1 + (1 - m)t_D]^{1/(1-m)}} \tag{7-14}$$

线性递减的无因次表达式：

$$Q_D = 1 - t_D \tag{7-15}$$

指数递减的无因次表达式为：

$$Q_D = e^{-t_D} \tag{7-16}$$

调和递减的无因次表达式为：

$$Q_D = \frac{1}{1 + t_D} \tag{7-17}$$

给定不同的 m 值和 t_D 值，由（7-14）式至（7-17）式计算的无因次产量值，绘于同一张双对数图上，可得产量递减通用的无因次典型曲线图版（图 7-4）。在图 7-4 上绘了一个符合指数递减的实际拟合曲线。在拟合曲线上任选一个拟合 M，并在拟合图上可以得到拟合点的 $(Q)_M$ 和 $(t-t_o)_M$ 数值和在典型曲线图版得到拟合点的 $(Q_D)_M$ 和 $(t_o)_M$ 数值。将 4 个拟合点的数据，分别代入（7-12）式和（7-13）式，可以分别求得 Q_i 和 D_i 的数值：

$$Q_i = \frac{(Q)_M}{(Q_D)_M} \tag{7-18}$$

$$D_i = \frac{(t_D)_M}{(t - t_o)_M} \tag{7-19}$$

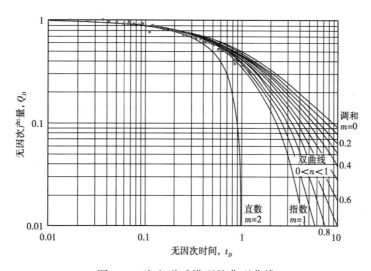

图 7-4 广义递减模型的典型曲线

7.3 广义递减模型[13]

7.3.1 广义递减模型

所谓广义递减模型，是包括线性递减、指数递减、双曲线递减和调和递减的模型，也是用于油气藏或油气田可采储量和剩余可采储量评价的通用模型。在图 7-5 上绘出了一个

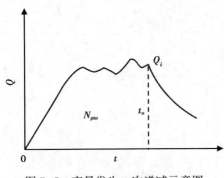

图 7-5　产量发生一次递减示意图

经过 t_o 生产时间后进入递减阶段的示意图。图上的 N_{pt_o} 为生产到 t_o 时间的累计产量。油气藏或油气田生产到 t 时间（$t>t_o$）的总累计产量表示为：

$$N_{pt} = N_{pt_o} + \int_{t_o}^{t} Q dt \qquad (7-20)$$

将（7-6）式代入（7-20）式得：

$$N_{pt} = N_{pt_o} + \frac{Q_i}{mD_i}\left\{1 - \left[\frac{1}{1 + D_i(1-m)(t-t_o)}\right]^{\frac{m}{1-m}}\right\} \qquad (7-21)$$

再将（7-6）式代入（7-21）式得：

$$N_{pt} = N_{pt_o} + \frac{Q_i}{mD_i}\left[1 - \left(\frac{Q}{Q_i}\right)^m\right] \qquad (7-22)$$

将（7-22）式简写为如下关系式：[13]

$$Q^m = A - BN_{pt} \qquad (7-23)$$

式中

$$A = Q_i^m + mD_iQ_i^{m-1}N_{pt_o} \qquad (7-24)$$

$$B = mD_iQ_i^{m-1} \qquad (7-25)$$

这里的（7-23）式，就是用于预测可采储量和剩余可采储量的广义递减模型。

当 $Q = Q_{EL}$（经济极限产量）时，由（7-23）式得经济可采储量为：

$$N_{RE} = \frac{A - Q_{EL}^m}{B} \qquad (7-26)$$

当 $Q = 0$ 时，由（7-23）式得技术可采储量为：

$$N_{RT} = A/B \qquad (7-27)$$

已知目前的产量为 Q_p（Present Rate），那么，剩余的经济可采储量和技术剩余可采储量为：

$$N_{RER} = \frac{Q_p - Q_{EL}^m}{B} \qquad (7-28)$$

$$N_{RTR} = Q_p/B \qquad (7-29)$$

当 $m=2$ 时，由（7-23）式至（7-29）式，可得线性递减（Lineal Decline）的关系式为：

$$Q^2 = A_L - B_L N_{pt} \tag{7-30}$$

$$A_L = Q_i^2 + 2D_i N_{pt_o} \tag{7-31}$$

$$B_L = 2D_i \tag{7-32}$$

$$N_{RE} = \frac{A_L - Q_{EL}^2}{B_L} \tag{7-33}$$

$$N_{RT} = A_L/B_L \tag{7-34}$$

$$N_{RRE} = \frac{Q_p - Q_{EL}^2}{B_L} \tag{7-35}$$

$$N_{RRT} = Q_p/B_L \tag{7-36}$$

当 $m=1$ 时，由（7-23）式至（7-29）式得指数递减（Exponential Decline）的关系式为：

$$Q = A_E - B_E N_{pt} \tag{7-37}$$

$$A_E = Q_i + D_i N_{pt_o} \tag{7-38}$$

$$B_E = Q_i = D = \text{const.}（常数） \tag{7-39}$$

$$N_{RE} = \frac{A_E - Q_{EL}}{B_E} \tag{7-40}$$

$$N_{RT} = A_E/B_E \tag{7-41}$$

由（7-39）式看出，指数递减的递减率为常数。递减率的单位与产量的时间单位相同，并成倒数关系。即 d^{-1}，mon^{-1} 或 a^{-1}。

7.3.2　递减参数的确定及产量预测

为了进行产量预测，需要根据油气藏或油气田的实际生产数据，利用线性回归法和线性迭代试差法，确定预测产量公式中的递减参数。比如，线性递减的递减参数为 Q_i 和 D_i；指数递减（又称为半对数递减，或常百分数递减）为 Q_i 和 D；双曲线递减为 m、Q_i 和 D_i 的数值。现以双曲线递减为例，说明确定递减参数的方法。利用线性迭代试差法，根据（7-23）式，求得相关系数最大的 m 值，并由直线的线性回归求得直线截距 A 和斜率 B 的数值。

将（7-25）式代入（7-24）式，可得在 N_{pt_o} 已知时，确定双曲线递减 Q_i 的关系式为：

$$Q_i = (A_H - B_H N_{pt_o})^{1/m} \tag{7-42}$$

当 Q_i 已经确定的情况下，由（7-25）式改写的下式，确定双曲线递减 D_i 的数值：

$$D_i = \frac{B_H}{mQ_i^{m-1}} \tag{7-43}$$

当 $m=2$ 时，由（7-42）式和（7-43）式可得线性递减的关系式为：

$$Q_i = (A_L - B_L N_{pt_o})^{1/2} \tag{7-44}$$

$$D_i = B_L / 2Q_i \tag{7-45}$$

当 $m=1$ 时，由（7-42）式和（7-43）式可得指数递减的关系式为：

$$Q_i = A_E - B_E N_{pt_o} \tag{7-46}$$

$$D_i = B_E \tag{7-47}$$

在根据实际生产数据，确定了不同递减类型的递减参数值后，即可代入有关的产量公式进行产量的预测。

7.3.3 递减率与产量的关系

由（7-23）式对时间求导得：

$$mQ^{m-1} \frac{dQ}{dt} = -BQ \tag{7-48}$$

将（7-1）式代入（7-48）式得：

$$D = \frac{B}{mQ^{m-1}} \tag{7-49}$$

再将（7-25）式代入（7-49）式得，广义递减的递减率与产量的关系式为：

$$\frac{D}{D_i} = \left(\frac{Q_i}{Q} \right)^{m-1} \tag{7-50}$$

当 $m=2$ 时，由（7-50）式得，线性递减的递减率与产量的关系式为：

$$D/D_i = Q/Q_i \tag{7-51}$$

当 $m=1$ 时，由（7-51）式得，指数递减 $D=D_i$（常数）。

当由上述的关系式确定了不同递减类型的递减参数之后，将其代入不同递减类型的产量与时间的关系式，即可进行产量预测。

7.4 应用举例

7.4.1 线性递减

7.4.1.1 五里湾油田 1 区[12]

在图 7-6 和图 7-7 上，分别绘出了五里湾油田 1 区的产量历史曲线和预测可采储量的 Q 与 N_{pt} 关系图。由图 7-7 直线的线性回归求得直线的截距 $A=2082.1$，斜率 $B=2.63$，相关系数 $r=0.9808$。将 A 和 B 的数值代入（7-34）式得该区的可采储量为：

$$N_R = 2082.1/2.63 = 791 \times 10^4 \text{t}$$

7.4.1.2 CN3-4 页岩水平气井

在图 7-8 和图 7-9 上分别绘出了 CN3-4 页岩气井产量的线性递减图，以及为了预测可

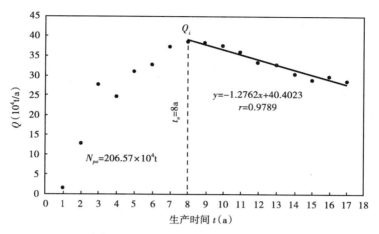

图 7-6 五里湾开发区的生产曲线图

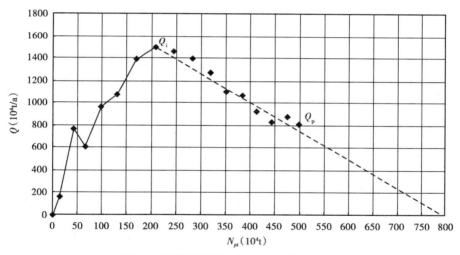

图 7-7 五里湾油田 Q^m 与 N_{pt} 关系（$m=2$）

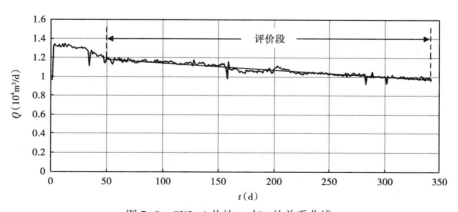

图 7-8 CN3-4 井的 q_g 与 t 的关系曲线

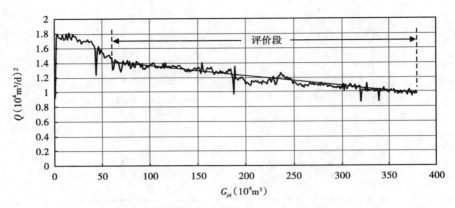

图 7-9 SG-2 井的 Q_g^2 与 G_{pt} 的关系图

采储量的 Q 与 G_{pt} 的关系图。经线性回归求得图 7-9 中直线的 $A = 1.2209$、$B = 0.0007$ 和 $r = 0.9486$。将 A 和 B 的数值代入（7-34）式得，该井控制的页岩气可采储量为：

$$G_R = 1.2209/0.0007 = 1744 \times 10^4 \text{m}^3$$

7.4.2 指数递减

7.4.2.1 葡萄花油田[5]

在图 7-10 和图 7-11 上分别绘出了葡萄花油田的 Q 与 t 的关系图，以及 Q 与 N_{pt} 的关系图。

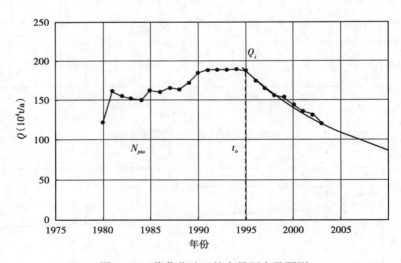

图 7-10 葡萄花油田的产量历史及预测

由图 7-11 递减阶段直线的线性回归求得，直线的截距 $A_E = 327.542$、斜率 $B_E = D_i = 0.0524$、相关系数 $r = 0.9934$，递减阶段之前的总累计产量 $N_{pt_o} = 2692.47 \times 10^4 \text{t}$，$t_o = 15\text{a}$。将 A_E、D_i、N_{pt_o} 的数值代入（7-38）式得 Q_i 为数值为：

$$Q_i = 327.542 - 0.0524 \times 2692.47 = 186.46 \times 10^4 \text{t/a}$$

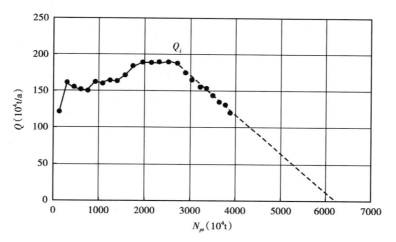

图 7-11　葡萄花油田的 Q 与 N_{pt} 关系图

将 Q_i、$D_i = D$ 和 t_o 的数值代入（7-3）式，得预测产量的关系式为：

$$Q = 186.46\mathrm{e}^{-0.0524(t-15)} \qquad (7\text{-}52)$$

将由（7-52）式预测的曲线绘于图 7-10 上。

将图 7-11 上递减阶段直线数据回归进行线性求得的 A_E 和 B_E 值，代入（7-41）式得，葡萄花油田的可采储量为：

$$N_R = 327.542/0.0524$$
$$= 6250 \times 10^4\mathrm{t}$$

7.4.2.2　东河塘 、真武、河滩等油田[5]

东河塘、真武、河滩、鄯善、广利和宁海等油田的 Q 与 N_{pt} 的关系图，分别绘于图 7-12

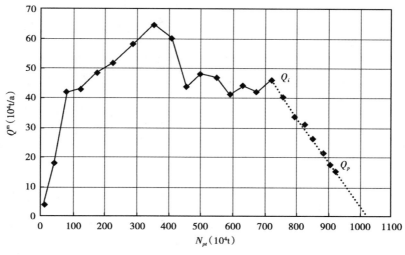

图 7-12　东河塘油田 Q^m 与 N_{pt} 关系图（$m = 1$）

至图 7-17 上。图上的直线在横坐标的截距；即为由（7-41）式计算的可采储量。6 个油田的可采储量为：东河塘 $N_R = 1022 \times 10^4 t$；真武油田的 $N_R = 650 \times 10^4 t$；河滩油田 $N_R = 500 \times 10^4 t$；鄯善油田 $N_R = 1250 \times 10^4 t$；广利油田 $N_R = 1670 \times 10^4 t$；宁海油田 $N_R = 620 \times 10^4 t$。

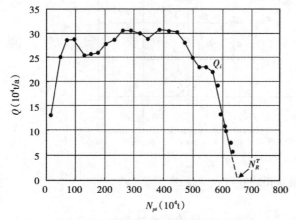

图 7-13　真武油田的 Q 与 N_{pt} 关系图

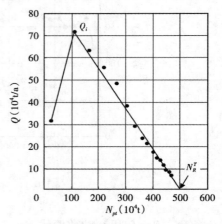

图 7-14　河滩油田的 Q 与 N_{pt} 关系图

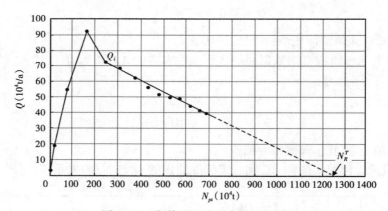

图 7-15　鄯善油田的 Q 与 N_{pt} 关系图

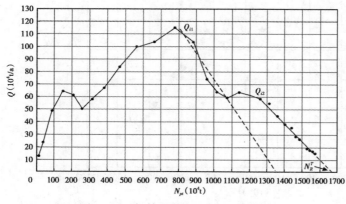

图 7-16　广利油田的 Q 与 N_{pt} 关系图

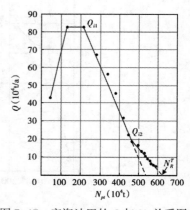

图 7-17　宁海油田的 Q 与 N_{pt} 关系图

7.4.2.3　多次开发调整的乌尔禾八区

由于乌尔禾八区先后经历了 5 次较大的开发调整，油田的产量发生了 5 次调整后的递减期，如图7-18 和图7-19 所示。

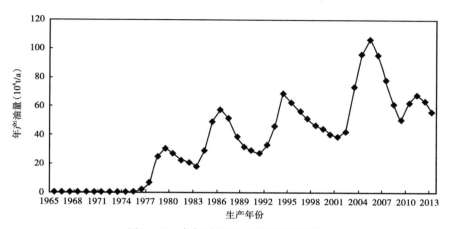

图 7-18　乌尔禾油田八区开发调整图

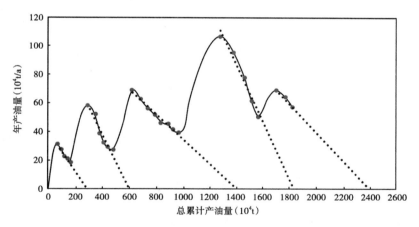

图 7-19　乌尔禾油田八区开发调整可采储量的预测

由图 7-19 看出，该开发区的 5 次产量递减均符合指数递减。经线性回归求得 5 次递减直线的 A、B 和 r 值列于表 7-2。由（7-41）式计算求得 5 次递减的可采储量也列于表 7-2。由图7-19 和表 7-2 看出，5 次开发调查的效果非常明显。

表 7-2　乌尔禾八区的预测结果对比

调整序号	截距 A	斜率 B	相关系数 r	N_R（10^4t）
1	40.69	0.14	0.9899	290.64
2	113.95	0.19	0.9798	599.74
3	121.40	0.09	0.9899	1348.89
4	375.96	0.21	0.9899	1790.28
5	242.96	0.10	0.9899	2421.60

7.4.3 双曲线递减[5]

根据大量产量递减曲线的分析和应用表明，无论何种储集类型、油气藏类型、驱动类型和开发方式的油田气井、油气藏和油气田的产量递减，都可利用指数递减评价可采储量，但双曲线递减发生的概率并不高。为了能使评价的可采储量和剩余可采储量落实可靠，我国聘请的国际评估公司，对大多数油气田均采用指数递减，而下面是一个双曲线递减的实例。法哈牛油田的产量变化曲线，绘于图 7-20 上。经（7-23）式的线性迭代试差法求解，得油田的递减指数 $m = 0.5$，属双曲线递减，直线的截距 $A = 9.220$，斜率 $B = 0.0292$，相关系数 $r = 0.9844$。将 A 和 B 的数值代入（7-27）式得，该油田的可采储量为：

$$N_R = 9.220/0.0292 = 316 \times 10^4 t$$

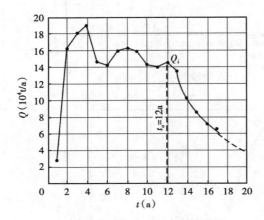

图 7-20　法哈牛油田的产量变化图

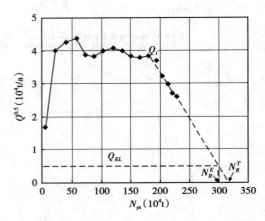

图 7-21　法哈牛油田的 $Q^{0.5}$ 与 N_{pt} 关系图

符号及单位注释

Q——产量，m^3/d，m^3/mon 或 $10^4 m^3/d$；

Q_i——递减阶段开始时 t_o 时间的产量，m^3/d，m^3/mon 或 $10^4 m^3/d$；

Q_p——年度评价时目前（present）的产量，m^3/d 或 m^3/mon；

Q_{EL}——经济极限产量，m^3/mon 或 $10^4 m^3/d$；

Q_D——无因次产量，dim；

t——从投产计算时间的生产时间，d、mon 或 a；

t_o——从投产计算时间递减阶段开始的时间，d，mon 或 a；

t_D——无因次时间，dim；

D——递减率，d^{-1}，mon^{-1} 或 a^{-1}；

D_i——t_o 时间的递减率，d^{-1}，mon^{-1} 或 a^{-1}；

m——递减指数（用于判断递减类型），dim；

N_{pt}——从投产计产到 t 时间的总累计产量，m^3 或 $10^4 m^3$；

N_{pt_o}——从投产计产到 t_o 时间的累计产量，m^3 或 $10^4 m^3$；

N_R——可采储量，m^3 或 $10^4 m^3$；

N_{RE}——经济可采储量，m^3 或 $10^4 m^3$；

N_{RRE}——剩余（remaining）经济可采储量，m^3 或 $10^4 m^3$；

N_{RT}——技术（technical）可采储量，m^3 或 $10^4 m^3$；

N_{RRT}——剩余技术可采储量，m^3 或 $10^4 m^3$；

A 和 B——广义递减模型直线的截距和斜率；

A_L 和 B_L——直线递减的直线截距和斜率；

A_E 和 B_E——指数递减的直线截距和斜率；

A_H 和 B_H——双曲线递减的直线截距和斜率。

参 考 文 献

1. Arps，J. J.：Analysis of decline curve.，Trans. AIME（1945）.160：228-247.

2. Arps，J. J.：Estimation of primary oil reserves，Trans. AIME（1956）207，182-186.

3. 陈元千：油气藏工程实践，石油工业出版社，北京，2005，95-102.

4. 陈元千，唐玮：油气田剩余可采储量、剩余可采储采比和剩余可采程度的年度评价方法，石油学报，2016，37（6）796-801.

5. 陈元千：预测油气田可采储量和剩余可采储量的快速方法，新疆石油地质，2005，26（5）544-548.

6. 国家能源局：SY/7 5367-2010 石油可采储量计算方法，石油工业出版社，北京，2010.

7. 陈元千，王小林，姚尚林，等：加密井提高注水开发油田采收率的评价方法，新疆石油地质，2009，30（6）705-709.

8. 陈元千，吕恒宇，付礼兵，等：注水开发油田加密开发调整效果的评价方法，油气地质与采收率，2017，24（6）60-64.

9. 陈元千，胡丹丹，赵庆飞：注聚合物提高采收率幅度的评价方法及应用，油气地质与采收率，2009，16（5）48-51.

10. 陈元千，周翠，张霞林，等：重质油藏注蒸汽开采预测经济可采储量和经济极限气油比的方法，油气地质与采收率，2015，22（5）1-6.

11. 陈元千，周游，周翠，等 . 利用 SAGD 开采技术预测重质油藏可采储量的方法，特种油气藏，2015，22（6）85-89.

12. 陈元千，周翠：线性递减类型的建立、对比与应用，石油学报 .2015.36（8）983-987.

13. 陈元千，唐玮：广义递减模型的建立及应用，石油学报，2016，37（11）1410-1413.

14. 陈元千，李剑，雷占祥，等：产量递减阶段开发指标的预测方法，新疆石油地质，2013，34（5）545-547.

15. 陈元千，李剑，李云波，等 . 利用典型曲线拟合预测油气藏的可采储量，中国海上油气，2015，27（5）49-54.

第 8 章　预测模型法

预测模型法（Forecasting Model Method），是一种全程预测油气田产量和可采储量的方法。Hubber（哈伯特）于 1962 年在研究美国本土油气资源和产量的增长趋势时，应用数学的逻辑推理曲线方法，提出了 Logistic（逻辑斯谛）模型，又称为哈伯特模型。这也可以说是石油工业界最早的一个预测模型。翁文波于 1984 年将此模型引入中国，并称为逻辑斯特旋回。陈元千于 20 世纪 90 年代研究了油气田产量随时间的变化特征，与概率分布规律相似，提出了将油气田产量的单峰分布，利用概率分布规律的原理和方法，建立了可用于预测油气田产量和可采储量的广义翁氏模型、威布尔（Weibull）模型、瑞利（Rayleigh）模型和对数正态分布（Log-Normal-Distribution）模型。胡建国基于大量油气田开发的实际产量数据，进行统计研究和理论推导，建立了胡建国—陈元千—张盛宗（HCZ）模型，以及陈—胡（H—C）模型和胡—陈（H—C）模型。上述模型既可对油气田、油气区、国家与地区的产量和可采储量进行预测，也可对资源量和储量的增长与变化进行战略性预测。预测模型可分为单峰周期模型和累积增长模型两类。前者包括广义翁氏模型、威布尔模型、瑞利模型、对数正态分布模型；后者包括 HCZ 模型、C—H 模型、H—C 模型和 Hurbbert 模式。油气田开发的实际表明，由于不同的开发调整和实施规模性的 IOR 和 EOR 原因会形成多峰的开发模式。陈元千于 2013 年提出了多峰预测模型的方法。

8.1　统计分布规律转为预测模型的原理

在数理统计学中[11]，属于连续分布的模型（或称为规律）很多，如伽马（Gamma）分布、威布尔（Weibull）分布、贝塔（Beta）分布、对数正态分布（Log-Normal-Distribution）分布和瑞利（Rayleigh）分布等。在油气田开发过程中，产量随时间的变化类似于概率分布的特点。下面介绍如何将数理统计学中的不同分布规律，转为可以预测油气田产量、累计产量和可采储量模型的原理和方法[2]。

在数理统计学中，以 $f(x)$ 表示的分布概率，或称为分布频率、分布密度，那么，累积概率，或称为累积频率的分布函数，则表示为：

$$F(x) = \int_0^x f(x)\, dx \tag{8-1}$$

式中　$F(x)$ ——累积概率，frac；

　　　$f(x)$ ——分布概率，frac。

根据定义，当 $x \to \infty$ 时，由（8-1）式得：

$$F(x)_{x \to \infty} = \int_0^\infty f(x)\, dx = 1 \tag{8-2}$$

对于开发的油气田，累计产量与产量的关系表示为：

$$N_p(t) = \int_0^t Q(t)\,\mathrm{d}t \tag{8-3}$$

式中 $N_p(t)$ ——生产到 t 时间的累计产量，$10^4\mathrm{m}^3$；

$\quad\quad Q(t)$ ——生产到 t 时间的年产量，$10^4\mathrm{m}^3/\mathrm{a}$。

根据定义，当 $t\to\infty$ 时，即 $Q(t)\to 0$ 时，由（8-3）式得：

$$N_p(t)_{t\to\infty} = \int_0^\infty Q(t)\,\mathrm{d}t = N_R \tag{8-4}$$

式中 N_R——可采储量，$10^4\mathrm{m}^3$。

将（8-4）式等号两端同除以 N_R，并引入累积概率 $F(t)$ 后得：

$$F(t)_{t\to\infty} = \frac{N_p(t)_{t\to\infty}}{N_R} = \int_0^\infty \frac{Q_{(t)}}{N_R}\mathrm{d}t = 1 \tag{8-5}$$

由（8-2）式或与（8-5）式相比得：

$$f(x) = \frac{Q(t)}{N_R} \tag{8-6}$$

由（8-6）式可以看出，若将不同分布模型的分布变量，由 x 改为 t，那么，将不同分布概率 $f(t)$ 乘上可采储量 N_R，即得预测油气田产量的不同模型为：

$$Q(t) = N_R f(t) \tag{8-7}$$

不同分布规律如何转为预测模型的方法，在文献[2-10]中有较为详细的介绍。

8.2 预测模型的建立

8.2.1 广义翁氏模型

翁氏模型是翁文波院士于 1984 年基于逻辑推理的方法建立[1]，陈元千[2,12]在 1996 年完成了理论上的推导，并首次提出了求解非线性模型的线性迭代试差法。由于原翁氏模型是在模型常数 b 为正整数时理论推导结果的特例，故将陈氏的推导结果称之为广义翁氏模型。该预测模型包括以下几个关系式[2,12]：

$$Q = at^b \mathrm{e}^{-(t/c)} \tag{8-8}$$

$$Q_{\max} = a\,(bc/2.718)^b \tag{8-9}$$

$$t_m = bc \tag{8-10}$$

$$N_R = ac^{b+1}\Gamma\,(b+1) \tag{8-11}$$

式中 Q——年产量，$10^4\mathrm{m}^3/\mathrm{a}$；

$\quad\quad Q_{\max}$——最高年产量，$10^4\mathrm{m}^3/\mathrm{a}$；

$\quad\quad t$——开发时间，a；

t_m——最高年产量发生的时间，a；

N_R——可采储量，$10^4 \mathrm{m}^3$；

$\Gamma(b+1)$ ——伽马函数；

a，b 和 c——预测模型的常数。

当 b 为正整数时，$\Gamma(b+1) = b!$，则由 (8-11) 式得：

$$N_R = ac^{b+1}b! \tag{8-12}$$

对于任何具体油气田，必须首先利用已经取得的产量随时间的开发数据，通过模型的历史拟合，确定模型常数 a，b 和 c 的数值，以便建立预测油气田产量和累计产量的关系式，并确定 N_R、t_m 和 $Q_{\max}$ 的数值。为利用行之有效的线性迭代试差法确定模型常数，将 (8-8) 式改写为下式：

$$\frac{Q}{t^b} = a\mathrm{e}^{-(t/c)} \tag{8-13}$$

对 (8-13) 式等号两端取常用对数后得：

$$\log \frac{Q}{t^b} = \alpha - \beta t \tag{8-14}$$

式中

$$\alpha = \log a \text{ 或 } a = 10^\alpha \tag{8-15}$$

$$\beta = \frac{1}{2.303C} \quad \text{或 } C = \frac{1}{2.303\beta} \tag{8-16}$$

若给定不同的 b 值，利用 (8-14) 式进行线性迭代试差法求解，能够得到相关系数最高，或最佳产量和累计产量历史拟合的 b 值，即为欲求取的 b 值。此时，将由线性回归法求得直线的截距 α 和斜率 β 的数值，分别代入 (8-15) 式和 (8-16) 式，可得 a 和 c 的数值。在 a、b 和 c 的数值知道后，再由 (8-9) 式、(8-10) 式和 (8-11) 式，确定 $Q_{\max}$、t_m 和 N_R 的数值。

8.2.2 威布尔（Weibull）模型

利用数理统计学中的威布尔分布曲线，陈元千[3]完成的理论推导，建立的威布尔预测模型，其主要关系式为：

$$Q = at^b\mathrm{e}^{-(t^{(b+1)}/c)} \tag{8-17}$$

$$Q_{\max} = a\left[\frac{bc}{2.718(b+1)}\right]^{b/(b+1)} \tag{8-18}$$

$$t_m = \left(\frac{bc}{b+1}\right)^{1/(b+1)} \tag{8-19}$$

$$N_p = N_R\left[1 - \mathrm{e}^{-(t^{b+1}/c)}\right] \tag{8-20}$$

$$N_{pm} = 0.3679N_R \tag{8-21}$$

$$N_R = \frac{ac}{b+1} \tag{8-22}$$

式中 N_{pm}——与 Q_{max} 相对应的累计产量，$10^4 \mathrm{m}^3$；

N_p——累计产量，$10^4 \mathrm{m}^3$。

由（8-21）式看出，采出可采储量的 36.79% 时，油气田即进入产量递减阶段。这也是威布尔模型的一个重要特点，但该模型属于非对称性分布模型。

8.2.3 胡—陈—张（HCZ）模型

根据大量油气田开发实际资料的统计研究和理论推导，胡建国、陈元千和张盛宗，于 1995 年提出了 HCZ 模型[4]，其主要关系式为：

$$N_p = N_R \exp[-(a/b)\exp(-bt)] \tag{8-23}$$

$$Q = aN_{\mathrm{Rexp}}[-(a/b)\exp(-bt)-bt] \tag{8-24}$$

$$Q_{max} = 0.3679bN_R \tag{8-25}$$

$$t_m = \ln(a/b)/b \tag{8-26}$$

$$N_{pm} = 0.3679N_R \tag{8-27}$$

$$\frac{Q_{max}}{N_{pm}} = b \tag{8-28}$$

由 HCZ 模型可以简化为著名的龚帕兹（Gompertz）模型[13]和莫尔（Moore）模型[14]。同时，由（8-27）式可以看出，HCZ 模型适用于采出可采储量的 36.79% 左右进入递减阶段的油气田。此点与威布尔模型相同，但在递减阶段的产量变化，HCZ 模型要比威布尔模型递减明显的慢。

为了确定 HCZ 模型的常数 a、b 的数值，将（8-24）式除以（8-23）式得：

$$\frac{Q}{N_p} = ae^{-bt} \tag{8-29}$$

将（8-29）式等号两端取常用对数后得：

$$\log\frac{Q}{N_p} = \alpha - \beta t \tag{8-30}$$

式中 $$\alpha = \log a \text{ 或 } a = 10^\circ \tag{8-31}$$

$$\beta = \frac{b}{2.303} \text{ 或 } b = 2.303\beta \tag{8-32}$$

由（8-30）式可以看出，油气田的产量和累计产量之比（Q/N_p），与开发时间 t 呈半对数直线关系。对于实际开发的数据，经（8-30）式线性回归求得直线截距 α 和斜率 β 的数值后，再由（8-31）式和（8-32）式分别确定 a 和 b 的数值。在 a 和 b 的数值知道之后，为了确定可采储量 N_R 的数值。将（8-23）式取常用对数后得：

$$\log N_p = A - Be^{-bt} \tag{8-33}$$

式中 $$A = \log N_R \text{ 或 } N_R = 10^A \tag{8-34}$$

173

$$B = a/2.303b \tag{8-35}$$

若设：

$$X = e^{-bt} \tag{8-36}$$

则得：

$$\log N_p = A - BX \tag{8-37}$$

在 b 值已经确定之后，由（8-36）式可以计算不同 t 时间的 X 值。此后，再由（8-37）式进行 N_p 与 X 的线性回归，并确定直线的截距和斜率的数值。最后，由（8-34）式求得可采储量的数值。

8.2.4　逻辑推理（Logistic）模型

逻辑推理模型，在我国常称之为逻辑斯谛模型，这种称呼是不确切的。逻辑斯谛并非是人名，而只是 logistic 英文一词的中文译名。在美国，哈伯特（Hubbert）[15]于 1962 年首次提出逻辑推理曲线（logistic curve）的预测方法。因此，该法又被称为哈伯特模型。然而，令人遗憾的是，目前在有关的国内外石油科技文献中，尚未看到有关该模型的理论推导。陈元千等[5]于 1996 年完成了理论推导，其主要关系式为：

$$N_p = \frac{N_R}{1 + ae^{-bt}} \tag{8-38}$$

$$Q = \frac{abN_R e^{-bt}}{(1 + ae^{-bt})^2} \tag{8-39}$$

$$Q_{max} = 0.25bN_R \tag{8-40}$$

$$N_{pm} = 0.5N_R \tag{8-41}$$

$$t_m = \frac{1}{b}\ln a \tag{8-42}$$

由（8-41）式看出，哈伯特模型的特点在于，采出可采储量的 50% 进入递减阶段，且具对称分布的特征。为确定模型常数，将（8-39）式除以（8-38）式得：

$$\frac{Q}{N_p} = \frac{abN_R e^{-bt}}{N_R(1 + ae^{-bt})} \tag{8-43}$$

将（8-38）式代入（8-43）式得：

$$\frac{Q}{N_p} = \frac{abN_p e^{-bt}}{N_R} \tag{8-44}$$

将（8-44）式等号右端的分子，同时加上和减去一项 bN_p 得：

$$\frac{Q}{N_p} = \frac{bN_p(1 + ae^{-bt})}{N_R} - \frac{bN_p}{N_R} \tag{8-45}$$

再将（8-38）式代入（8-45）式得：

$$Q/N_p = \alpha - \beta N_p \tag{8-46}$$

式中

$$a = b \tag{8-47}$$

$$\beta = b/N_R \text{ 或 } N_R = \alpha/\beta \tag{8-48}$$

利用油气田的实际生产数据，在由上述方法求解 b 和 N_R 的数值后，为了确定 α 的数值，将（8-38）式改写为：

$$\log\left(\frac{N_R - N_p}{N_p}\right) = A - Bt \tag{8-49}$$

式中

$$A = \log a \text{ 或 } a = 10^A \tag{8-50}$$

$$B = b/2.303 \text{ 或 } b = 2.303B \tag{8-51}$$

由（8-49）式看出，这是一个半对数直线关系式。在（8-46）式线性回归已经求得 N_R 数值的条件下，根据油气田开发的实际 N_p 与 t 的相应数据，再由（8-49）式的线性回归，可以求 a 和 b 的数值。这里求得的 b 值应与（8-47）式求得的数值基本相同。

8.2.5　胡—陈（Hu-Chen）模型

根据大量的实际开发资料，由胡建国和陈元千于1997年建立的预测模型[6]，其基本关系式为：

$$N_p = \frac{N_R}{1 + at^{-b}} \tag{8-52}$$

$$Q = \frac{abN_R t^{-(b+1)}}{(1 + at^{-b})^2} \tag{8-53}$$

$$Q_{\max} = \frac{N_R(b-1)^{(b-1)/b}(b+1)^{(b+1)/b}}{4ba^{1/b}} \tag{8-54}$$

$$N_{pm} = \frac{(b-1)N_R}{2b} \tag{8-55}$$

$$t_m = \left[\frac{a(b-1)}{b+1}\right]^{1/b} \tag{8-56}$$

为了利用线性迭代试差法同时确定模型常数 a、b 和 N_R 的数值，将（8-52）式改写为：

$$\frac{N_R - N_p}{N_p} = at^{-b} \tag{8-57}$$

将（8-57）式等号两端取常用对数后得：

$$\log\left(\frac{N_R - N_p}{N_p}\right) = \alpha - \beta\log t \tag{8-58}$$

式中

$$\alpha = \log a \text{ 或 } a = 10^\circ \tag{8-59}$$

175

$$\beta = b \tag{8-60}$$

根据实际生产的 N_p 与 t 数据，给定不同的 N_R 值进行线性迭代试差和线性回归，能求出最高相关系数和最佳历史拟合的 N_R 值，即欲求的正确 N_R 值。同时，由（8-58）式的线性回归求得 α 和 β 的数值后，再由（8-59）式和（8-60）式分别确定 a 和 b 的数值。

8.2.6 对数正态分布（Log-Normal-Distribution）模型

根据数理统计学中的对数正态分布，陈元千[7]完成了建模的推导，其主要关系式为：

$$Q = at^{-1}e^{-(\ln t - c)^2/b} \tag{8-61}$$

式中

$$a = \frac{N_R}{\sqrt{\pi b}} \tag{8-62}$$

$$Q_{max} = ae^{(b/4-c)} \tag{8-63}$$

$$t_m = e^{(c-b/2)} \tag{8-64}$$

$$N_p = \int_0^t Q\mathrm{d}t \quad （可采用 Simpson 积分法） \tag{8-65}$$

为了进行线性试差求解，将（8-61）式改写为下式：

$$Qt = ae^{-(\ln t - c)^2/b} \tag{8-66}$$

将（8-66）式等号两端取常用对数后得：

$$\log Qt = \alpha - \beta(\ln t - c)^2 \tag{8-67}$$

式中

$$\alpha = \log a \ 或 \ a = 10a \tag{8-68}$$

$$\beta = \frac{1}{2.303b} \ 或 \ b = \frac{1}{2.303\beta} \tag{8-69}$$

根据实际生产数据，利用（8-67）式给定不同的 c 值进行线性迭代试差，对于能得到最佳历史拟合的 c 值，即为欲求的正确 c 值，并由线性回归确定 α 和 β 的数值。当由（8-68）式和（8-69）式，分别求得 a 和 b 的数值后，再由（8-62）式改写的下式确定 N_R 的数值：

$$N_R = a\sqrt{\pi b} \tag{8-70}$$

8.3 预测模型分类及典型曲线

在上节中介绍的预测模型，可按其建立的基础不同，将其划分为两类，即单峰周期型和累积增长模型，现分别加以说明。

8.3.1 单峰周期模型及典型曲线

所谓单峰周期模型，就是描述油气藏或油田开发的全过程，可用一个产量从 0 开始上升，达到峰值进入递减，最后产量趋近于 0 而结束。这就是一个油气藏或油气田开发的生命周期。属于单峰周期模型的有广义翁氏模型、威布尔（Weibull）模型、陈—郝（Chen-Hao）模型、瑞利（Rayleigh）模型。广义单峰周期模型的关系式为：

$$Q = at^b e^{-(t^m/c)} \tag{8-71}$$

$$Q_{peak} = a\left(\frac{bc}{2.718m}\right)^{b/m} \tag{8-72}$$

$$t_{peak} = (bc/m)^{1/m} \tag{8-73}$$

$$N_p = \frac{ac^{(b+1)}/m}{m} \Gamma\left(\frac{b+1}{m}\right) \tag{8-74}$$

式中　Q——t 时间的年产量，$10^4 t/a$；

Q_{peak}——峰值产量，$10^4 t/a$；

t——生产时间，a；

t_{peak}——峰值时间，a；

m——用于判断模型类型的模型因子，dim；

N_R——可采储量，$10^4 t$；

a、b 和 c——模型常数（a 与 N_R 成正比；b 控制峰位，b 值越大，峰位距纵轴越远；c 控制峰位后的产量分布，c 越大产量递减越小）。

在（8-74）式中伽马（Gamma）函数可由 Laneson 的下式计算：

$$\Gamma(Z+1) = \frac{\sqrt{2\pi}(Z+2)^{Z+0.5}}{e^{Z+2}}\left(\frac{1.0864}{Z+1} + 1\right) \tag{8-75}$$

式中

$$\Gamma\left(\frac{b+1}{m}\right) = \Gamma(Z+1) \tag{8-76}$$

$$Z = \frac{b+1-m}{m} \tag{8-77}$$

当 $m=1$ 时，由广义预测模型组可得广义翁氏模型组的关系式；当 $m=b+1$ 时，可得威布尔模型组的关系式；当 $m=2$ 时，可得陈—郝模型组的关系式；当 $m=2$ 和 $b=1$ 时，可得瑞利模型组的关系式；当 $b=0$ 且 $D=1/C$ 时，可得泛指数递减的关系式为：

$$Q = ae^{-Dt^m} \tag{8-78}$$

当 $m=1$ 时得由（8-78）式 Arps 的指数递减关系式。

下面介绍单峰周期模型的典型曲线（Type cruves）。应当指出，典型曲线是一种理论图版曲线，为了建立预测模型的典型曲线，需作如下的无因次量设定：

$$Q_D = Q/Q_{peak} \tag{8-79}$$

$$t_D = t/t_{peak} \tag{8-80}$$

式中　Q_D——无因次产量，dim；

t_D——无因次时间，dim；

Q_{peak}——峰值产量，$10^4 \mathrm{m}^3/\mathrm{a}$；

t_{peak}——峰值时间，a。

利用（8-79）式和（8-80）式的无因次关系，由（8-71）式可得广义的单峰周期模型的无因次关系式为：

$$Q_D = (2.718)^{b/m} t_D^b \mathrm{e}^{-(b/m)\,t_D^m} \tag{8-81}$$

当 $m=1$ 时，由（8-81）式可得广义翁氏模型的无因次关系式为：

$$Q_D = (2.718)^b t_D^b \mathrm{e}^{-b/t_D} \tag{8-82}$$

当 $m=b+1$ 时，由（8-81）式可得 Weibull 模型的无因次关系式为：

$$Q_D = (2.718)^{b/(b+1)} t_D^b \mathrm{e}^{-(\frac{b}{b+1})\,t_D^{b+1}} \tag{8-83}$$

当 $m=2$ 时，由（8-81）式可得陈-郝模型的无因次关系为：

$$Q_D = (2.718)^{b/2} t_D^b \mathrm{e}^{-(b/2)\,t_D^2} \tag{8-84}$$

当 $m=2$ 且 $b=1$ 时，由（8-81）式可得 Rayleigh 模型的无因次关系式为：

$$Q_D = (2.718)^{1/2} t_D \mathrm{e}^{(1/2)\,t_D^2} \tag{8-85}$$

给定不同的 b 值，由（8-82）至（8-85）式计算的广义翁氏无因次图版、Weibull（威布尔）图版、陈-郝图版和 Rayleigh（瑞利）图版，分别绘于图 8-1 至图 8-4 上。如何利用单峰周期的无因次模型，预测可采储量和产量，参考文献[18]所述。

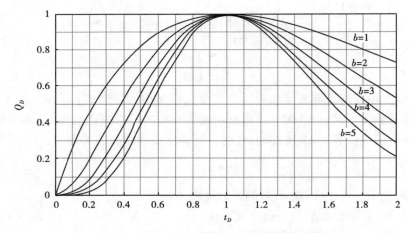

图 8-1　广义翁氏模型的典型曲线（$m=1$）

对于影响单峰周期模型产量变化的因素，可进行如下的分析：

由（8-71）式看出，单峰周期模型是一个非线性多参数（a、b、c 和 m）控制的模型。但对于实际开发的油气田，a、b、c 和 m 之间的数值是互相制约的。由（8-81）式的无因

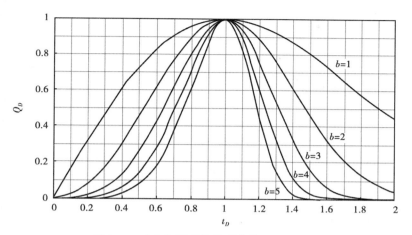

图 8-2　威布尔模型的典型曲线（$m = b+1$）

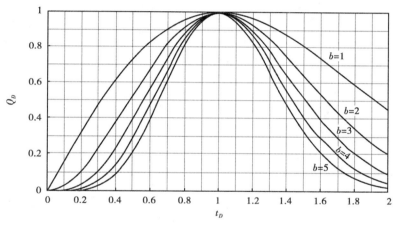

图 8-3　陈—郝模型的典型曲线（$m = 2$）

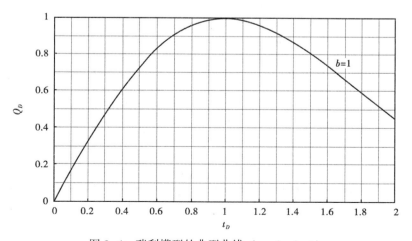

图 8-4　瑞利模型的典型曲线（$m = 2$，$b = 1$）

次的单峰周期模型看出，它由三个主体部分组成。现以广义翁氏模型为例，第 1 部分以常数表示为：

$$\alpha = (2.718)^b \tag{8-86}$$

第 2 和第 3 部分可分别写为以下两个函数关系：

$$f_1(t_D) = t_D^b \tag{8-87}$$

$$f_2(t_D) = e^{-bt_D} \tag{8-88}$$

将（8-86）式至（8-88）式代入（8-82）式得：

$$Q_D = \alpha f_1(t_D) f_2(t_D) \tag{8-89}$$

由于在（8-89）式中的 α 为常数。因此，广义翁氏模型无因次产量的典型曲线，主要受 $f_1(t_D)$ 和 $f_2(t_D)$ 的控制。在图 8-5 和图 8-6 上的 $f_2(t_D)$ 和 $f_1(t_D)$ 无因次函数曲线，受到 b 值的影响明显。在 $t_D = 1$ 之前，即在产量峰位之前，Q_D 主要受 $f_2(t_D)$ 的控制；在 $t_D = 1$ 之后，Q_D 主要受 $f_1(t_D)$ 的控制。因此，在 $t_D < 1$ 之前，广义翁氏模型的产量主要受指数函数的控制；在 $t_D > 1$ 之后，广义翁氏模型的产量主要受幂函数的控制。其他单峰周期模型的产量变化，受 t_D 的控制大体上与广义翁氏模型相似。

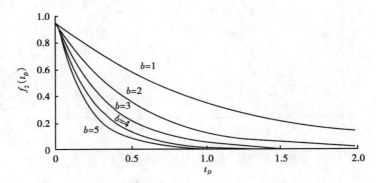

图 8-5　广义翁氏模型 $f_2(t_D)$ 与 t_D 的关系图（$m = 1$）

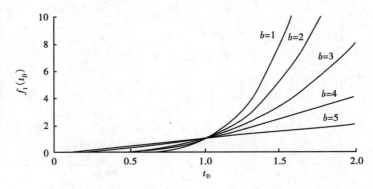

图 8-6　广义翁氏模型 $f_1(t_D)$ 与 t_D 的关系图（$m = 1$）

8.3.2 累积增长模型及典型曲线

累积增长模型是依据累计产油量与时间的关系建立起来的。该类模型包括 HCZ（胡—陈—张）模型和哈伯特（Hubbert）模型，又称为逻辑斯谛（Logistic）模型。这两种模型的关系式见本章的第 2 节内容。为了制作累积增长模型的典型曲线图版，需作如下无因次设定：

$$N_{pD} = N_p/N_{peak} \tag{8-90}$$

$$t_D = t/t_{peak} \tag{8-91}$$

式中 N_{peak}——峰值产量对应的累计产量，$10^4 m^3$；

t_{peak}——峰值产量对应的时间，a。

利用（8-90）式和（8-91）式，可得 HCZ 模型的无因次模型和 Hubbert 模型的无因次模型为[19]：

$$N_{pD} = 2.718\exp\{-c\exp[-(\ln c)t_D]\} \tag{8-92}$$

$$N_{pD} = \frac{2}{1 + Ae^{-(\ln A)t_D}} \tag{8-93}$$

由（8-92）式可得到不同 C 值的无因次 HCZ 模型图版（图 8-7）；由（8-93）式可得到不同 A 值的无因次 Hubbert 模型图版（图 8-8）。利用图 8-7 和图 8-8 典型曲线的拟合技术，确定可采储量和预测油田产量的方法，见文献[19,20]所述。

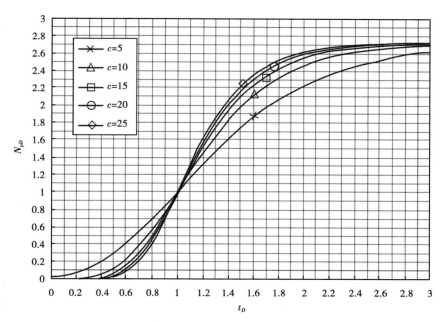

图 8-7 HCZ 模型的典型曲线

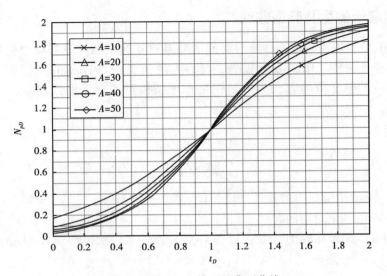

图 8-8　Hubbert 模型的典型曲线

8.4　多峰预测模型

在油气田开发的实际过程中，为了提高产量或降低产量的递减率，都会不失时机地进行开发调整，比如打加密井、细分开发层系、缩小井距、加强注水、打水平井、改变注采系统，提高波及体积和实施三次采油方案等。上述的开发调整工作，都会引起产量的多峰变化现象（图 8-9）。如何建立多峰产量和可采储量的预测模型，一直引起国内外专家的共同关注。

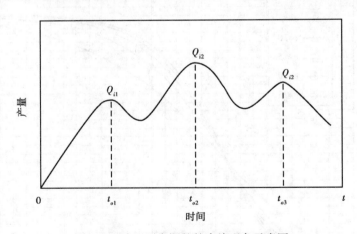

图 8-9　油田开发调整的多峰现象示意图

陈元千[6]提出的广义单峰周期模型组为：

$$Q_n(t) = a_n(t - t_{o(n-1)})^{b_n} \exp[-(t - t_{o(n-1)})_n^m / C_n] \tag{8-94}$$

对于多峰的开发模式，不同峰期的峰值产量 Q_{peak} 和峰值发生的时间 t_{peak} 分别表示如下：

$$Q_{peak} = a_n \left(\frac{b_n C_n}{2.718 m_n} \right)^{b_n/m_n} \tag{8-95}$$

$$t_{peak} = t_{o(n-1)} + \left(\frac{b_n C_n}{2.718 m_n} \right)^{1/m_n} \tag{8-96}$$

由 (8-94) 式可给出预测不同峰期（假定 4 个）的产量公式为：

$$Q_1(t) = a_1(t - t_{00})^{b1} \exp\left[-(t - t_{00})^{m_1}/C_1 \right] \tag{8-97}$$

$$Q_2(t) = a_2(t - t_{01})^{b2} \exp\left[-(t - t_{01})^{m_2}/C_2 \right] \tag{8-98}$$

$$Q_3(t) = a_3(t - t_{02})^{b3} \exp\left[-(t - t_{02})^{m_3}/C_3 \right] \tag{8-99}$$

$$Q_4(t) = a_4(t - t_{03})^{b4} \exp\left[-(t - t_{03})^{m_4}/C_4 \right] \tag{8-100}$$

不同峰期的累计产量，分别由下面的公式计算：

$$N_{p1} = \int_0^{t01} Q_1(t)\,\mathrm{d}t \tag{8-101}$$

$$N_{p2} = N_{p1} + \int_{t01}^{t02} Q_2(t)\,\mathrm{d}t \tag{8-102}$$

$$N_{p3} = N_{p2} + \int_{t02}^{t03} Q_3(t)\,\mathrm{d}t \tag{8-103}$$

$$N_{p4} = N_{p3} + \int_{t03}^{t03} Q_4(t)\,\mathrm{d}t \tag{8-104}$$

不同峰期的可采储量，分别由下面的公式计算：

$$N_{R1} = \frac{a_1 c_1^{(b_1+1)/m_1}}{m_1} \Gamma\left(\frac{b_1+1}{m_1} \right) \tag{8-105}$$

$$N_{R2} = N_{p1} + \frac{a_2 c_2^{(b_2+1)/m_2}}{m_2} \Gamma\left(\frac{b_2+1}{m_2} \right) \tag{8-106}$$

$$N_{R3} = N_{p2} + \frac{a_3 c_2^{(b_3+1)/m_3}}{m_3} \Gamma\left(\frac{b_3+1}{m_3} \right) \tag{8-107}$$

$$N_{R4} = N_{p3} + \frac{a_4 c_4^{(b_4+1)/m_4}}{m_4} \Gamma\left(\frac{b_4+1}{m_4} \right) \tag{8-108}$$

关于模型常数的求解方法，由 (8-94) 式可以看出，本章的多峰预测模型是每个峰期包括 4 个待定常数（a_n、b_n、c_n、m_n）的非线性模型。对于这种预测模型，采用笔者提出的线性迭代试差法[1]，得不到更为可靠的模型常数，因而，影响到可采储量和产量的预测的可靠性。本文提出的非线性多参数自动拟合技术，可以同时确定 a_n、b_n、c_n 和 m_n 的最佳数值。对于一个存在多峰产量变化的实际油田，具体的拟合求解步骤如下：

（1）根据实际开发的产量变化曲线，由峰间的谷位进行峰期划分，如图8-9划分的3个峰期示意。

（2）按照峰期的产量数据，应用多期预测模型进行自动拟合求解，分别确定各峰期的模型常数 a_n、b_n、c_n 和 m_n 的数值。

（3）建立不同峰期产量预测的实际模型，进行不同峰期的理论产量预测，并确定不同峰期的 Q_{peak}、t_{peak} 和 N_R 的数值。

（4）确定由于新区块的投产、开发的调整和三次采油工程的实施，增加的可采储量和采收率。

8.5　应用举例

（1）俄罗斯的萨马特洛尔和罗马什金两大油田，利用广义翁氏模型预测的结果绘于图8-10所示。两个油田的可采储量分别为 23.29×10^8t 和 25.72×10^8t[21]。

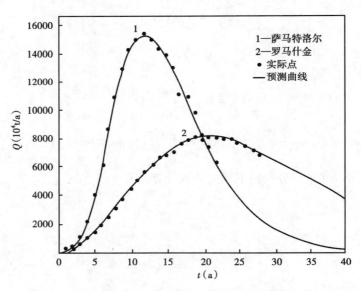

图8-10　萨马特洛尔和罗马什金油田的产量预测与实际对比

（2）利用单峰周期模型的典型曲线和累积增长模型典型，对萨马特洛尔油田的拟合求解的预测的结果，绘于图8-11和图8-12。预测该油田的可采储量分别为 22.88×10^8t 和 24.8×10^8t[18,19]。

（3）多峰预测模型在大庆油田杏4-6区的应用绘于图8-13。预测三次加密调整提示的采收率分别达到35.21%、46.69%和55.79%[16]。

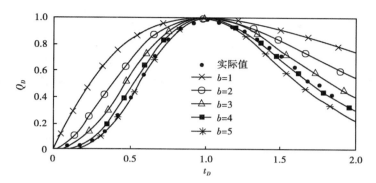

图 8-11　广义翁氏模型典型曲线拟合

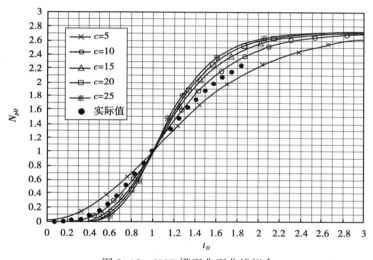

图 8-12　HCZ 模型典型曲线拟合

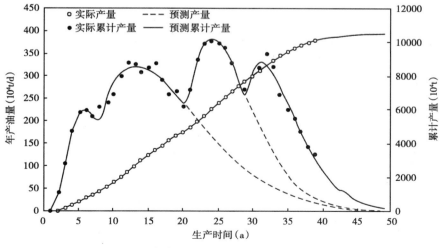

图 8-13　大庆油田杏 4-6 区多峰模型预测结果

参 考 文 献

1. 翁文波：预测论基础，石油工业出版社，北京，1984.

2. 陈元千：广义翁氏预测模型的推导与应用，天然气工业，1996，16（2）22-26.

3. 陈元千，胡建国：预测油气田产量和可采储量的 Weibull 模型，新疆石油地质，1995，16（3）250-255.

4. 胡建国，陈元千，张盛宗：预测油气田产量和可采储量的新模型，石油学报，1995，16（1）79-86.

5. 陈元千，胡建国，张栋杰：Logistic（逻辑斯谛）模型的推导及应用，新疆石油地质，1996，17（2）150-155.

6. 胡建国，陈元千：Hu-Chen（胡—陈）预测模型的建立与应用，天然气工业，1997，17（5）31-34.

7. 陈元千，袁自学：对数正态分布（Log Normal Distribution）预测模型的建立与应用，石油学报，1997，18（2）84-88.

8. 袁自学，陈元千：预测油气田产量和可采储量的瑞利（Rayleigh）模型，中国海上油气（地质），1996，10（2）101-105.

9. 胡建国，陈元千：T 模型的应用与讨论，天然气工业，1995，15（4）26-29.

10. 李从瑞，陈元千：广义预测模型的建立与应用，石油勘探与开发，1998，25（4）38-41.

11. 数学手册编写组．数学手册，人民教育出版社，北京，1979.

12. 陈元千，胡建国：对翁氏模型原建模的回顾及新的推导，中国海上油气（地质），1996，10（5）317-324.

13. 陈玉祥，张汉亚：预测技术与应用，机械工业出版社，北京，1985.

14. Moore, C. L.：Analysis and Projection of the Historical Pattem of Supply of Exhaustible National Resources, Paper presented to the Operations Research Society of America, Boston, Mass, May, 6-7, 1965.

15. Hubbert, M. K.：Energy Resources, National Acdemy of Sciences, National Research Council, Washinton, D. C. 1962.

16. 陈元千，郝明强：多峰预测模型的建立与应用，新疆石油地质，2013，34（3）296-299.

17. 陈元千，郝明强：HCZ 模型在多峰预测中的应用，石油学报，2013，34（4）747-752.

18. 陈元千，邹存友：预测油田产量和可采储量模型的典型曲线及应用，石油学报，2014，35（4）749-753.

19. 陈元千，邹存有：累积增长预测模型的典型曲线及应用，中国海上油气，2014，26（1）54-57.

20. 陈元千，李钊：威布尔模型的典型曲线及应用，油气地质与采收率，2014，21（1）37-35.

21. 陈元千：广义翁氏预测模型的推导与应用，天然气工业，1996，16（2）22-26.

第9章 水驱曲线法

水驱曲线法（Water Drive Curves Method），是天然水驱和人工注水开发油田所特有的实用方法。利用有关水驱曲线法，不但可以预测水驱油田的有关开发指标，而且可以预测当油田开发的含水率或水油比达到经济极限条件时的可采储量和采收率，并能对水驱油田的可动油储量和原始地质储量作出有效的预测与判断。同时，应用水驱曲线法与预测模型法，或与产量递减法的联解，可以弥补水驱曲线法与开发时间无关联，以及预测模型和产量递减法与含水率无关联的缺陷。本章将对水驱曲线分类进行介绍，并通过实例说明不同方法的应用效果和差异。

9.1 直线关系的水驱曲线

苏联学者谢巴切夫（Сииачев）[1] 和纳扎洛夫（Назаров）[2]，分别于 1981 年和 1982 年提出了累计液油比（累计产液量与累计产油量之比）与累计产液量的直线关系式。后于 1995 年陈元千[3] 完成了理论上的推导，除得到了有关预测可采储量和含水率的关系式外，并得到了预测可动油储量（Movable Oil in Place）和水驱体积波及系数（volume sweep efficiency）的重要关系式。该水驱曲线法国行标称为丙型水驱曲线，其关系式为：

$$\frac{L_p}{N_p} = a_1 + b_1 L_p \tag{9-1}$$

式中　L_p——累计产液量，$10^4 \mathrm{m}^3$；

　　　N_p——累计产油量，$10^4 \mathrm{m}^3$；

　　　a_1——直线的截距；

　　　b_1——直线的斜率，由下式表示[3]：

$$b_1 = 1/N_{cm} \tag{9-2}$$

$$N_{om} = \frac{V_p(S_{oi} - S_{or})}{B_{oi}} \tag{9-3}$$

式中　N_{om}——可动油储量，$10^4 \mathrm{m}^3$；

　　　V_p——有效孔隙体积，$10^4 \mathrm{m}^3$；

　　　S_{oi}——原始含油饱和度，frac；

　　　S_{or}——残余油饱和度，frac；

　　　B_{oi}——地层原油的原始体积系数，dim。

由（9-1）式对时间 t 求导，经过有关变换与整理后得累积产量与含水率的关系式为：

$$N_p = \frac{1 - \sqrt{a_1(1 - f_w)}}{b_1} \tag{9-4}$$

式中 f_w——含水率，frac。

预测合水率的关系式为：

$$f_w = 1 - \frac{(1 - b_1 N_p)^2}{a_1} \tag{9-5}$$

当含水率 f_w 取为经济极限含水率 f_{wL} 后，由（9-4）式得可采储量的关系式为：

$$N_R = \frac{1 - \sqrt{a_1(1 - f_{wL})}}{b_1} \tag{9-6}$$

式中 N_R——可采储量，$10^4 \mathrm{m}^3$；

　　　　f_{wL}——经济极限含水率，frac。

不同含水率和经济极限含水率条件下的水驱体积波及系数，分别表示为[4]：

$$E_v = 1 - \sqrt{a_1(1 - f_w)} \tag{9-7}$$

$$E_{va} = 1 - \sqrt{a_1(1 - f_{wL})} \tag{9-7a}$$

式中 E_v——含水率为 f_w 时的体积波及系数，frac；

　　　　E_{va}——含水率为 f_{wL} 时的体积波及系数，frac。

由（9-1）式至（9-3）式可以看出，丙型水驱曲线的累计液油比（L_p/N_p）与累计产液量（L_p）之间，存在着简单的直线关系，并由直线斜率的倒数可以确定水驱油田的可动油储量（N_{cm}）；由（9-3）式可以确定当含水率达到经济极限时的可采储量（N_R）；由（9-7）式和（9-7a）式，可以分别确定不同含水率和经济极限含水率下的水驱体积波及系数。

9.1.1　累计液油比与累计产水量的关系式

苏联学者纳扎洛夫（Назаров）[5]，于 1972 年以经验公式的形式，提出了累计液油比与累计产水量的直线关系式。后于 1995 年由陈元千[3]完成了理论的推导，并证明该直线关系式的斜率与（9-1）式相同。国行标称为的丙型水驱曲线，其表达式为：

$$\frac{L_p}{N_p} = a_2 + b_2 W_p \tag{9-8}$$

式中 W_p——累计产水量，$10^4 \mathrm{m}^3$；

　　　　a_2——直线的截距；

　　　　b_2——直线的斜率等于 b_1。

由（9-8）式对时间 t 求导，经过有关变换和整理后得[3]：

$$N_p = \frac{1 - \sqrt{(a_2 - 1)(1 - f_w)/f_w}}{b_2} \tag{9-9}$$

当 f_w 取为 f_{wL} 时，由（9-9）式可得可采储量的关系式为：

$$N_R = \frac{1 - \sqrt{(a_2 - 1)(1 - f_{wL})/f_{wL}}}{b_2} \tag{9-10}$$

预测含水率的关系式为：

$$f_w = \frac{1}{1 + \dfrac{(1 - b_2 N_p)^2}{a_2 - 1}} \tag{9-11}$$

该水驱曲线法，除了可以预测水驱油田的可采储量（N_R）和可动油储量（N_{om}）之外，同样可以确定不同含水率时的水驱体积波及系数（E_v）和最终水驱体积波及系数（E_{va}）。

9.1.2　累计水油比与累计产液量的关系式

已知：$L_p = N_p + W_p$，故由（9-1）式可得，累计水油比（W_p/N_p）与累计产液量的关系式为[6]：

$$\frac{W_p}{N_p} = a_3 + b_3 L_p \tag{9-12}$$

式中的 $a_3 = a_1 - 1$；$b_3 = b_1$。

如前所述，由（9-12）式可得可采储量的关系式为[6]：

$$N_R = \frac{1 - \sqrt{(1 + a_3)(1 - f_{wL})}}{b_3} \tag{9-13}$$

9.1.3　累计产油量的倒数与累计产液量的倒数关系式

将（9-1）式等号两端同除以 L_p 得，累计产油量的倒数与累计产液量倒数之间的关系式为[6]：

$$\frac{1}{N_p} = a_4 + b_4 \frac{1}{L_p} \tag{9-14}$$

式中的 $a_4 = b_1$；$b_4 = a_1$。

如前所述，由（9-14）式可得可采储量的关系式为[6]：

$$N_R = \frac{1 - \dfrac{b_4}{\sqrt{b_4/(1 - f_{wL})}}}{a_4} \tag{9-15}$$

9.1.4　累计水油比与累计产水量的关系式

已知：$L_p = N_p + W_p$，故由（9-7）式可得，累计水油比（W_p/N_p）与累计产水量的关系式为[6]：

$$\frac{W_p}{N_p} = a_5 + b_5 W_p \tag{9-16}$$

式中的 $a_5 = a_2 - 1$；$b_4 = b_2$。

如同所述，由（9-16）式可得可采储量的关系式为[6]：

$$N_R = \frac{1 - \sqrt{a_5(1 - f_{wL})/f_{wL}}}{b_5} \qquad (9-17)$$

9.1.5 累计产油量的倒数与累计产水量的倒数关系

将（9-8）式等号两端同除以 W_p 得，累计产油量的倒数与累计产水量的倒数关系式为[6]：

$$\frac{1}{N_p} = a_6 + b_6 \frac{1}{W_p} \qquad (9-18)$$

式中的 $a_6 = b_2$；$b_6 = a_2 - 1$。

如同前述，由（9-18）式可得可采储量的关系式为[6]：

$$N_R = \frac{1 - \dfrac{b_6}{\sqrt{b_6 f_{wL}/(1 - f_{wL})}}}{a_6} \qquad (9-19)$$

9.2 半对数关系式的水驱曲线

9.2.1 累计产水量与累计产油量的关系式

由苏联学者马克西莫夫（Максимов）[7]，于 1959 年以经验公式提出了累计产水量与累计产油量的半对数直线关系式。后于 1978 年我国著名专家、已故中科院院士童宪章先生[8]，命名为甲型水驱曲线，并名为国行标沿用。陈元千[9]于 1985 年在理论上完成了系统地推导。该水驱曲线法在国内外得到了广泛的应用。它既可以预测经济极限含水率条件下的可采储量，又能对水驱油田的地质储量作出评价。陈氏理论推导的甲型水驱曲线关系式为：

$$\log W_p = A_1 + B_1 N_p \qquad (9-20)$$

式中　W_p——累计产水量，$10^4 \mathrm{m}^3$；

$\quad\quad N_p$——累计产油量，$10^4 \mathrm{m}^3$。

而 A_1 和 B_1 为甲型水驱曲线的 截 距 和 斜 率，分别表示如下：

$$A_1 = \log D + \frac{E}{2.303} \qquad (9-21)$$

$$B_1 = \frac{3mS_{oi}}{4.606N} \qquad (9-22)$$

$$D = \frac{2N\mu_o B_o \rho_w}{3mn\mu_w B_w \rho_o (1 - S_{wi})} \qquad (9-23)$$

$$E = \frac{m}{2}(3S_{oi} + S_{or} - 1) \tag{9-24}$$

式中　N——原始地质储量，$10^4 \mathrm{m}^3$；

　　　S_{oi}——原始含油饱和度，frac；

　　　S_{or}——残余油饱和度，frac；

　　　S_{wi}——原始含水饱和度，frac；

　　　μ_o——地层原油黏度，mPa·s；

　　　μ_w——地层水黏度，mPa·s；

　　　B_o——地层原油体积系数，dim；

　　　B_w——地层水体积系数，dim；

　　　ρ_o——地面原油密度，$\mathrm{t/m}^3$；

　　　ρ_w——地面水密度，$\mathrm{t/m}^3$；

　　m 和 n——油水相对渗透率比和出水端含水饱和度常数（$K_{ro}/K_{rw} = ne^{-mS_{we}}$）。

由（9-20）式和（9-22）式可以看出，甲型水驱曲线的直线斜率，取决于原始地质储量和油水黏度比的大小。当两个油田的地下油水黏度比相同时，原始地质储量大的油田具有较大的直线截距。甲型水驱曲线的直线斜率与原始地质储量成反比，原始地质储量越大的油田具有较小的直线斜率。

应当指出，童宪章先生曾将国内外 23 个水驱砂岩油田的甲型水驱曲线直线斜率的倒数 B_T（$B_T = 1/B_1$），与其相应油田的原始地质储量绘于双对数坐标纸上，得到了可以用于预测油田原始地质储量的如下相关经验公式[8]：

$$N = 7.5B_T \tag{9-25}$$

陈元千[10]利用童宪章先生的同样方法，将 135 个水驱油田（藏），其中包括 7 个碳酸盐岩油田，由甲型水驱曲线求得的 B_T 与其相应的 N 数值，绘于双对数坐标纸上见图 9-1 所示。由线性回归得直线的相关系数为 0.9869、标准差为 10.7% 的相关经验公式为：

$$N = 7.5422B_T^{0.969} = 7.5422B_1^{-0.969} \tag{9-26}$$

由（9-20）式对时间 t 求导，并考虑 $Q_w = \mathrm{d}W_p/\mathrm{d}t$ 和 $Q_o = \mathrm{d}N_p/\mathrm{d}t$，经整理后得：

$$W_p = \frac{WOR}{2.303B_1} \tag{9-27}$$

$$WOR = Q_w/Q_o \tag{9-28}$$

式中　WOR——水油比，dim；

　　　Q_w——年产水量，$10^4 \mathrm{m}^3/\mathrm{a}$；

　　　Q_o——年产油量，$10^4 \mathrm{m}^3/\mathrm{a}$。

将（9-27）式代入（9-20）式得：

$$N_p = \frac{\log WOR - [A_1 + \log(2.303B_1)]}{B_1} \tag{9-29}$$

根据定义，油田综合含水率表示为：

$$f_w = \frac{Q_w}{Q_o + Q_w} \tag{9-30}$$

将（9-30）式等号右端的分子、分母同除以 Q_o 后得：

$$f_w = \frac{WOR}{1 + WOR} \tag{9-31}$$

再将（9-31）式改写为下式：

$$WOR = \frac{f_w}{1 - f_w} \tag{9-32}$$

最后，将（9-32）式代入（9-29）式，并引入经济极限含水率 f_{wL}，得预测可采储量的关系式为[9]：

$$N_R = \frac{\log\left(\dfrac{f_{wL}}{1 - f_{wL}}\right) - \left[A_1 + \log(2.303B_1)\right]}{B_1} \tag{9-33}$$

预测含水率的关系式为：

$$f_w = \frac{1}{1 + 10^{-(A_1\log(2.303B_2) + B_2N_p)}} \tag{9-34}$$

9.2.2 水油比与累计产油量的关系式

将（9-29）式可以直接写出水油比与累计产油量的关系式：

$$\log WOR = A_2 + B_2N_P \tag{9-35}$$

式中

$$A_2 = A_1 + \log(2.303B_1) \tag{9-36}$$

$$B_2 = B_1 = 3mS_{oi}/4.606N \tag{9-37}$$

由于该水驱曲线直线的斜率 $B_2 = B_1$，故它与甲型水驱曲线的直线具有平行的特点。该水驱曲线的经验关系式，是由 Wright[11] 于 1958 年提出，若将水油比改为油水比，可得 1959 年 Parts 等人[12] 提出的经验关系式。

当水油比取为经济极限条件的水油比 $(WOR)_L$ 时，由（9-35）式得预测可采储量的关系式为：

$$N_R = \frac{\log(WOR)_L - A_2}{B_2} \tag{9-38}$$

9.2.3 累计产液量与累计产油量的关系式

童宪章先生[8]和谢尔盖夫（Сергеев）等[13]，分别于 1978 年和 1982 年，以经验公式的形式提出了累计产液量与累计产油量的半对数直线关系。后于 1993 年由陈元千[14]完成了理论推导，国行标称之为乙型水驱曲线，其表达形式为：

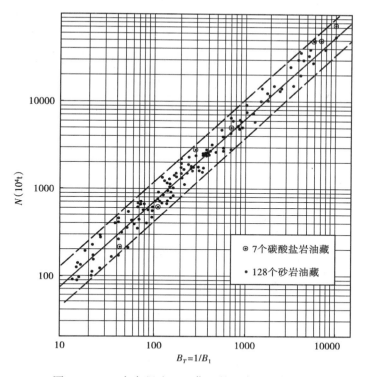

图 9-1　135 个水驱油田（藏）的 N 与 B_T 关系图

$$\log L_p = A_3 + B_3 N_p \tag{9-39}$$

式中　L_p——累计产液量，$10^4 \mathrm{m}^3$；

　　　A_3——直线的截距；

　　　B_3——直线的斜率，由下式表示：

$$B_3 = m S_{oi} / 2.303 N \tag{9-40}$$

由（9-40）式看出，乙型水驱曲线直线的斜率，与油田的原始地质储量 N 成反比，它与（9-22）式相比得出，其直线斜率比甲型小 1.5 倍。

再由（9-39）式对时间 t 求导，并考虑 $Q_L = \mathrm{d}L_p / \mathrm{d}t$ 和 $Q_o = \mathrm{d}N_p / \mathrm{d}t$，经整理后得：

$$L_p = \frac{LOR}{2.303 B_3} \tag{9-41}$$

$$LOR = Q_L / Q_o \tag{9-42}$$

式中　LOR——液油比，dim；

　　　Q_L——年产液量，$10^4 \mathrm{m}^3 / \mathrm{a}$。

将（9-41）式代入（9-39）式得：

$$N_p = \frac{\log LOR - [A_3 + \log(2.303 B_3)]}{B_3} \tag{9-43}$$

已知：$Q_L = Q_o + Q_w$，故由（9-42）式可得：

$$LOR = 1 + WOR \qquad (9-44)$$

将（9-44）式代入（9-43）式，并考虑经济极限水油比得，预测可采储量的关系式为[14]：

$$N_R = \frac{\log[1 + (WOR)_L] - [A_3 + \log(2.303B_3)]}{B_3} \qquad (9-45)$$

预测含水率的关系式为：

$$f_w = 1 - 10^{-(A_3 + \log(2.303B_3) + B_3 N_p)} \qquad (9-46)$$

若将（9-32）式代入（9-45）式，可采储量为：

$$N_R = \frac{\log\left(\dfrac{1}{1 - f_{wL}}\right) - [A_3 + \log(2.303B_3)]}{B_3} \qquad (9-47)$$

9.2.4　液油比与累计产油量的关系式

由（9-43）式可以直接改写为，特麦尔曼（Timmerman）[15]于1982年以经验公式形式提出的液油比与累计产油量的直线关系式：

$$\log LOR = A_4 + B_4 N_p \qquad (9-48)$$

式中

$$A_4 = A_3 + \log(2.303B_3) \qquad (9-49)$$

$$B_4 = B_3 = mS_{oi}/2.303N \qquad (9-50)$$

将（9-49）式和（9-50）式代入（9-47）式得，预测可采储量的关系式为：

$$N_R = \frac{\log\left(\dfrac{1}{1 - f_{wL}}\right) - A_4}{B_4} \qquad (9-51)$$

9.2.5　含水率与累计产油量的关系式

Mian[16]于1992年以图形法提出了含水率与累计产油量的半对数关系图，并用于确定在极限含水率条件下的最大累计产油量。后于1994年，由陈元千[17]完成了关系式的推导，其形式为：

$$\log f_w = A_5 + B_5 N_p \qquad (9-52)$$

根据实际应用表明，该关系式适用于油田的高含水期。当含水率取为经济极限含水率f_{wL}时，由（9-52）式得可采储量的关系式为：

$$N_R = \frac{\log f_{wL} - A_5}{B_5} \qquad (9-53)$$

9.2.6　含油率与累计产油量的关系式

Arps[18]于 1956 年以图解法提出了含油率f_o与累计产油量的半对数关系式，并用于预测在极限含油率f_{oL}条件下的最大累计产油量。后于 1994 年由陈元千[17]完成了关系式的推导，其形式为：

$$\log f_o = A_6 - B_6 N_p \tag{9-54}$$

当给出经济极限含油率f_{oL}后，可由（9-54）式改写的下式，预测可采储量：

$$N_R = \frac{A_6 - \log f_{oL}}{B_6} \tag{9-55}$$

9.2.7　产油量与水油比的关系式

由陈元千[19]推导提出的产油量与水油比的直线关系为：

$$Q_o = A_7 - B_7 \log WOR \tag{9-56}$$

当给定经济极限产油量Q_{oL}之后，可由下式预测相应的经济极限水油比：

$$(WOR)_L = 10^{(A_7 - Q_{oL})/B_7} \tag{9-57}$$

9.2.8　产油量与累计产水量的关系式

由陈元千[20]推导提出的产油量与累计产水量的直线关系式为：

$$Q_o = A_8 - B_8 \log W_p \tag{9-58}$$

当给定经济极限产油量Q_{oL}之后，可由下式预测相应的最大累计产水量W_{pmax}：

$$W_{pmax} = 10^{(A_8 - Q_{oL})/B_8} \tag{9-59}$$

9.3　双对数关系的水驱曲线及其他

9.3.1　累计产油量与含水率的关系式

由陈元千[22]推导提出的累计产油量与含水率的直线关系为：

$$\log f_w = \alpha_1 + \beta_1 \log N_p \tag{9-60}$$

当给定经济极限含水率f_{wL}之后，由下式预测可采储量：

$$N_R = 10^{(\log f_{wL} - \alpha_1)/\beta_1} \tag{9-61}$$

9.3.2　产油量与水油比的关系式

由陈元千[19]推导提出的产油量与水油比的直线关系式：

$$\log Q_o = a_2 - \beta_2 \log WOR \tag{9-62}$$

当给定经济极限产油量Q_{oL}之后，可由下式预测相应的经济极限水油比：

$$(WOR)_L = 10^{(a_2 - \log Q_{oL})/\beta_2} \tag{9-63}$$

9.3.3 产油量与累计产水量的关系式

由陈元千[20]推导提出的产油量与累计产水量的直线关系式为：

$$\log Q_o = a_3 - \beta_3 \log W_p \tag{9-64}$$

9.3.4 水油比与累计产水量的关系式

由陈元千[9]推导提出的水油比与累计产水量的直线关系式为：

$$\log WOR = a_4 + \beta_4 \log W_p \tag{9-65}$$

9.3.5 液油比与累计产液量的关系式

由陈元千[14]推导提出的液油比与累计产液量的直线关系式为：

$$\log LOR = a_5 + \beta_5 \log L_p \tag{9-66}$$

9.3.6. 累计产油量与水油比的组合关系式

由 Iraj Ershaghai[23]推导提出的累计产油量与水油比的组合关系式为：

$$N_p = a_6 + \beta_6 X \tag{9-67}$$

其中

$$X = 1 + (1/WOR) + \ln WOR \tag{9-68}$$

9.3.7 累计产油量和含水率的乘积与水油比的关系式

由马成国先生以经验公式形式提出的累计产油量和含水率的乘积，与水油比的关系式，被陈元千[24]附录中的推导所证明，其形式为：

$$N_p f_w = a_7 + \beta_7 \log WOR \tag{9-69}$$

式中　f_w 与 WOR 的关系，见（9-32）式所示。

9.4 联解法

正如本章前述，甲型水驱曲线是研究累计产水量与累计产油量的关系，乙型水驱曲线是累计产液量与累计产油量的关系；丙型水驱曲线是累计液油比与累计产液量的关系；丁型水驱曲线是累计液油比与累计产水量的关系。由于水驱曲线不存在与开发时间的关系，因此，就没有对产油量、产水量、累计产油量和累计产水量等预测的功能，而只能在给定极限含水率条件下，预测油田的可采储量。

预测模型法和产量递减法，只能预测产量和累计产量与时间的关系，不能预测不同开发时间的含水率。陈元千[28-31]提出的联解法，将水驱曲线法与预测模型法，或与产量递减法联解，就全面地解决了注水开发油田指标的预测问题。当由产量递减法或预测模型法预测可采储量之后，再由水驱曲线法预测油田的极限含水率。

9.5　应用举例

9.5.1　不同方法的应用对比

下面根据我国宁海油田的实际开发数据（表 9-1），应用我国在标定水驱开发油田可采储量时推荐的常用方法进行统一计算，预测当经济极限含水率取 $f_{wL} = 0.98$（即 98%）时的可采储量。然后，根据不同方法的线性关系好坏（即相关系数的大小），对确定的可采储量的可靠性进行必要的评价。

表 9-1　宁海油田开发数据表

日期	N_p （10^4t）	W_p （10^4t）	L_p （10^4t）	Q_o （10^4t/a）	Q_w （10^4t/a）	WOR （dim）	f_w （f）	X	$N_p f_w$ （10^4t）
1982	5.62	0.074	5.69	5.625	0.074	0.0132	0.0128	73.580	0.072
1983	49.40	6.25	55.65	43.780	6.179	0.141	0.1236	6.129	6.106
1984	132.48	37.58	170.06	83.075	31.331	0.377	0.2738	2.676	36.27
1985	215.86	135.90	351.76	83.376	98.317	1.179	0.5411	2.013	116.80
1986	284.35	275.48	595.83	68.490	139.575	2.038	0.6708	2.206	190.74
1987	341.69	428.68	770.37	57.340	153.203	2.672	0.7276	2.357	248.61
1988	388.30	614.23	1000.53	46.611	185.548	3.981	0.7992	2.633	310.33
1989	420.44	777.57	1198.01	32.138	163.340	5.082	0.8356	2.823	351.32
1990	443.70	974.97	1418.67	23.264	197.405	8.485	0.8946	3.256	396.93
1991	463.59	1186.59	1650.18	19.891	211.622	10.639	0.9141	3.458	423.77
1992	483.25	1404.22	1887.47	19.664	217.624	11.067	0.9171	3.494	443.19

将表 9-1 所列的数据，按照本文的（9-1）式、（9-8）式、（9-20）式、（9-39）式、（9-35）式、（9-48）式、（9-52）式、（9-60）式、（9-67）式和（9-69）式的直线关系式，分别绘于图 9-2 至图 9-10 上，均得到了比较好的直线图。由图 9-2 至图 9-10 可以看

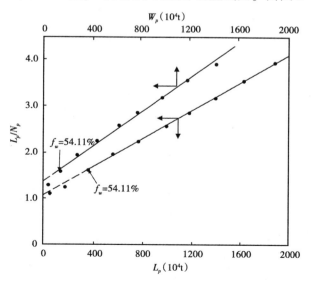

图 9-2　L_p/N_p 与 L_p 或与 W_p 的关系图

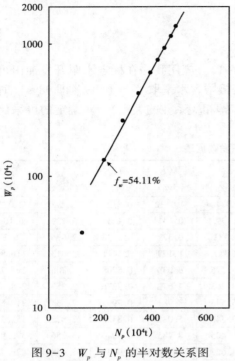

图 9-3　W_p 与 N_p 的半对数关系图

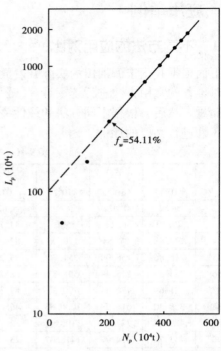

图 9-4　L_p 与 N_p 的半对数关系图

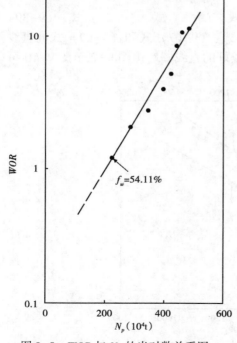

图 9-5　WOR 与 N_p 的半对数关系图

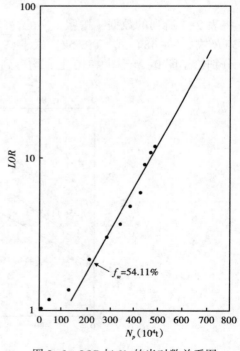

图 9-6　LOR 与 N_p 的半对数关系图

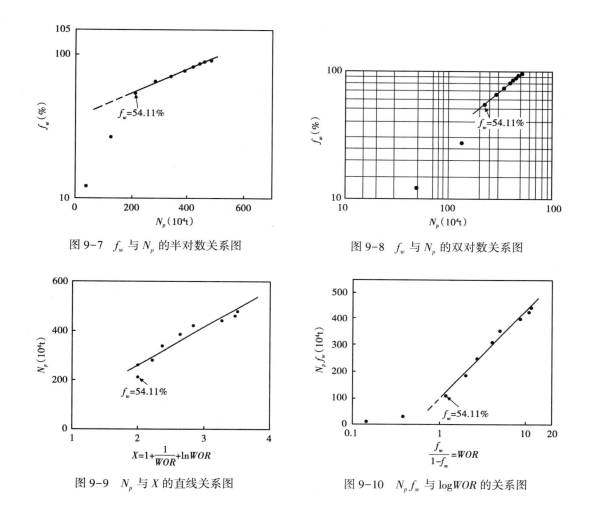

图 9-7　f_w 与 N_p 的半对数关系图　　　　图 9-8　f_w 与 N_p 的双对数关系图

图 9-9　N_p 与 X 的直线关系图　　　　图 9-10　$N_p f_w$ 与 $\log WOR$ 的关系图

出，当含水率 f_w 达到 54.11% 之后，不同方法都出现了比较明显的直线段。经对这些直线段进行线性回归后，得到的直线截距 a、斜率 b 和相关系数 r，以及由不同方法求得的可采储量 N_R，统一列于表 9-2 内。

表 9-2　10 种水驱曲线预测可采储量结果对比表

No.	不同直线关系式	线性回归结果			N_R （10^4t）	备注
		a	b	r		
1	$L_p/N_p = a + bL_p$	1.1174	0.001472	0.9997	577.8	丙型曲线
2	$L_p/N_p = a + bW_p$	1.4420	0.001766	0.9988	512.5	丁型曲线
3	$\log W_p = a + bN_p$	1.3702	0.003655	0.9987	655.2	甲型曲线
4	$\log L_p = a + bN_p$	1.9948	0.002622	0.9973	733.5	乙型曲线
5	$\log WOR = a + bN_p$	-0.7818	0.003738	0.9838	661.3	
6	$\log LOR = a + bN_p$	-0.3501	0.002891	0.9711	708.8	

No.	不同直线关系式	线性回归结果			N_R	备注
		a	b	r	$(10^4 t)$	
7	$\log f_w = a + bN_p$	−0.4315	0.000846	0.9891	499.7	
8	$\log f_w = a + b\log N_p$	−1.8029	0.6597	0.9962	524.3	
9	$N_p = a + bX$	−49.8234	154.6658	0.9533	709.9	
10	$N_p f_w = a + b\log WOR$	99.0742	333.0196	0.9938	675.4	

由表 9-2 看出，不同方法直线段的相关系数存在明显的差别。No.1 方法的相关系数高达 0.9997；而 No.9 方法的相关系数低到 0.9533。这说明 No.9 方法的可靠性要比 No.1 方法差，而不宜采用。同时，还可以看出，含有累计产出量的直线关系式（No.1，2，3，4 方法）具有较高的相关系数。而对含有水油比（WOR）、液油比（LOR）和含水率（f_w）的直线关系式（No.5，6，7，9）的 r 值偏低，但 No.8 例外，这说明 NO.8 法较好。从表 9-2 预测可采储量可以看出，不同方法之间相差很大。10 种方法预测可采储量的算术平均值为 $625.8 \times 10^4 t$，但到底哪种方法预测的结果最为可靠。经过从理论到实际应用的追踪研究表明，建议将本文表 9-2 中的方法 1 和方法 3，作为预测注水开发油田可采储量的基础方法。方法 1 的理论基础可靠，直线的相关系数最高，预测的数值适当。而且该方法直线斜率的倒数为油田的可动油储量，即 $N_{om} = 1/b$。所谓油田的可动油储量，是指对于一个水驱开发的油田的地质与开发条件下，在油层中可以发生流动的地质储量。在本章宁海油田方法 1 的直线斜率 $b = 0.001472$，故可动储油量 $N_{om} = 1/0.001472 = 679 \times 10^4 t$。这样可以告诉人们，表 9-2 中的方法 6 和方法 9 的可采储量已经大于可动油储量，因而是不可能的，而比 N_{om} 数值低得多的有方法 2 和方法 7。在前苏联和俄罗斯多用表 9-2 中的方法 2，主要是由于该法预测的可采储量稳妥。目前我国广泛采用的甲型水驱曲线法（方法 3），如果应用恰当，仍不失作为一个有效的预测方法。但它比方法 1 预测的数值偏高 13.3%。总的说来，预测可采储量的方法不在于多，而在于实用和预测的结果可靠。

在水驱曲线法的应用方面，还应该强调说明如下几个问题：

（1）从理论推导到实际应用表明[25]，地层原油黏度的大小对水驱曲线的方法决不存在任何选择性的问题。也就是说，不同地层原油的水驱油田，可以选用任何水驱曲线法，而不存在什么限定问题。

（2）当油田进入高含水开发期，甲型水驱曲线直线段上翘的问题，在文献［26］中已作出了从理论到实际的回答。当含水率达到 94%~95% 时，甲型水驱曲线的直线即会发生上翘，因此，不宜将含水率的极限值定为 98%，采用国外一般采用的 95%，当然，这完他取决于经济条件的限制。

（3）关于水驱曲线直线段出现的位置问题，在文献［27］中已从理论和实际对比中得到答案。应当是在油田含水率达到 50% 之后，才会出现有代表性的直线段，用于可采储量的预测。这一结论已被大量油田的实际资料所证实。

（4）在利用水驱曲线法预测可采储量时，要讲求规范性，切忌随意性。当确定直线段开始的位置之后，随着开发的调整和加深，以后每次可采储量的预测起点位置，应保持不变，绝不可任意选取其间或其后的某些点子进行可采储量预测。否则，预测的结果将会出现倒转现象，即预测的可采储量会由大变小。

9.5.2　联解法举例

（1）甲型水驱曲线与广义翁氏模型联解，如图 9-11 所示。由联解预测南二三区的可采储量为 $3214×10^4 t$，经济含水率为 98%。

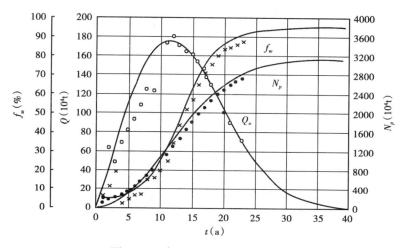

图 9-11　南二三区联解法预测结果

（2）丙型水驱曲线与威布尔模型联解，如图 9-12 所示。由联解预测萨北过渡带的可采储量为 $1274×10^4 t$。

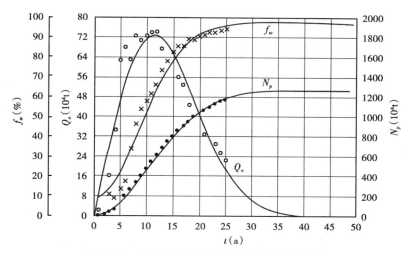

图 9-12　大庆油田萨北过渡带联解法预测结果

（3）甲型水驱曲线法与产量递减法的联解。由产量递减法（图 9-13）预测的可采储量为 $1467×10^4 t$。利用该可采储量由甲型水驱法（图 9-14）预测的被限含水率为 97.6%，相

应的可采储量为 $1420×10^4t$，请参考文献 ［30］。

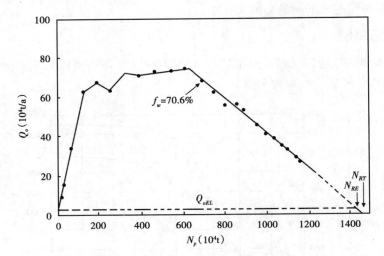

图 9-13　萨北过渡带的指数递减关系图

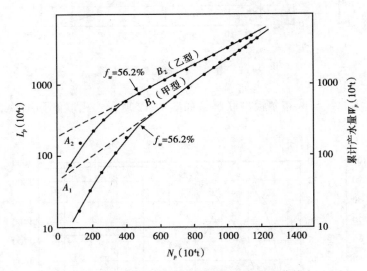

图 9-14　萨北过渡带的甲型和乙型水驱曲线

参 考 文 献

1. Сипачев, Н. В. и Посевич, А. Г.：О Характеристиках Вытеснения Нефти Водой ИВУЗ, Нефъ и Газ, 1981, No. 12, 26-32.

2. Назаров, С. Н.：Иоследование Опредяюних Параметров Нефтеотдани. НВУЗ, Нефтьоиг Газ, 1982, No. 6, 25-30.

3. 陈元千：对纳扎洛夫确定可采储量经验公式的理论推导及应用. 石油勘探与开发, 1995, 22（3）63-68.

4. 陈元千：威布尔模型与丙型水驱曲线联解法，断块油气田，1998, 5（3）29-33.

5. Назаров，С. Н：К Оденке Извлекаемых Запасов Нефти по Интеграливных Кривых Отбора，Нефтн н Вазаров. АНХ，1972，NO. 5，20–21.

6. 陈元千：Назаров（纳扎洛夫）经验公式的扩展及其应用，江苏油气，1995，6（1）31–36.

7. Максимов，М. И. ：Метод Подсчета Нзвлекаемых Запасов Нефи в Конечной Стади Эксплутапии Нефтяных Пластов В Условиях Вытеснения Водой ГНИГ，1959，No. 3，42–47.

8. 童宪章：天然水驱和人工注水油藏统计规律探讨，石油勘探与开发，1978，4（6）38–64.

9. 陈元千：水驱曲线关系式的推导，石油学报，1985，6（2）73–82.

10. 陈元千：水驱特征曲线的校正方法 . 古潜山，1986，8（1），63–68.

11. Wright，F. F. ：Field Results Indicate Significant Advances in Waterflooding，JPT（October 1958）12.

12. Parts M. et al. ：Prediction of Injection Rate and Production History for Multifluid Five–spot Floods，JPT（May，1959）98.

13. Сергеев，В. Ъ и Друг：Эффективность Мероприятий по Реулированию Разработк Арланского Месторождения，НХ，1982，No. 6，29–33.

14. 陈元千：一个新型水驱曲线关系式的推导及应用，石油学报，1993，14（2）65–73.

15. Timmerman，E. H. ：Practical Reservoir Engineering，Part Ⅱ，Chapter 13，1982.

16. Mian，M. A. ：Petroleum Engineering Handbook for the Practicing Engineer，Vol. 1，Chapter 4，Pennwell Publishing Company，Tulsh，Oklahoma，1992.

17. 陈元千：油田高含水开发阶段预测采收率的方法，新疆石油地质，1994，15（3）249–252.

18. Arps，J. J. ：Estimation of Primary Oil Reserves，AIME（1956）207，182–186.

19. 陈元千：确定水驱开发油田废弃产量的方法，江苏油气，1994，4（2）20–29.

20. 陈元千. 利用水驱曲线判断递减类型，古潜山，1989，11（1）59–64.

21. 张虎俊：预测可采储量新模型的推导及应用，试采技术，1995，15（1）38–42.

22. 眛元千：对 $N_p=bf_w$ 关系式的质疑、推导与应用，油气采收率技术，1998，5（1）49–54.

23. Iraj Ershaghi and Omoregie，O. ：A Method for Extrapolation of Cut vs. Recovery Curves，JPT（Feb. 1978）203–204.

24. 陈元千：水驱曲线法的分类、对比与评价，新疆石油地质，1994，15（4）348–355.

25. 陈元千：地层原油黏度与水驱曲线关系的研究，新疆石油地质，1998，19（1）61–67.

26. 陈元千：高含水期水驱曲线的推导及上翘问题的理论分析，断块油气田，1997，4（3）19–24.

27. 陈元千：水驱曲线关系式的对比及直线段出现时间的判断，石油勘探与开发，1986，13（6）59–67.

第 10 章　水锥与气锥

在实际的勘探工作中，经常会发现具有气顶的油藏，或具有底水的油藏、甚至气藏，具有气顶和底水的油藏。在这些油藏投产之后，由于生产压差过大，便会引起气锥、水锥的发生。从而导致油井含水的快速上升和产量的明显下降，并会影响到油藏的采收率。实际开发经验表明，活跃底水驱动的油藏，其采收率会比边水或人工注水的采收率降低 40% 左右。对于具有气顶驱和底水驱的油藏，为了避免气锥和水锥的过早发生，除研究合理的射开程度和位置外，在油井投产后，合理控制生产压差，限制油井产量低于临界产量也是必须重视的。在油井已经气锥和水锥，并严重地影响到油井的产能时，关井压锥、回填井底、打井底水泥隔板、侧钻再完井，都是有效的举措。有关计算气锥和水锥临界产量的方法，根据文献的查阅，目前主要是引用 Meyer 和 Garder[1] 于 1954 年发表在美国《应用物理杂志》上的方法，因受时间和文献的限制，已查不到该方法发表的原文。在 Pirson[2] 于 1958 年发表的《油藏工程》专著中，对于 Meyer 和 Garder 的方法进行过推导，同时，也完成了气锥和水锥同时发生的油藏，计算油井临界产量方法的推导，为实际所应用[3]。尽管 Pirson 对 Meyer 和 Garder 方法推导的结果是正确的，但在他的推导过程中，却存在着差错和交待不清的地方。

10.1　基本假定

为了进行理论上的完整推导，本章提出了如下基本假定。

（1）油藏是水平的、均质的、各向同性的。

（2）油藏的气油接触面（GOC）、油水接触面（OWC）是水平的，地层条件下的气、油、水性质，如密度、黏度和体积系数不随距离而改变。

（3）在气顶驱和底水驱条件下，油藏的地层压力保持常数，地层温度保持热动力平衡，且为常数。

（4）打开油层的生产井，只射开油层的有限部分，原油朝向井底的流动，符合平面径向流的达西（Darcy）定律，而其流动只考虑重力的影响，不考虑毛细管压力的影响。

（5）在油井投产后，气锥和水锥的现象是瞬间发生的，而对于具有气顶和底水的油藏，气锥和水锥的发生是同时的。

（6）对于气顶油藏，发生气锥之前，在基准面之上的气顶部分，不同位置的气压头相等，即 H_g＝常数；对于底水油藏，发生水锥之前，在基准面之上的底水部分，不同位置的水压头相等，即 H_w＝常数。

10.2　流体的势、静压头和地层静压的关系

Hubbert[7]于 1953 年在研究水动力学条件下油气的捕集成藏时，提出了如下的关系式[8-12]：

$$\Phi = gZ + \frac{p}{\rho} \tag{10-1}$$

式中　Φ——流体的势（fluid potential），或称为流体势能（fluid potential energy），或称为流体单位质量的势（the potential of a unit mass of fluid）；

　　　g——重力加速度；

　　　Z——压力测量位置在基准面以上的高度；

　　　p——在 Z 高度位置测量的流体压力；

　　　ρ——地层流体密度。

将（10-1）式等号两端各除以 g 得：

$$\frac{\Phi}{g} = Z + \frac{p}{\rho g} \tag{10-2}$$

若设 $H = \Phi/g$，则由（10-2）式得：

$$H = Z + p/\rho g \tag{10-3}$$

式中　H——基准面以上流体水压头（fluid hydraulic head），或称为流体流动势[2]（fluid flow potential）；

　　　ρ——流体的压力梯度。

在图 10-1 上描述了一个位于基准以上的密封容器。该容器内充满水，并利用外部活塞向水加压，待其稳定后，在距基准面以上高度为 Z_1 和 Z_2 两点，分别测得压力为 p_1 和 p_2。

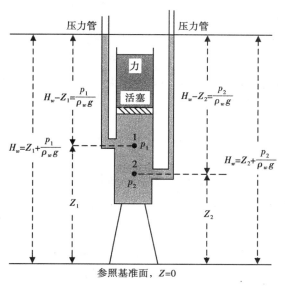

图 10-1　H_w 与 Z、p 和 $\rho_w g$ 关系示意图[9]

而 p_1 和 p_2 的大小，又可分别由两个压力管内的水柱高度表示。由图 10-1 看出，在 Z_1 和 Z_2 两个位置上面的水柱液面是相同的。也就是说，表示 p_1 和 p_2 大小的水柱高度，加上两个测压点在基准面以上高度 Z_1 和 Z_2，所得到的静水压头是相等的。由此可以说明，在气顶内不同位置的静气压头是相同的，以及在底水内不同位置的静水压头也是相同的，即 H_g = 常数和 H_w = 常数。这就是上述第 6 项假定的依据。

10.3 气锥与水锥油井临界产量计算方法的推导

下面是对气锥油藏、水锥油藏、水锥气藏，以及气锥和水锥同时发生的油藏，有关计算临界产量方法的推导。从理论上讲，所谓临界产量，就是在油井发生气锥或水锥时的极限产量。当油井的产量控制在不超过临界产量时，气锥或水锥的现象就不会发生，而油气接触面或油水接触面，则是基本保持水平、而正对井底带有小锥帽向油区推进。

10.3.1 气锥油藏的油井临界产量

在图 10-2 上绘出了气锥发生瞬间，油气界面分布的剖面图，而基准面就取在油层的底面上（油底）。在图 10-2 上，距井底中心线径向半径 r 处，在基准面以上高度为 Z 油气界面上的 m 点，气相和油相的压力分别表示为 p_g 和 p_o，而相应的静气压头和静油压头分别由下式表示：

$$H_g = Z + \frac{p_g}{\rho_g g} \tag{10-4}$$

$$H_o = Z + \frac{p_o}{\rho_o g} \tag{10-5}$$

由于在 m 点的 $p_g = p_o$，故由（10-4）式减（10-5）式得：

$$H_o = H_g \left(\frac{\rho_g}{\rho_g}\right) + \left(\frac{\rho_o - \rho_g}{\rho_o}\right) Z \tag{10-6}$$

对于气顶驱动保持地层的油区部分，原油朝向井底的流动，符合平面径向流的达西（Darcy）定律时，其微分式表示为：

$$Q_o = \frac{A K_o \mathrm{d}p_o}{\mu_o B_o \mathrm{d}r} \tag{10-7}$$

应当指出，由于在 r 方向的压力梯度 $\mathrm{d}p_o/\mathrm{d}r$ 为正值，故（10-7）式之右端取为正号。由图 10-2 看出，径向半径 r 处的渗流面积 A 表示为：

$$A = 2\pi r Z \tag{10-8}$$

在 $\rho_o g$ 为常数，Z 为固定值情况下，由（10-5）式的微分得：

$$\mathrm{d}p_o = \rho_o g \mathrm{d}H_o \tag{10-9}$$

将（10-8）式和（10-9）式代入（10-7）式得：

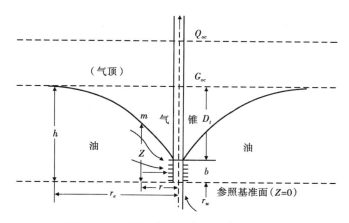

图 10-2　气锥油井时油气界面分布示意图

$$Q_o = \frac{2\pi K_o \rho_o g}{\mu_o B_o}\left(\frac{rZ\mathrm{d}H_o}{\mathrm{d}r}\right) \qquad (10\text{-}10)$$

由于 ρ_g 和 ρ_o 为常数，在原油从油层部分流向井底的过程中，气顶部分的气体并不流动，故气顶部分的静气压头 H_g＝常数，因此，对（10-6）式微分得：

$$\mathrm{d}H_o = \left(\frac{\rho_o - \rho_g}{\rho_o}\right)\mathrm{d}Z \qquad (10\text{-}11)$$

将（10-11）式代入（10-10）式得：

$$Q_o = \frac{2\pi K_o(\rho_o - \rho_g)g}{\mu_o B_o}\left(\frac{rZ\mathrm{d}Z}{\mathrm{d}r}\right) \qquad (10\text{-}12)$$

对（10-12）式进行分离变量，并代入上限 r_e 和 h，下限 r_w 和 b 后可写为：

$$Q_o \int_{r_w}^{r_e} \frac{\mathrm{d}r}{r} = \frac{2\pi K_o(\rho_o - \rho_g)g}{\mu_o B_o}\int_b^H Z\mathrm{d}Z \qquad (10\text{-}13)$$

由（10-13）式的积分结果得，气顶油藏气锥的油井临界产量为：

$$Q_{oc} = \frac{\pi K_o(\rho_o - \rho_g)g(h^2 - b^2)}{\mu_o B_o \ln \dfrac{r_e}{r_w}} \qquad (10\text{-}14)$$

在（10-14）式中各参数的单位，均为由 SI 制基础单位表示（详见文后的符号与单位注释），当改为 SI 制矿场实用单位表示时为：

$$Q_{oc} = \frac{2.66 \times 10^{-3} K_o(\rho_o - \rho_g)(h^2 - b^2)}{\mu_o B_o \ln \dfrac{r_e}{r_w}} \qquad (10\text{-}15)$$

若改为英制矿场实用单位表示时（参数的单位详见文后的例题所注）为：

$$Q_{oc} = \frac{2.46 \times 10^{-5} K_o(\rho_o - \rho_g)(h^2 - b^2)}{\mu_o B_o \ln \dfrac{r_e}{r_w}} \qquad (10-16)$$

10.3.2　水锥油藏和水锥气藏油井（气井）的临界产量

在图 10-3 上绘出了水锥发生瞬间，油水界面分布的剖面图，而基准面就取在油水接触面（OWC）的位置上。在图 10-3 上，距井底中心线径向半径 r 处，基准面以上高度为 Z 油水界面上的 m 点，油相和水相的压力分别表示为 p_o 和 p_w，而相应的静油压头和静水压头分别由下式表示：

$$H_o = Z + \frac{p_o}{\rho_o g} \qquad (10-17)$$

$$H_w = Z + \frac{p_w}{\rho_w g} \qquad (10-18)$$

由于在 m 点的 $p_o = p_w$，故由（10-17）式减（10-18）式得：

$$H_o = H_w \left(\frac{\rho_w}{\rho_o}\right) + \left(\frac{\rho_o - \rho_o}{\rho_w}\right) Z \qquad (10-19)$$

对于底水驱动保持地层压力的油层部分，原油朝向井底的流动，符合平面径向流的达西（Darcy）定律，其微分式为：

$$Q_o = \frac{A K_o \mathrm{d}p_o}{\mu_o B_o \mathrm{d}r} \qquad (10-20)$$

由图 10-3 可以看出，在径向半径 r 处的渗流面积 A 表示为：

$$A = 2\pi r(h - Z) \qquad (10-21)$$

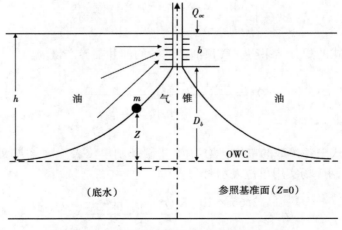

图 10-3　水锥油井时油水界面分布示意图

将（10-9）式和（10-21）式代入（10-20）式得：

$$Q_o = \frac{2\pi K_o \rho_o g}{\mu_o B_o}\left[\frac{r(h-Z)\mathrm{d}H_o}{\mathrm{d}r}\right] \tag{10-22}$$

由于 ρ_o 和 ρ_w 为常数，在原油从油层部分向井底的流动过程中，底水部分的水不流动，故底水部分的静水压头 H_w =常数，故对（10-19）式微分得：

$$\mathrm{d}H_o = \left(\frac{\rho_o - \rho_w}{\rho_o}\right)\mathrm{d}Z \tag{10-23}$$

将（10-23）式代入（10-22）式得：

$$Q_o = \frac{2\pi K_o(\rho_o - \rho_w)g}{\mu_o B_o}\left[\frac{r(h-Z)\mathrm{d}Z}{\mathrm{d}r}\right] \tag{10-24}$$

对（10-24）式进行分离变量，并代入上限的 r_e 和 0，下限的 r_w 和 $(h-b)$ 得：

$$Q_o\int_{r_w}^{r_e}\frac{\mathrm{d}r}{r} = \frac{2\pi K_o(\rho_o - \rho_w)g}{\mu_o B_o} \times \int_{h-b}^{0}(h-Z)\mathrm{d}Z \tag{10-25}$$

由（10-25）式的积分结果得，底水驱油藏水锥的油井临界产量为：

$$Q_{oc} = \frac{\pi K_o(\rho_w - \rho_o)g(h^2 - b^2)}{\mu_o B_o \ln\frac{r_e}{r_w}} \tag{10-26}$$

在（10-26）式中各参数的单位，均为由 SI 制基础单位表示（详见文后的符号与单位注释）。当改为 SI 制矿场实用单位表示时为：

$$Q_{oc} = \frac{2.66 \times 10^{-3}K_o(\rho_w - \rho_o)(h^2 - b^2)}{\mu_o B_o \ln\frac{r_e}{r_w}} \tag{10-27}$$

当改为英制矿场实用单位表示时（参数的单位详见文后例题所注）为：

$$Q_{oc} = \frac{2.46 \times 10^{-5}K_o(\rho_w - \rho_o)(h^2 - b^2)}{\mu_o B_o \ln\frac{r_e}{r_w}} \tag{10-28}$$

对于具有底水驱动的气藏，水锥气藏的临界产量，其推导过程和最后的公式形式，与水锥油藏完全一样，只要将水锥油藏临界产量公式中的 K_o、ρ_o、μ_o 和 B_o，相应的改为气藏的 K_g、ρ_g、μ_g 和 B_g 就可以了。

10.3.3　气锥和水锥同时发生油藏的油井临界产量

对于上有气顶驱动和下有底水驱动的油藏，假定对油井的气锥和水锥是同时发生的，并假定处在油层中部的油层射孔井段，受气顶驱控制和受底水驱控制的厚度各占一半，即

$b_1 = b_2 = b_t/2$，并假定两者的驱油半径 r_e 是相同的。那么，在气锥和水锥发生的瞬间，油井周围的油气界面和油水界面分布剖面，如图 10-4 所示。

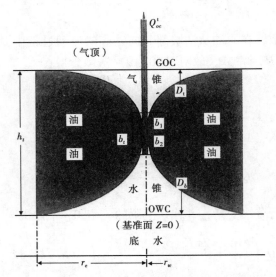

图 10-4　气锥和水锥同时锥进油井时的界面分布示意图

当气锥和水锥同时发生时，油井的总临界产量 Q_{oc}^t，为气锥临界产量 Q_{oc}^g 和水锥临界产量 Q_{oc}^w 之和，即：

$$Q_{oc}^t = Q_{oc}^g + Q_{oc}^w \tag{10-29}$$

由图 10-4 看出，受气顶控制的油层厚度为 h_1，受底水驱控制的油层厚度为 h_2，因此，将（10-14）式和（10-26）式代入（10-29）式得，由 SI 制基础单位表示的气锥和水锥同时发生时的油井临界产量：

$$Q_{oc}^t = \frac{\pi K_o g}{\mu_o B_o \ln \dfrac{r_e}{r_w}} [(\rho_o - \rho_g) \times (h_1^2 - b_1^2) + (\rho_w - \rho_o)(h_2^2 - b_2^2)] \tag{10-30}$$

将（10-30）式改为 SI 制矿场实用单位表示时为：

$$Q_{oc}^t = \frac{2.66 \times 10^{-3} K_o}{\mu_o B_o \ln \dfrac{r_e}{r_w}} [(\rho_o - \rho_g)(h_1^2 - b_1^2) + (\rho_w - \rho_o)(h_2^2 - b_2^2)] \tag{10-31}$$

再将（10-30）式改为英制矿场实用单位表示时为：

$$Q_{oc}^t = \frac{2.46 \times 10^{-5} K_o}{\mu_o B_o \ln \dfrac{r_e}{r_w}} [(\rho_o - \rho_g)(h_1^2 - b_1^2) + (\rho_w - \rho_o)(h_2^2 - b_2^2)] \tag{10-32}$$

10.4　合理射开井段长度的确定方法

无论是气顶油藏、底水油藏，或是具有气顶和底水的油藏，都存在一个油层部位射开井段长度的问题。如果射开井段过长，就会引起油井过早的气锥和水锥；如果射开井段过短，则会造成油井的产量过低。本章利用文献[13]提出的无因次临界产量 Q_{DC}、无因次射开程度 η_D 和无因次半径 r_D 的如下关系，研究了确定合理射开长度的问题：

$$Q_{DC} = \frac{1 - \eta_D^2}{\ln r_D} \qquad (10-33)$$

其中

$$Q_{DC} = Q_{oc}/\alpha \qquad (10-34)$$

$$\eta_D = b/h \text{ 或 } \eta_D = b_t/h_t \qquad (10-35)$$

$$r_D = r_e/r_w \qquad (10-36)$$

由（10-33）式绘制的无因次关系图，见图 10-5 所示。由图 10-5 看出，无论采用多大的无因次半径 r_D，在无因次射开程度 $\eta_D = 20\% \sim 30\%$ 时的无因次临界产量 Q_{DC} 是一个最佳的选择。在此无因次射开程度下，既能保持较高的临界产量，又不至于因射开程度过小，在井底附近造成较大的附加压力损失，影响到油井的产量。当然，如果射开程度过大，则会引起气锥和水锥的过早发生。

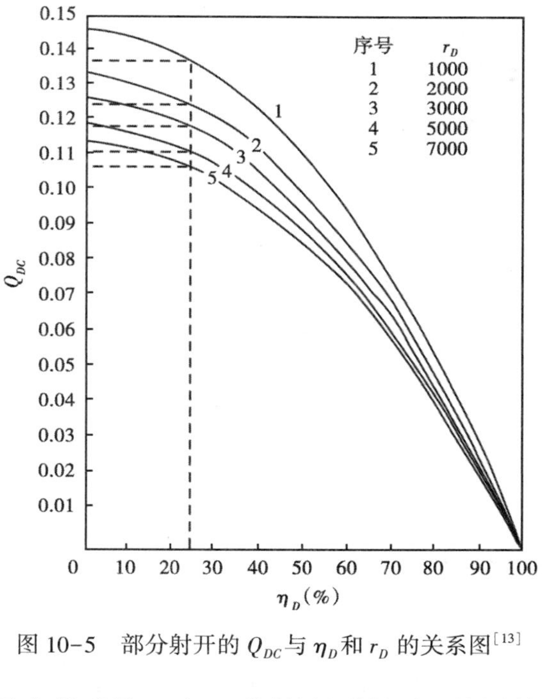

当无因次射开程度 $\eta_D = 0.2 \sim 0.3$（即 20% ~30%）时，合理的射开长度应当为 $b = (0.2 \sim 0.3) h$，或 $b = 0.25h$；或 $b_t = (0.2 \sim 0.3) h_t$，或 $b_t = 0.25h_t$。

当由（10-33）式确定 Q_{DC} 的数值后，可由下式计算油井的临界产量为：

$$Q_{oc} = \alpha Q_{DC} \qquad (10-37)$$

图 10-5　部分射开的 Q_{DC} 与 η_D 和 r_D 的关系图[13]

在（10-37）式中的 α 为不同锥进的临界产量系数。对于不同的锥进性质，该系数以 SI 制矿场实用表示如下：

对于气锥油藏的油井临界产量系数为：

$$\alpha_g = \frac{2.66 \times 10^{-3} K_o (\rho_o - \rho_g) h^2}{\mu_o B_o} \qquad (10-38)$$

对于水锥油藏的油井临界产量系数为：

$$\alpha_w = \frac{2.66 \times 10^{-3} K_o (\rho_w - \rho_o) h^2}{\mu_o B_o}$$ (10-39)

对于气锥和水锥同时发生的油藏，当 $h_1 = h_2 = h_t/2$ 和 $b_1 = b_2 = b_t/2$ 时，由（10-32）式得油井的临界产量系数为：

$$\alpha_t = \frac{6.65 \times 10^{-4} K_o (\rho_w - \rho_g) h_t^2}{\mu_o B_o}$$ (10-40)

10.5　最佳避射高度的确定方法

在研究合理射开长度确定方法之后，接着应该是确定最佳的射孔位置和避射高度的问题。所谓避射高度，对于气锥油藏来说，就是射孔井段之顶距原始油气接触面之距离，也叫顶部避射高度 D_t（图10-2）；对于水锥油藏或气藏，避射高度则是射孔井段之底距原始油水接触面的距离，也叫做底部避射高度 D_b（图10-3）；对于气锥和水锥的油藏，则存在顶部和底部两个避射高度（图10-4）。下面分别对上述的三个油藏产状类型，提出确定最佳避射高度的方法。

10.5.1　气锥油藏

由图10-2所示，避射高度由下式表示：

$$D_t = h - b$$ (10-41)

根据合理射开井段长度的研究，合理的射开厚度 b 应当等于（0.2~0.3）h，取 $b = 0.25h$，则代入（10-41）式得，气锥油藏的最佳避射高度为：

$$D_t = h - 0.25h = 0.75h$$ (10-42)

10.5.2　水锥油藏

由图10-3所示，避射高度由下式表示：

$$D_b = h - b$$ (10-43)

当取 $b = 0.25h$，并代入（10-43）式得，水锥油藏的最佳避射高度为：

$$D_b = h - 0.25h = 0.75h$$ (10-44)

10.5.3　气锥和水锥同时发生的油藏

在文献[3]中，Pirson提出了对于气锥和水锥同时发生时，确定避射高度 D_t 的方法，已被有效的采用[2,3]。但因目前尚看不到有关的理论推导，而难于有效地应用。为此，可作出如下推导，这对Pirson的公式也可以说起到验证的作用。

在图10-4上表示了上有气顶和下有底水，油层厚度为 h_t，射开厚度为 b_t，当气锥和水锥同时发生时的气、油、水三相的地下流体分布示意图。控制气锥发生的极限压差，是顶

部避射高度 D_t 和油气密度差 $(\rho_o-\rho_g)$ 的函数，由 SI 制基础单位和 SI 制矿场实用单位，分别表示为：

$$\left.\begin{aligned}\Delta p_{og} &= (\rho_o - \rho_g)gD_t \\ \Delta p_{og} &= 0.01(\rho_o - \rho_g)D_t\end{aligned}\right\} \tag{10-45}$$

同理，控制水锥发生的极限压差则是，底部避射高度 D_b 和水油密度 $(\rho_w-\rho_o)$ 的函数，由 SI 制两种单位分别表示为：

$$\left.\begin{aligned}\Delta p_{wo} &= (\rho_w - \rho_o)gD_b \\ \Delta p_{wo} &= 0.01(\rho_w - \rho_o)D_b\end{aligned}\right\} \tag{10-46}$$

当气锥和水锥同时发生时，Δp_{og} 应当等于 Δp_{ow}，故由（10-45）式与（10-46）式相等得到下式：

$$D_t = \left(\frac{\rho_w - \rho_o}{\rho_o - \rho_g}\right)D_b \tag{10-47}$$

由图 10-4 也可以写出如下关系式：

$$D_b = h_t - b_t - D_t \tag{10-48}$$

将（10-48）式代入（10-47）式，并经简化整理后得：

$$D_t = (h_t - b_t)\left(\frac{\rho_w - \rho_o}{\rho_w - \rho_g}\right) \tag{10-49}$$

将（10-49）式等号右端第二个括弧内的分子，同时加和减一项 "ρ_g"，即可得到在文献[3]中 Pirson 的原式为：

$$D_t = (h_t - b_t)\left(1 - \frac{\rho_o - \rho_g}{\rho_w - \rho_g}\right) \tag{10-50}$$

10.6　对临界产量公式的修正

在上述推导气锥发生、水锥发生，以及气锥和水锥同时发生油藏的油井临界产量公式时，都假定在油层部分地层原油的流动都符合达西（Darcy）的平面径向流动。但在近井地带的正对井底位置，由于流线受小气锥帽或小水锥帽的影响，其流动并不完全符合达西（Darcy）的平面径向流。从公式的实际应用来看，未经校正的公式所求得的临界产量大为偏低。因此，国外学者[5,14]通过物理模拟和数学模拟的研究，提出了具体的修正方法，其中 Schols 的方法[3,5]比较简单实用。现要在 Schols 公式的基础上，提出了如下的临界产量修正系数：

$$C_s = \left[\pi + 0.432\ln(r_e/r_w)\right] \times (h/r_e)^{0.14}(K_h/K_v)^{0.07} \tag{10-51}$$

修正（modified）之后的临界产量 Q_{oc}^m 与未经校正的临界产量 Q_{oc}^t 的关系为：

$$Q_{oc}^m = C_s Q_{oc}^t \tag{10-52}$$

213

10.7　方法对比与应用

对于上有气顶、下有底水的油藏，当气锥和水锥同时发生时，本章的临界产量，要同Pirson 的临界产量加以对比和应用，以说明本章方法的有效性和正确性。

10.7.1　方法对比

利用 SI 制矿场实用单位和英制矿场实用单位表示的本章公式，分别为前面的（10-31）式和（10-32）式。而利用 SI 制矿场实用单位和英制矿场实用单位表示的 Pirson 公式[2-3]分别为：

$$Q_{oc}^t = \frac{2.66 \times 10^{-3} K_o (h_t^2 - b_t^2)}{\mu_o B_o \ln \frac{r_e}{r_w}} \times \left[(\rho_w - \rho_o)\left(\frac{\rho_o - \rho_g}{\rho_w - \rho_g}\right)^2 + (\rho_o - \rho_g)\left(1 - \frac{\rho_o - \rho_g}{\rho_w - \rho_g}\right)^2 \right]$$

（10-53）

$$Q_{oc}^t = \frac{2.46 \times 10^{-5} K_o (h_t^2 - b_t^2)}{\mu_o B_o \ln \frac{r_e}{r_w}} \times \left[(\rho_w - \rho_o)\left(\frac{\rho_o - \rho_g}{\rho_w - \rho_g}\right)^2 + (\rho_o - \rho_g)\left(1 - \frac{\rho_o - \rho_g}{\rho_w - \rho_g}\right)^2 \right]$$

（10-54）

10.7.2　方法应用举例

已知一个具有气顶和底水的油藏[3]，它的有关参数为：

$h_t = 20\text{m} = 65.6\text{ft}$；$K_o = 93.5\text{mD}$；$K_h/K_v = 1.0$；$r_e = 200\text{m} = 656\text{ft}$；$r_w = 0.1\text{m} = 0.328\text{ft}$；$\mu_o = 0.73\text{mPa·s} = 0.73\text{cP}$；$B_o = 1.1\text{dim} = 1.1\text{dim}$；$\rho_w = 1.02\text{g/cm}^3 = 63.76\text{lb/ft}^3$；$\rho_o = 0.76\text{g/cm}^3 = 47.5\text{lb/ft}^3$；$\rho_g = 0.10\text{g/cm}^3 = 6.25\text{lb/ft}^3$，试求 $b_t = (b_1 + b_2)$，D_t，D_b，h_1 和 h_2，Q_{oc}^t，C_s，Q_{oc}^m 的数值。

（1）求合理射开长度。

根据本章的研究，合理射开长度 $b_t = 0.25 h_t = 0.25 \times 20 = 5\text{m}$，由于 $b_t = b_1 + b_2$（图 10-4），且 $b_1 = b_2 = b_t/2 = 5/2 = 2.5\text{m}$。

（2）求最佳顶部避射高度。

将已知参数代入式（10-49）得：

$$D_t = (20-5)\left(\frac{1.02-0.76}{1.02-1.10}\right) = 4.24\text{m}$$

（3）求最佳底部避射高度。

将 h_t、b_t 和 D_t 的数据代入式（10-48）得：

$$D_b = 20 - 5 - 4.24 = 10.76\text{m}$$

（4）求 h_1 和 h_2 的数值。

由图 10-4 可知：

$$h_1 = D_t + b_1 = 4.24 + 2.5 = 6.74\text{m} = 22.11\text{ft}$$
$$h_2 = D_b + b_2 = 10.76 + 2.5 = 13.26\text{m} = 43.49\text{ft}$$

（5）求气锥和水锥同时发生时的临界产量。

将已知的上述 SI 制矿场实用单位参数，分别代入陈氏的（10-31）式和 Pirson 的（10-53）式得，临界产量分别为：

$$Q_{oc}^t = \frac{2.66 \times 10^{-3} \times 93.5}{0.73 \times 1.1 \times \ln(200/0.1)} \times [(0.76 - 0.10) \times$$

$$(6.74^2 - 2.5^2) + (1.02 - 0.76) \times (13.26^2 - 2.5^2)] = 2.85\text{m}^3/\text{d}$$

$$Q_{oc}^t = \frac{2.66 \times 10^{-3} \times 93.5 \ (20^2 - 5^2)}{0.73 \times 1.1 \times \ln(200/0.1)} \times \left[(1.02 - 0.76) \times \left(\frac{0.76 - 0.10}{1.02 - 0.10}\right)^2 + \right.$$

$$\left. (0.76 - 0.10)\left(\left(1 - \frac{0.76 - 0.10}{1.02 - 0.10}\right)^2\right)\right] = 2.91\text{m}^3/\text{d}$$

再将已知的上述英制矿场实用单位参数，分别代入陈氏的（10-32）式和 Pirson 的（10-54）式得临界产量分别为：

$$Q_{oc}^t = \frac{2.46 \times 10^{-5} \times 93.5}{0.73 \times 1.1 \times \ln(656/0.328)} \times [(47.5 - 6.25) \times$$

$$(22.11^2 - 8.2^2) + (63.76 - 47.5) \times (43.99^2 - 8.2^2)] = 18.0\text{ bbl/d}$$

$$Q_{oc}^t = \frac{2.46 \times 10^{-5} \times 93.5 \ (65.6^2 - 16.4^2)}{0.73 \times 1.1 \times \ln(656/0.328)} \times$$

$$\left[(63.76 - 47.5)\left(\frac{47.5 - 6.25}{63.76 - 6.25}\right)^2 + (47.5 - 6.25) \times \left(1 - \frac{47.5 - 6.25}{63.76 - 6.25}\right)^2\right] = 18.3\text{bbl/d}$$

由两种公式和两种单位的计算结果表明，陈氏提出的方法与 Pirson 方法具有很好的可比性和一致性。这也说明了陈氏方法的可靠性和正确性。

10.7.3 临界产量的校正

将已知参数的数值代入（10-51）式得，临界产量校正系数的数值为：

$$C_s = [\pi + 0.432\ln(200/0.1)] \times (20/200)^{0.14} \ (1)^{0.07} = 4.65$$

若将 C_s 的数值和由陈氏（10-31）式计算的临界产量数值代入（10-52）式，得校正后的临界产量为：

$$Q_{oc}^m = 4.65 \times 2.85 = 13.25\text{m}^3/\text{d}$$

再将 C_s 的数值和由 Pirson 的（10-53）式计算的临界产量数值代入（10-52）式，得校正后的临界产量为：

$$Q_{oc}^m = 4.65 \times 2.91 = 13.53\text{m}^3/\text{d}$$

通过本章进行的方法推导、对比和应用，可以得出如下的初步结论：

（1）对于气锥油藏、水锥油藏或水锥气藏，通过本章的理论推导，得到了 Meyer 和 Garder[1]的原式。

（2）对于具有气顶和底水的油藏，本章推导得到的计算油井临界产量的新公式，与 Pirson[2]的公式相比，所计算的结果基本上是相同的。这也表明，本章方法的实用性和可靠性。

（3）对于不同油藏产状的油井临界产量，本章通过无因次的研究与分析方法，得到了最佳射开厚度为 20% ~30%油层厚度的重要结论。

（4）对于具有气顶和底水的油藏，由 Pirson[2,3]提出的计算最佳顶部避射高度 D_t 的方法，本章进行了验证性推导，并得到了同样的结果。

（5）对于具有气顶和底水的油藏，在已确定 b_t 和 D_t 的数值之后，根据临界产量新的方法需要，本章又提出分割油层厚度 h_t 为 h_1 和 h_2 的计算方法。

（6）由于在油井临界产量计算公式的推导中，对于流动方式的假定，并不完全符合达西（Darey）的平面径向流，因此，导致计算结果明显偏低。本章基于 Schols 的修正公式[3,5]，提出了临界产量修正系数法，使其应用更为简便有效。

符号及单位注释

（括弧内为 SI 制基础单位）

ϕ——势能，m^2/s^2，（m^2/s^2）；

g——重力加速度，m/s^2，（m/s^2）；

ρ——流体密度，g/cm^3，（kg/m^3）；

ρ_g——地层气体密度，g/cm^3，（kg/m^3）；

ρ_o——地层油密度，g/cm^3，（kg/m^3）；

ρ_w——地层水密度，g/cm^3，（kg/m^3）；

Z——基准面以上高度，m，（m）；

p——流体压力，MPa，（Pa）；

p_g——m 点的气相压力，MPa，（Pa）；

p_o——m 点的油相压力，MPa，（Pa）；

p_w——m 点的水相压力，MPa，（Pa）；

H——流体压头，m，（m）；

H_g——气压头，m，（m）；

H_o——油压头，m，（m）；

H_w——水压头，m，（m）；

h——气顶油藏或底求油藏的油层厚度，m，（m）；

h_t——具有气顶和底水油藏的总油层厚度，m，（m）；

h_1——具有气顶和底水油藏控制水锥发生的油层厚度，m，（m）；

h_2——具有气顶和底水油藏控制水锥发生的油层厚度，m，（m）；

b——气顶油藏或底水油藏油层的射开厚度，m，（m）；

b_t——具有气顶和底水油藏油层的射开厚度，m，（m）；

b_1——具有气顶和底水油藏控制气锥发生的射开厚度，m，（m）；

b_2——具有气顶和底水油藏控制水锥发生的射开厚度，m，（m）；

D_t——顶部避射高度，m，（m）；

D_b——底部避射高度，m，（m）；

r——径向半径，m，（m）；

r_e——驱动半径，m，（m）；

r_w——井底半径，m，（m）；

r_D——无因次半径，dim，（dim）；

η_D——无因次射开程度，frac，（frac）；

K_o——油层的有效渗透率，mD，（m^2）；

K_h/K_v——水平渗透率与垂直渗透率之比，dim，（dim）；

μ_o——地层原油黏度，mPa·s，（Pa·S）；

B_o——原油体积系数，dim，（dim）；

Q_o——油井的产油量，m^3/d，（m^3/s）；

Q_{oc}——气锥油藏或水锥油藏油井的临界产量，m^3/d，（m^3/s）；

Q_{oc}^t——具有气锥和水锥同时发生的油藏油井的临界产量，m^3/d，（m^3/s）；

Q_{oc}^g——具有气锥和水锥同时发生的油藏，气锥部分的临界产量，m^3/d，（m^3/s）；

Q_{oc}^w——具有气锥和水锥同时发生的油藏，水锥部分的临界产量，m^3/d，（m^3/s）；

Q_{oc}^m——修正之后的临界产量，m^3/d，（m^3/s）；

α——临界产量系数，dim，（dim）；

α_g——气锥油藏的临界产量系数，dim，（dim）；

α_w——水锥油藏的临界产量系数，dim，（dim）；

α_t——具有气锥和水锥同时发生油藏的临界产量系数，dim，（dim）；

C_s——临界产量修正系数，dim，（dim）。

参 考 文 献

1. Meyer. H. I, and Garder, A. O. : Mechanics of Two Immiscible Fluids in Porous Mdeia, Journal of Applied Physics, 1954 (11) 25, 1400−1406.

2. Pirson, S. J. : Oil Reservoir Engineering (Second Edition), Chapter 8. McGrw−Hill Book Company, Inc, New York Toronto−London, 1958, 432−437.

3. Tarek Ahmed: Reservoir Engineering Handbook, Gulf Publishing Company, Houston, 2000.

4. 李传亮，张厚和：带有顶底水油藏油井临界产量确定，中国海上油气（地质），1993，7（5）47−54.

5. Hagoort, J. : Fundamentals of Gas Reservoir Engineering, ELSEVIER Science 1998.

6. 李传亮，靳海湖：气顶底水油藏最佳射孔井段的确定方法，新疆石油地质，2006，27（1）94−95.

7. Hubbert, M. K. : Entrapment of Petroleum Under Hydrodynamic Conditions, Bull AAPG, 1953 (8) 37, 1954−2026.

8. Verweij, J. M. : Hydrocarbon Migration Systems Analgsis. ELSEVIER Science Publishers, Amsterdam, London, New York, Tokyo, 1993.

9. Levorsen, A. J.: Geology of Petroleum (Second Edition) W. H. Freeman and Company, San Francisco, London, 1967.

10. Dahlberg, E. C.: Applied Hydrodynamics in Petroleum Exploration (Second Edition), Chapter 3. Springer Verlag Inc, New York-Berlin-Heidelberg-London-Paris-Tokyo-Hong Kong-Barcelona-Budapest, 1995.

11. Beaumont, E. A, and Foster, N. H.: Exploring Oil and GasTraps, Chapter5, AAPG, Tulsa, Oklahoma, 1999.

12. Scientific Software Corporation. Reservoir Engineeing Manual, Section IV, National Technical Information Service, Denver, Colorado, 1975.

13. 陈元千：油气藏工程计算方法（续篇），石油工业出版社，北京，1991，113-117.

14. Hoyland, L. A., et al: Critical Rate for Water Coning, Correlation and Analytical Solution, SPE Reservoir Engineering, 1989, 495-499.

第 11 章　水平井产量

由于水平井的驱动面积大，渗流阻力小，表皮系数低等特点，因此，在从近海到陆地油气田的开发得到了广泛的应用。我国于 20 世纪 80 年代开始，同国际石油公司进行海上合作联合开发的油气田，水平井至今已广泛地应用于不同类型油气田的开发。但对于比较薄的油气层（$h<2m$）、凸镜状的砂岩油气藏、存在比较活跃底水和垂向裂缝比较发育的碳酸盐岩油气藏来说，并不适宜采用水平井开发。由于水平井的钻井、完井、测井、压裂对技术要求高，投资成本大，因此，水平井开采技术的应用，需作技术上和经济上的认真评估。

11.1　均质油藏水平井产量公式的对比

对于均质油藏，目前国内外常用的有以下 5 个水平井产量公式。

11.1.1　Borisov[1]公式

$$q_{oh} = \frac{0.543K_h h \Delta p}{\mu_o B_o \left[\ln\left(\frac{4r_{eh}}{L}\right) + \frac{h}{L}\ln\frac{h}{2\pi r_w} \right]} \qquad (11-1)$$

$$r_{eh} = \sqrt{A/\pi} \qquad (11-2)$$

11.1.2　Joshi[2]公式

$$q_{oh} = \frac{0.543K_h h \Delta p}{\mu_o B_o \left\{ \ln\left[\frac{a + \sqrt{a^2 - (L/2)^2}}{(L/2)} \right] + \frac{h}{L}\ln\frac{h}{2r_w} \right\}} \qquad (11-3)$$

$$a = (L/2)\left[0.5 + \sqrt{0.25 + (2r_{eh}/L)^4} \right]^{0.5} \qquad (11-4)$$

11.1.3　陈元千[3]公式

$$q_{oh} = \frac{0.543K_h h \Delta p}{\mu_o B_o \left\{ \ln\left[\sqrt{\left(\frac{4a}{L} - 1\right)^2} - 1 \right] + \frac{h}{L}\ln\frac{h}{2r_w} \right\}} \qquad (11-5)$$

$$a = L/4 + \sqrt{(L/4)^2 + r_{eh}^2} \qquad (11-6)$$

11.1.4　Giger 等[4]公式

$$q_{oh} = \frac{0.543K_h h \Delta p}{\mu_o B_o \left\{ \ln\left[\frac{1 + \sqrt{1 + (0.5L/r_{eh})^2}}{(0.5L/r_{eh})} \right] + \frac{h}{L}\ln\frac{h}{2\pi r_w} \right\}} \qquad (11-7)$$

11.1.5 Renard-Dupug[5]公式

$$q_{oh} = \frac{0.543K_h h\Delta p}{\mu_o B_o \left\{ \ln\left[\frac{2a}{L} + \sqrt{\left(\frac{2a}{L}\right)^2 - 1}\right] + \frac{h}{L}\ln\frac{h}{2\pi r_w} \right\}} \qquad (11-8)$$

式中的 a 由 Joshi 公式中的（11-4）式计算。

由上述 5 位作者的公式对比可以看出，（11-1）式，（11-3）式，（11-5）式和（11-8）式，其分母中的第 1 项和第 2 项式是不尽相同的，这也是由于各公式的推导原理和方法不同所致。在图 11-1 上绘出了 5 个水平井产量的计算结果。由图 11-1 看出除 Giger 等的公式偏差明显外，其他 4 个公式的计算结果基本一致。尤其是陈元千公式和 Joshi 公式的一致性很高。

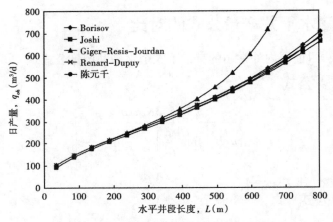

图 11-1　5 种水平井产量公式的对比[6]

11.2　不同条件下水平井的产量公式

11.2.1　考虑各向异性的水平井的产量

陈氏[3]的各向异性水平井产量公式为：

$$q_{oh} = \frac{0.543K_h h\Delta p}{\mu_o B_o \left\{ \ln\left[\sqrt{\left(\frac{4a}{L} - 1\right)^2 - 1}\right] + \frac{\beta h}{L}\ln\frac{h}{2r_w} \right\}} \qquad (11-9)$$

$$\beta = \sqrt{K_h/K_v} \qquad (11-10)$$

Joshi[2]的各向异性水平井产量公式为：

$$q_{oh} = \frac{0.543K_h h\Delta p}{\mu_o B_o \left\{ \ln\left[\frac{a + \sqrt{a^2 - (L/2)^2}}{(L/2)}\right] + \frac{\beta h}{L}\ln\frac{\beta h}{2r_w} \right\}} \qquad (11-11)$$

由文献［7］的推导表明，（11-11）式分母中的第 2 项，ln 内的 β 是不应当有的。在图 11-2 上绘出了陈氏和 Joshi 考虑各向异性的水平井产量变化。由图 11-2 看出，两者的差异比较明显；而且 Joshir 的推导是不完善的。

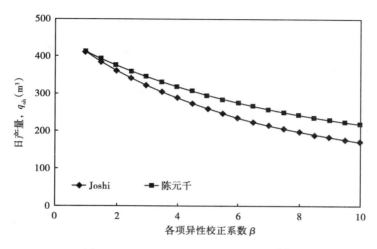

图 11-2　β 对 q_{oh} 的影响图 （$L=500\mathrm{m}^{[6]}$）

11.2.2　考虑各向异性和偏心距（图 11-3）的水平井产量公式

陈氏[8]的偏心距，水平井产量公式为：

$$q_{oh} = \frac{0.543K_h h\Delta p}{\mu_o B_o \left\{ \ln\left[\sqrt{\left(\frac{4a}{L}-1\right)^2}-1\right] + \frac{\beta h}{L}\ln\left(\frac{(h/2)^2-\delta^2}{(h/2)r_w}\right)\right\}} \qquad (11-12)$$

Joshi[8]的公式为：

$$q_{oh} = \frac{0.543K_h h\Delta p}{\mu_o B_o \left[\ln\left(\frac{a+\sqrt{a^2-(L/2)^2}}{(L/2)}\right) + \frac{\beta h}{L}\ln\left(\frac{(\beta h/2)^2-(\beta\sigma)^2}{(\beta h/2)r_w}\right)\right]} \qquad (11-13)$$

图 11-3　各向异性偏心距

221

在图 11-4 上绘出了陈氏与 Joshi 两种公式计算的偏心距对水平井产量的影响。由图 11-4 看出，两个公式的计算结果基本一致，而且当偏心因子 λ $\lambda = \delta / (h/2)$ 大于 0.95 之后，偏心距对水平井产量的影响突然变大。

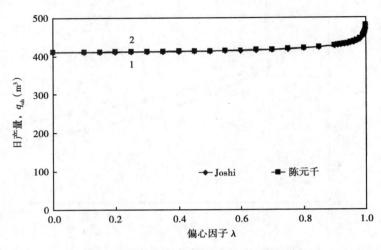

图 11-4　偏心因子对水平井产量的影响[6]

11.2.3　水锥和气锥油藏水平井的临界产量公式

对于底水和气顶，以及底水和气顶同时驱动 3 种水平井临界产量的通式为[10]：

$$q_{ohc} = \frac{\alpha K_h h^2 \Delta \rho}{\mu_o B_o \ln \dfrac{r_{ed}}{r_w}} \tag{11-14}$$

式中的 r_{ed} 表示为[11]：

$$r_{ed} = r_w^{(1-h/L)} \left(\frac{h}{2} \right)^{h/L} \left[\left(\frac{4a}{L} - 1 \right)^2 \right]^{0.5} \tag{11-15}$$

不同驱动条件的 α 值和 $\Delta \rho$ 值列于表 11-1。

表 11-1　不同驱动类型的 α 值和 $\Delta \rho$

驱动类型	α	$\Delta \rho$ （g/cm³）
底水	2.66×10^{-3}	$\rho_w - \rho_o$
气顶	2.66×10^{-3}	$\rho_o - \rho_g$
底水+气顶	6.65×10^{-4}	$\rho_w - \rho_g$

11.3　各向异性断块油藏水平井的产量公式

在图 11-5 上绘出了一口水平井布在断块油层中心的三维图，油藏长度为 a、宽度为 b、

厚度为 h。在图 11-6 和图 11-7 上绘出了水平井的线性流线图和围绕水平井段的垂向拟平面径向流线图。利用陈元千[3]的水电相似原理和等值渗流阻力法，由陈元千[11]得到水平井分布在油层中的产量公式为：

$$q_{oh} = \frac{0.543K_h h \Delta p}{\mu_o B_o \left[\dfrac{\pi(b-h)}{2L} + \dfrac{\beta h}{L} \ln \dfrac{h}{2r_w} \right]} \qquad (11-16)$$

水平井的比产能（specific producwity）为：

$$q_{oh} = \frac{q_{oh}}{\Delta p L} \frac{0.543K_h h}{\mu_o B_o \left[\dfrac{\pi(b-h)}{2} + \dfrac{\beta h}{L} \ln \dfrac{h}{2r_w} \right]} \qquad (11-17)$$

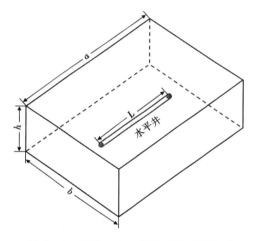

图 11-5　油藏中心水平井三维布置方式

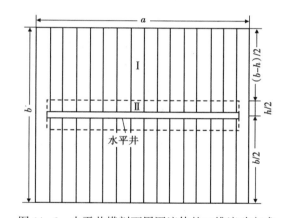

图 11-6　水平井横剖面周围流体的二维流动方式

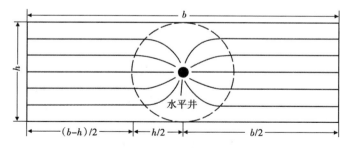

图 11-7　水平井纵剖面周围流体的二维流动方式

11.4　水平井高产原因

根据陈元千[11]的研究表明，水平井比垂直井高产的原因在于，水平井驱动面积大，渗流阻力小和表皮系数低等原因，因此，水平井的产能比大，并表示为：

$$PR = \frac{\ln(r_e/r_w)}{\ln(r_{ed}/r_w)} \qquad (11-18)$$

式中的 r_e 为垂直井驱动半径；r_{ed} 为水平井的等效驱动半径，由（11-15）式计算。

水平井与垂直井的渗流阻力比为[11]：

$$FRR = \frac{\ln(r_{ed}/r_w)}{\ln(r_e/r_w)} \qquad (11-19)$$

由（11-18）式与（11-19）式对比看出，产能比和渗流阻力比成反比关系，即流动阻力越小，产能比越大。

水平井与垂直井的驱动面积比为[11]：

$$DAR = ab/r_e^2 \qquad (11-20)$$

水平井的表皮系数为[10]：

$$S = \ln(r_{ed}/r_{ed}) \qquad (11-21)$$

根据文献［11］的应用举例表明，水平井的 $PR=7$；$FRR=0.143$，即相当于垂直井的流动阻力的 14.3%；$DAR=2.1$；$S=-7.14$。

11.5　水平油井的无因次 IPR 方程

由陈元千[11]提出的水平井无因次 IPR（Inform Performance Relationship）方程为：

$$p_D = 1 - Cq_D - Dq_D^2 \qquad (11-22)$$

$$p_D = p_{wf}/p_R \qquad (11-23)$$

$$q_D = q_{oh}/q_{ACF} \qquad (11-24)$$

其中：

$$C = A_L q_{AOF}/p_R \qquad (11-25)$$

$$D = B_L q_{AOF}^2/p_R \qquad (11-26)$$

$$A_L = \frac{1.842 B_o \mu_o}{K_h h} \ln \frac{r_{ed}}{r_w} \qquad (11-27)$$

$$B_L = \frac{3.393 \times 10^{-15} \eta \rho_o B_o}{h^2} \left(\frac{1}{r_w} - \frac{1}{r_{ed}} \right) \qquad (11-28)$$

由（11-22）式看出，当 $q_D=0$ 时，$p_D=1$，而当 $q_D=1$ 时，$p_D=0$，故得 $D=1-C$，因此，该式又可写为：

$$p_D = 1 - Cq_D - (1-C)q_D^2 \qquad (11-29)$$

应当指出，（11-29）式中的 C 表示地下原油的流态系数。当 $C=1$ 时，其流动完全受达西层流的控制制；当 $C=0$ 时，则流动完全受湍流的控制。不同 C 值的无因次 IPR 曲线（图 11-8）。由文献［12-14］的应用表明，对于水平油井 $C=0.5$，水平气井 $C=0.8$ 时，可以取得很好的预测效果。当 $C=0.5$ 时，由（11-29）式得出水平油井的无因次 IPR 方程为：

$$p_D = 1 - 0.5q_D - 0.5q_D^2 \qquad (11\text{-}30)$$

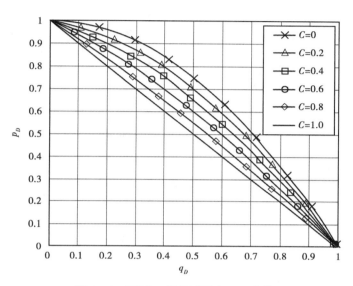

图 11-8　不同 C 值的无因次 IPR 曲线

由（11-30）式看出，这是一个一元次方程，求解后得下式：

$$q_D = \frac{\sqrt{1 + 8(1 - p_D)} - 1}{2} \qquad (11\text{-}31)$$

将（11-22）式和（11-24）式代入（11-31）式，得预测水平气井绝对无阻流量的关系式：

$$q_{AOF} = \frac{2q_o}{\sqrt{1 + 8(1 - p_{wf}/p_R)} - 1} \qquad (11\text{-}32)$$

首先，由（11-31）式利用一点测试数据求 q_{AOF} 值，再由该式改写的下式，预测不同 p_{wf} 值下的 q_o 值：

$$q_{oh} = 0.5q_{AOF}\left[\sqrt{1 + 8(1 - p_{wf}/p_R)} - 1\right] \qquad (11\text{-}33)$$

在图 11-9 上绘出了委内瑞拉东部盆地南缘的 JUNIN 油田，利用水平油井 IPR 方程预测的结果。由图 11-9 看出，该油田的水平井都在很高的产量下生产，实际产量已很接近它的绝对无阻流量值。

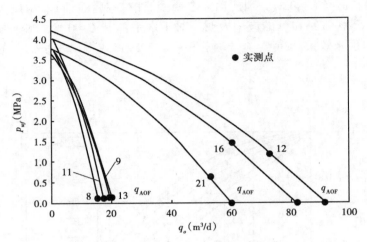

图 11-9 不同水平井 IPR 预测曲线[14]

符号及单位注释

q_{oh}——水平油井的产量，m³/d；

q_{AOF}——水平油井的绝对无阻流量，m³/d；

q_{ohc}——气锥或水锥的水平井临界产量，m³/d；

q_D——水平油井的无因次产量，dim；

J_{oh}——水平油井的比产能，m³/（d·MPa·m）；

K_h——水平有效渗透率，mD；

K_v——垂直有效渗透率，mD；

η——非达西流动的湍流阻力系数，m⁻¹；

β——Joshi 的各向异性系数（$\beta=\sqrt{K_h/K_v}$），dim；

h——有效厚度，m；

Δp——生产压差，MPa；

p_R——地层压力，MPa；

p_{wf}——井底流压，MPa；

p_D——无因次压力，dim；

μ_o——地层原油黏度，mPa·s；

B_o——地层原油体积系数，dim；

B_L——水平井的非达西流动常数，dim；

b——水平井椭圆驱动面积短轴的半长，或断块油藏的宽度，m；

A_L——水平井的达西流动常数，dim；

A——水平井的地面井控几何面积，m²；

a——水平井椭圆驱动面积长轴的半长，或断块油藏的长度，m；

$\Delta\rho$——地层条件下两种流体的密度差，t/m³；

ρ_o——地层原油密度，t/m^3；

ρ_w——地层水密度，t/m^3；

ρ_g——地层气密度，t/m^3；

C——地层原油的流态因子，frac；

L——水平井段长度，m；

r_{eh}——水平井的折算圆形驱动半径，见（11-2）式，m；

r_{ed}——将水平转为垂直井的等效驱动半径，见（11-15）式，m；

r_w——垂直井的井底半径，或水平井段的井筒半径，m；

r_z——垂直水平井段的拟平面径向流半径，m；

r_e——垂直井的平面径向流驱动半径，m；

δ——偏心距，m；

λ——偏心因子，dim；

α——气锥或水锥临界产量公式的单位换算系数，dim；

PR——水平井与垂直井的产能比，dim；

FRR——水平井与垂直井的流动阻力比，dim；

DAR——水平井与垂直井的驱动面积比，dim；

S——水平井的表皮系数，dim。

参 考 文 献

1. Borisov, J. P.: Oil Production Using Horizontal and Multiple Deviation Wells, Nedra Moscov, 1964；The R&D Library Translation, Bartlesville, Oklahoma, 1983.

2. Joshi, S. D.: Augmentation of Well Productiviy Using Slant and Horizontal Well, SPE 15375, 1986.

3. 陈元千：水平井产量公式的推导与对比．新疆石油地质，2008，29（1）628-71.

4. Giger, F. M.: Low Permeabiliy Reservoirs Development Using Horizontal Wells, SPE/DOE 16406, 1987.

5. Renard, C. and Dupuy, J. M.: Formation Damage Effects on Horizontal Well Flow Efficiency, JPT（fuly 1991）786-789.

6. 陈元千：水平井产量公式的对比研究．新疆石油地质，2012，33（5）566-569.

7. 陈元千，郭二鹏：对 Joshi 各向异性水平井产量公式的质疑，推导与对比，新疆石油地质，2008，29（3）331-334.

8. 陈元千，邹存有：考虑各向异性和偏心距影响的水平井产量公式的推导与对比，新疆石油地质，2009，30（4）486-489.

9. Joshi, S. D.: Horizontal Well Technology, Tulsa, Pennwell Publishing Company, 1991, 73-94.

10. 陈元千：预测水锥和气锥水平井临界产量的新方法，中国海上油气，2010，22（1）21-26.

11. 陈元千：确定水平井的产能比、流动阻力比、流动面积比和表皮因子的新方法，中国海上油气，2009，21（3）165-168.

12. 陈元千，李剑：水平油井 IPR 方程的建立与对比，中国海上油气，2015，27（2）44-47.

13. 陈元千，张霞林，齐亚东：水平气井二项式方程的推导与应用，断块油气田，2014，21（5）601-606.

14. 伊然，陈元千，刘翔，等：水平油井无因次 IPR 方程在 JUNIN 油田 4 区的应用．油气井测试，2017，26（1）16-18.

第 12 章　等温吸附方程和解吸方程

　　页岩气和煤层气的储层，是由超致密的基质（matrics）和天然的裂缝系统组成。在基质中的天然气为吸附气（desorption gas），而在裂缝中的天然气为自由气（free gas）。众所周知，饱和吸附气量是评价页岩层和煤层吸附气资源量的重要参数。然而，饱和吸附气量的确定，除需要进行室内吸附气含量的实验外，还需要一个能描述吸附气量与吸附压力的理论关系式，这就是等温累积吸附量方程。美国物理化学家，1932 度诺贝尔化学奖获得者 Langmuir（兰格凿尔），基于气体吸附的基础研究和大量的室内吸附实验数据，于 1918 年发表了著名的兰氏等温累积吸附方程，受到了世人的高度关注和广泛应用。但兰氏的等温累积吸附方程是一个经验性方程，在理论上是不完善的。后于 1990 年和 2005 年，Mavor 等和 Ahamed 等，将兰氏方程中两个常数 a 和 b，分别改用兰氏体积常数 V_L 和兰氏压力常数 p_L 表示。这并没有提高人们对兰氏方程的理解，反而会把 V_L 与 p_L 看作函数关系。陈元千在兰氏方程发表 100 周年之际，于 2018 年发表了具有理论意义和实用价值的等温吸附方程和解吸方程，并揭示了两个方程常数的物理意义。通过实例应用表明，陈氏方程和兰氏方程具有很好的一致性和符合性。应当指出，由于兰氏的等温吸附方程是一个经验性方程，因而兰氏、Mavor 和 Ahamed 等都不能从理论上解释两个常数的物理意义。建立等温累积吸附量方程的目的在于，确定评价吸附气资源量需要的饱和吸附量。陈氏提出的无因次等温累积吸附量方程，可以有效地确定饱和吸附量的数值。而且，陈氏还提出了瞬压吸附量和瞬压解吸量的重要概念和表示方法。

12.1　陈氏等温吸附方程和解吸方程

12.1.1　陈氏等温累积吸附方程和瞬压吸附方程的推导

　　图 12-1 是由 Mavor 等[1]提供的等温吸附量数据绘成的等温累积吸附量和吸附压力的关系图。由该图看出，等温累积吸附量开始上升的很快，而后变慢，最后趋近一个饱和吸附量，而饱和吸附量就是评价页岩气或煤层气资源量时的重要参数。陈元升[2]引用 Arps[3]的递减率概念，吸附量随吸附压力增加而下降的递减率表示为：

$$B = -\frac{\mathrm{d}q}{q\,\mathrm{d}p} \tag{12-1}$$

　　假若吸附量随吸附压力（绝对压力）的递减率 B 为常数，对（12-1）式进行分离变量，并代入积分上下限为：

$$B\int_{p_{sc}}^{p} \mathrm{d}p = -\int_{q_{sc}}^{q} \frac{\mathrm{d}q}{q} \tag{12-2}$$

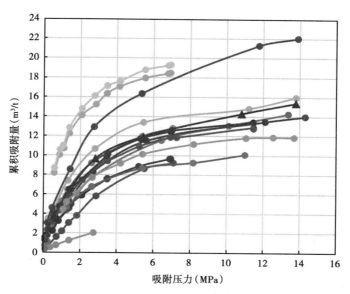

图 12-1　美国煤层的等温累积吸附量曲线[1]

应当指出,在等温和标准压力 p_{sc} (0.0101MPa) 条件下,甲烷气体被页岩或煤层的吸附量是最大的吸附量 q_{sc},而且是 (12-2) 式的积分下限。

由 (12-2) 式的积分可得气体的等温瞬压吸附量方程:

$$q = q_{sc}\mathrm{e}^{-B(p-p_{sc})} \tag{12-3}$$

等温累积吸附量表示为:

$$\nu = \int_{p_{sc}}^{p} q\mathrm{d}p \tag{12-4}$$

将 (12-3) 式代入 (12-4) 式积分后,得等温累积吸附量方程:

$$\nu = \frac{q_{sc}}{B}\big[1 - \mathrm{e}^{-B(p-p_{sc})}\big] \tag{12-5}$$

由于 (12-5) 式中的 q_{sc} 和 B 都是常数,因此,可用下面的一个新的常数 A 表示:

$$A = \frac{q_{sc}}{B} \tag{12-6}$$

将 (12-6) 式代入 (12-5) 式,得陈氏的等温累积吸附量方程[4]:

$$\nu = A\big[1 - \mathrm{e}^{-B(p-p_{sc})}\big] \tag{12-7}$$

由 (12-7) 式对压力求导得等温瞬压吸附量方程:

$$q = AB\mathrm{e}^{-B(p-p_{sc})} \tag{12-8}$$

由 (12-3) 式和 (12-8) 式对比看出, $q_{sc}=AB$,因此, q_{sc} 是一个 A 与 B 乘积的重要物

理量。利用等温累积吸附量实验资料，为了确定（12-7）式中常数 A 和 B 的数值，需将（12-7）式改写为：

$$\frac{A - \nu}{A} = e^{-B(p - p_{sc})} \qquad (12-9)$$

将（12-9）式等号两端取自然对数，得如下的半对数直线关系式：

$$\ln\left(\frac{A}{A - \nu}\right) = B(p - p_{sc}) \qquad (12-10)$$

由（12-10）式看出，当给定不同的 A 值，由（12-10）式进行线性迭代试差，求得的最佳直线关系（相关系数最大）的 A 值，就是需要的正确 A 值。然后，由（12-10）式的线性回归确定 B 的数值。

12.1.2　陈氏等温累积解吸量方程和瞬压解吸量方程推导

在图 12-2 上绘出了与图 12-1 相似的等温累积解吸量与解吸压力（绝对压力）的关系图。当压力从饱和吸附压力 p_s 降到压力 p 时的累积解吸量为：

$$\nu^* = \nu_s - \nu \qquad (12-11)$$

再由（12-7）式可写出等温饱和累积吸附量为：

$$\nu_s = A\left[1 - e^{-B(p_s - p_{sc})}\right] \qquad (12-12)$$

将（12-7）式和（12-12）式代入（12-11）式得，当压力从 p_s 降到 p 时的等温累积解吸量为：

$$\nu^* = A\left[e^{-B(p - p_{sc})} - e^{-B(p - p_{sc})}\right] \qquad (12-13)$$

由（12-13）式对压力求导得瞬压解吸量方程：

$$q^* = ABe^{-B(p - p_{sc})} \qquad (12-14)$$

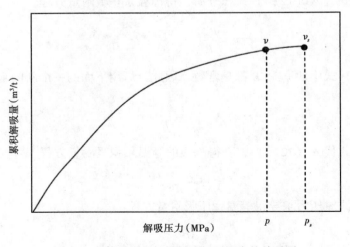

图 12-2　等温累积解吸量和解吸压力的关系图

由（12-8）式和（12-14）式对比看出，等温瞬压吸附量方程和等温瞬压解吸量方程是相同的，也可以说两者是可逆的。

12.2　兰氏等温吸附方程和解吸方程

12.2.1　兰氏等温累积吸附量方程和瞬压吸附量方程

美国的物理和化学家 Langmuir[4]，根据室内大量气体累积吸附量实验数据的变化分析，于 1918 年提出了著名的兰氏累积吸附量经验方程。这是目前评价页岩气和煤层气吸附资源量的重要基础。图 12-3 是利用兰氏的实验数据[1]绘成的 CH_4、N_2 和 CO_2 在 90K 下的等温累积吸附量曲线。

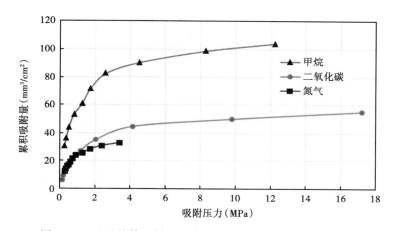

图 12-3　兰氏的等温累积吸附量和吸附压力的实验数据曲线

兰氏提出，累积吸附量随吸附压力的变化，开始呈近乎直线的增加，其后变得缓慢，最后趋于一个饱和吸附量[1]。正基于此，兰氏提出了如下的等温累积吸附量经验方程：

$$\nu = \frac{abp}{1 + bp} \tag{12-15}$$

兰氏指出，（12-15）式中 p 为表压（相对压力）而 a 和 b 是两个与吸附气的物理性质和温度等因素有关的常数[1]。由（12-15）式对压力求导，可得兰氏的瞬压吸附量方程：

$$q = \frac{ab}{(1 + bp)^2} \tag{12-16}$$

根据实验测试数据，为了确定兰氏等温累积吸附量方程中两个常数 a 和 b 的数值，将（12-15）式改为如下的直线关系式[3,4,6]：

$$\nu = a - \frac{1}{b}(\nu/p) \tag{12-17}$$

由（12-17）式看出，a 是直线的截距，b 是直线斜率的倒数。

Mavor[1]和 Ahamed[5]提出的兰氏体积常数和兰氏压力常数，分别为：$v_L = a$ 和 $p_L = 1/b$。因此，由（12-15）式可得我国许多文献引用的兰氏等温累积吸附量方程：

$$\nu = \frac{\nu_L p}{p + p_L} \tag{12-18}$$

由（12-18）式对压力求导，可以得到兰氏的等温兰氏的瞬压吸附量方程为：

$$q = \frac{\nu_L p_L}{(p + p_L)^2} \tag{12-19}$$

12.2.2　兰氏等温累积解吸量方程和瞬压解吸量方程的推导

在饱和吸附压力 p_s 下，兰氏的饱和累积吸附量由（12-15）式可写为：

$$\nu_s = \frac{ab p_s}{1 + b p_s} \tag{12-20}$$

如图 12-2 所示，当压力由 p_s 降到压力 p 时的累积解吸量为：

$$\nu^* = \nu_s - \nu \tag{12-21}$$

将（12-15）式和（12-20）式代入（12-21）式，可得兰氏的瞬压解吸量方程：

$$\nu^* = \frac{ab(p_s - p)}{(1 + b p_s)(1 + bp)} \tag{12-22}$$

由（12-22）式对压力求导可得兰氏的等温解吸量方程：

$$q^* = \frac{ab}{(1 + bp)^2} \tag{12-23}$$

12.3　无因次等温吸附方程

上述介绍了陈氏和兰氏的等温吸附方程和等温解吸方程。由于方程建立的条件不同，因此，两种方程的形式差异较大。要想在理论上做出进一步分析，有必要对陈氏方程和兰氏方程做无因次处理，建立无因次等温吸附量方程。

12.3.1　陈氏的无因次等温吸附量方程

当 $p = \infty$（无穷）时，由（12-7）式得极限累积吸附量为：

$$\nu_{\lim} = A \tag{12-24}$$

由（12-24）式看出，极限累积吸附量等于常数 A。再将（12-24）式代入（12-7）式得：

$$\nu = \nu_{\lim} \left[1 - \mathrm{e}^{-B(p - p_{sc})} \right] \tag{12-25}$$

由（12-25）式对压力求导得陈氏的瞬压吸附量方程：

$$q = B \nu_{\lim} \mathrm{e}^{-B(p - p_{sc})} \tag{12-26}$$

当 $p = p_{sc}$（标准压力）时，由（12-26）式得在 p_{sc} 压力下的初始吸附量为：

$$q_{sc} = B\nu_{\lim} \tag{12-27}$$

再将（12-24）式代入（12-27）式，可得最大的初始吸附量：

$$q_{\max} = AB \tag{12-28}$$

由（12-28）式看出，等温累积吸附量方程的两个常数 A 和 B 的乘积，等于 p_{sc} 压力下的最大初始吸附量，也是最大理论瞬压吸附量 $q_{\max}$。

为了建立无量纲等温吸附量方程，现作如下的无因次量设定。

无因次等温累积吸附量为：

$$\nu_D = \nu/\nu_{\lim} \tag{12-29}$$

无因次瞬压吸附量为：

$$q_D = q/q_{\max} \tag{12-30}$$

无因次吸附压力为：

$$p_D = B(p - p_{sc}) \tag{12-31}$$

将（12-29）式和（12-31）式代入（12-7）式，可得陈氏的无因次等温累积吸附量方程：

$$\nu_D = 1 - e^{-p_D} \tag{12-32}$$

再将（12-30）式和（12-31）式代入（12-8）式，可得陈氏的无因次瞬压吸附量方程：

$$q_D = e^{-p_D} \tag{12-33}$$

将（12-33）式代入（12-32）式，可得陈氏的无因次等温累积吸附量与无因次瞬压吸附量的关系式：

$$\nu_D = 1 - q_D \tag{12-34}$$

12.3.2 兰氏无因次等温吸附量方程

将（12-15）式改为下式：

$$\nu = \frac{a}{1 + \left(\dfrac{1}{bp}\right)} \tag{12-35}$$

当 $p = \infty$（无穷）时，由（12-35）式得兰氏的极限累积吸附量为：

$$\nu_{\lim} = a \tag{12-36}$$

当 $p = 0$ 时，由（12-16）式得兰氏的最大理论初始吸附量为：

$$q_{\max} = ab \tag{12-37}$$

兰氏的无因次压力表示为：

$$p_D = bp \qquad (12-38)$$

将（12-36）式和（12-38）式代入（12-35）式，得兰氏的无因次等温累积吸附量方程：

$$\nu_D = \frac{p_D}{1 + p_D} \qquad (12-39)$$

再将（12-37）式和（12-38）式代入（12-16）式，得兰氏的无因次等温瞬压吸附量方程：

$$q_D = \frac{1}{(1 + p_D)^2} \qquad (12-40)$$

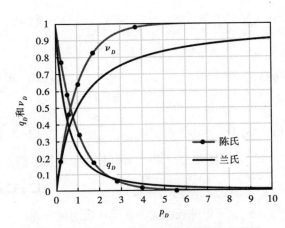

图 12-4　陈氏和兰氏的无量纲等温吸附曲线

在图 12-4 上绘出了由陈氏的（12-32）式和（12-33）式，以及由兰氏的（12-39）式和（12-40）式，计算的无因次等温累积吸附量和无因次等温瞬压吸附量曲线。由图 12-4 看出，陈氏的曲线变化明显地快于兰氏的曲线。当 $p_D = 5$ 时，陈氏的 $\nu_D = 0.995$，即已达到极限累积吸附量 v_{lim} 的 99.5%，而兰氏仅达到 v_{lim} 的 88.3%。从页岩层和煤层的注入甲烷气的吸附分析，应当比较快地达到饱和吸附程度，而不是一个缓慢的过程。应当指出，只有利用无因次等温吸附方程及其图形，才能进行不受压力、温度、吸附气性质和吸附材料性质等因素影响的理论分析。

12.4　等温吸附量的计算方法

等温累积吸附量曲线是分析煤层气和页岩气吸附量的重要依据。饱和累积吸附量则是评价煤层气和页岩气吸附资源量的重要参数。应当指出，等温累积吸附量曲线的数据点，并不是由吸附仪器直接测定的，而是通过计算方法求得的。根据吸附实验的机理和特点，可将目前的吸附仪分为，测压吸附仪和称重吸附仪两种。前者可简称为测压法，后者可简称为称重法。对于测压法，陈元升[6] 已经提出了计算等温吸附量的方法，下面将介绍测压法和称重法计算累积吸附量方法的推导。

12.4.1　测压法吸附仪的计算方法

在图 12-5 上会出了测压法吸附仪装置的流程图。由 SI 制实用单位表示的气体状态方程式为：

$$\rho V = ZnRT \qquad (12-41)$$

为了确定通用气体常数 R 的数值，由（12-41）式写为地面标准条件下的下式：

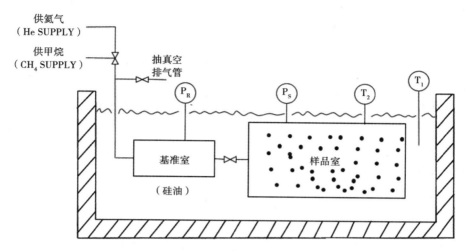

图 12-5　测压法吸附仪装置流程图[1]

$$R = \frac{p_{sc}V_{sc}}{Z_{sc}nT_{sc}} \qquad (12-42)$$

将 $p_{sc}=0.101\text{MPa}$，$V_{sc}/\text{n}=24056\text{m}^3/\text{Mmol}$，$Z_{sc}=1.0$，$T_{sc}=293\text{K}$，代入 (12-42) 式得：

$$R=\frac{0.101\times24056}{1\times293}=8.29\text{MPa}\cdot\text{m}^3/\ (\text{Mmol}\cdot\text{K})$$

由于 $1\text{m}^3=10^6\text{cm}^3$ 和 $1\text{Mmol}=10^6\text{mol}$，因此，通用气体常数又可写为，$R=8.29\text{MPa}\cdot\text{cm}^3/$（$\text{mol}\cdot\text{K}$）。

当往基准室注入甲烷气的压力达到 p_R 时，基准室内甲烷气的摩尔量由 (12-41) 式表示为：

$$n_R = \frac{p_R V_R}{Z_R RT} \qquad (12-43)$$

将连接基准室和样品室之间的阀门打开，使基准室内的甲烷气体流入样品室，即引起样品室内样品的吸附。当两室之间的压力达到平衡时，两室内的自由空间中甲烷气的摩尔量，可写为：

$$n_s = \frac{p_s(V_R + V_{sv})}{Z_s RT} \qquad (12-44)$$

由于样品对甲烷气的吸附作用，引起减少甲烷气的摩尔量表示为：

$$n_{ag} = n_R - n_s \qquad (12-45)$$

将 (12-43) 式和 (12-44) 式代入 (12-45) 式得样品吸甲烷气附的摩尔量为：

$$\Delta n_{ag} = \frac{p_R V_R}{Z_R RT} - \frac{p_s(V_R + R_{SV})}{Z_S RT} \qquad (12-46)$$

若设 1g 样品质量吸附甲烷气的摩尔量为 q_m，那么，m_c 克样品质量吸附甲烷气的摩尔量为：

$$\Delta n_{ag} = q_m m_c \tag{12-47}$$

根据 Avogadro 定律[7]，1 克摩尔（mol）质量的任何气体，在 273.15K 和 1atm（物理大气压）条件下，占有的气体体积均为 22414cm³。那么，在 293K 和 0.101MPa（1atm）标准条件下，1mol（摩尔）任何气体占有的气体体积应为 24056cm³。因此，Δn_{ag} 摩尔量的甲烷气，在 293K 和 0.101MPa 下，占有的气体体积为 $24056\Delta n_{ag}$ cm³。于是，由（12-47）式可得 1 克样品质量甲烷气的吸附量为：

$$q = \frac{24056\Delta n_{ag}}{m_c} \tag{12-48}$$

应当指出，（12-48）式中 q 的单位为 cm³/g，它等同于 m³/t。

将（12-46）式代入（12-48）式得，实验室的 SI 制实用单位表示的瞬压吸附量计算公式为：

$$q = 2900\left\{a\left[\frac{p_{R(i)}}{z_{R(i)}} - \frac{p_{s(i-1)}}{z_{s(i-1)}}\right] - \beta\left[\frac{p_{s(i)}}{z_{s(i)}} - \frac{p_{s(i-1)}}{Z_{s(i-1)}}\right]\right\} \tag{12-49}$$

其中：

$$\alpha = \frac{V_R}{m_c T} \tag{12-50}$$

$$\beta = \frac{V_R + V_{sv}}{m_c T} \tag{12-51}$$

应当指出，（12-49）式中各参数的下标：$i = 1, 2, 3, 4, 5\cdots$。对于第 1 个测试点，$i = 1$，$q = q_1$，$p_{R(i)} = p_{R(i)}$，$p_{s(i)} = p_{s(1)}$，$Z_{R(i)}$，$Z_{s(i)} = Z_{s(1)}$，$p_{s(i-1)} = p_{s(0)} = 0$。

$$v = \sum_{i=1}^{n} q_i \tag{12-52}$$

对于连续开关基准室和样品室之间的阀门，注入甲烷进行的吸附实验来说，总会在某一个注入压力下，样品的吸附达到饱和吸附状态。下面提出判断达到饱和吸附状态的方法。

将（12-69）式简写为：

$$q = 2900[A(p) - B(p)] \tag{12-53}$$

其中：

$$A(p) = \alpha\left[\frac{p_{R(i)}}{z_{R(i)}} - \frac{p_{s(i-1)}}{z_{s(i-1)}}\right] \tag{12-54}$$

$$B(p) = \beta\left[\frac{p_{s(i)}}{z_{s(i)}} - \frac{p_{s(i-1)}}{z_{s(i-1)}}\right] \tag{12-55}$$

由（12 - 53）式可以看出，当 $A(p) > B(p)$ 时，$q > 0$；当 $A(p) = B(p)$ 时，$q = 0$；当 $A(p) < B(p)$ 时，$q < 0$（为负值）。因此，如果利用（12 - 53）式计算的吸附量，当 $q = 0$ 时，即达到了饱和吸附状态，此时样品已停止了吸附。

由于达到饱和吸附状态时的吸附量 $q = 0$，因此，由（12-53）式可得：

$$A(p) = B(p) \tag{12-56}$$

将（12-54）式和（12-55）式代入（12-56）式得：

$$\alpha \left[\frac{p_{R(i)}}{z_{R(i)}} - \frac{p_{s(i-1)}}{z_{s(i-1)}} \right] = \beta \left[\frac{p_{s(i)}}{z_{s(i)}} - \frac{p_{s(i-1)}}{z_{s(i-1)}} \right] \tag{12-57}$$

判断是否达到了饱和吸附状态，可用如下的理论判断因子（Judgement Factor）评价：

$$\eta^0 = \frac{\alpha}{\beta} \tag{12-58}$$

将（12-50）式和（12-51）式代入（12-56）式可得，达到饱和吸附状态时的理论判断因子为：

$$\eta^0 = \frac{v_R}{v_{sv} + v_R} \tag{12-59}$$

由于 V_R 和 V_{sv} 都是常数，因此，通过（12-59）式的计算，可以事先知道达到饱和吸附状态时的理论判断因子数值。将（12-59）式代入（12-58）式，可得不同测试压力点的动态判断因子为：

$$\eta = \frac{\dfrac{p_{s(i)}}{z_{s(i)}} - \dfrac{p_{s(i-1)}}{z_{s(i-1)}}}{\dfrac{p_{R(i)}}{z_{R(i)}} - \dfrac{p_{s(i-1)}}{z_{s(i-1)}}} \tag{12-60}$$

当由（12-60）式计算的动态判断因子数值，和由（12-60）式计算的理论判断因子相等或接近时，则由（12-49）式计算的吸附量为 0。而与此相应的累积吸附量，则为饱和累积吸附量 v_s。如果由（12-60）式计算的动态判断因子数值，大于由（12-58）式计算的理论判断因子，此时，由（12-49）式计算的吸附量为负值。

12.4.2 称重法吸附仪的计算方法[7]

在图 12-6 上绘出了称重法吸附仪装置的流程图。在利用称重法进行吸附实验的，某一稳定压力下测试的总质量表示为：

$$m_t = m_b + m_c + m_{ag} + m_{fg} \tag{12-61}$$

由于（12-62）式中的 m_b 和 m_c 都是常数，故到某一稳定压力测试点累积注入（Injecting）甲烷气的质量为：

$$m_i = m_t - m_b - m_c = m_{ag} + m_{fg} \tag{12-62}$$

由（12-63）式可得，两个相邻两个稳定压力测试点之间的注入甲烷气的质量为：

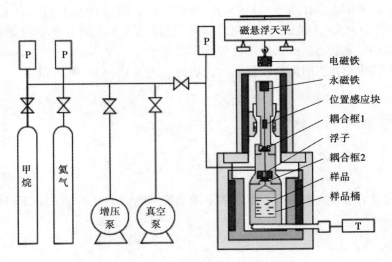

图 12-6　称重法吸附仪装置流程图

$$\Delta m_i = \Delta m_{ag} + \Delta m_{fg} \tag{12-63}$$

由（12-63）式得，在升压注入甲烷气的过程中，两个相邻测试点被吸附甲烷气的质量增量为：

$$\Delta m_{ag} = m_i - m_{fg} \tag{12-64}$$

已知，气体的摩尔量等于气体的质量除以气体的分子量，因此，由（12-64）式可得到某一稳定时，相邻两个测试点甲烷气的摩尔量增量为：

$$\Delta n_{ag} = \frac{\Delta m_i - \Delta m_{fg}}{M} \tag{12-65}$$

若设在某一稳定测试压力下，1 克岩样质量累积吸附甲烷气的摩尔量为 q_m，那么，m_c 克岩样质量吸附甲烷气的摩尔量为：

$$q_m m_c = \Delta n_{ag} \tag{12-66}$$

根据 Avogadro[7]定律（参本节的测压法），由（12-66）式得 1 克岩样质量吸附甲烷气量为：

$$q = \frac{24056 \Delta n_{ag}}{M m_c} \tag{12-67}$$

将（12-65）式代入（12-67）式得：

$$q = \frac{24056 \left(\Delta m_i - \Delta m_{fg} \right)}{M m_c} \tag{12-68}$$

将甲烷气的分子量 $M = 16.043 \text{g/mol}$ 代入（12-68）式得：

$$q = \frac{1500\,(\Delta m_i - \Delta m_{fg})}{m_c} \tag{12-69}$$

在测试桶内空余体积（Void Volume）v_{tv} 内自由甲烷气的质量增量表示为：

$$\Delta m_{fg} = \Delta\,(\rho_g v_{tv}) \tag{12-70}$$

将（12-70）式代入（12-69）式得：

$$q = \frac{1500\,[\Delta m_i - \Delta\,(\rho_g v_{tv})]}{m_c} \tag{12-71}$$

应当指出，由（12-71）式求得 q 的单位为 cm^3/g，但由于 $10^6 cm^3 = 1m^3$ 和 $10^6 g = 1t$，因此，由（12-70）式求得的 q 单位也等同于 m^3/t。

由（12-69）式可写出判断吸附状态的判断因子为：

$$\omega = \Delta m_i - \Delta m_{fg} \tag{12-72}$$

将（12-72）式代入（12-69）式得：

$$q = \frac{1500\omega}{m_c} \tag{12-73}$$

由（12-73）式看出，当 $\omega > 1$ 时 $q > 0$；当 $\omega = 0$ 时 $q = 0$，此时的岩样已达饱和吸附状态。当 $\omega < 0$ 时 $q < 0$（为负责），这是不可能发生的。而且负的 q 值是不能与等温累积吸附量相加的。如果相加，则等温累积吸附量与吸附压力的关系为一条带值的曲线。峰值为等温饱和吸附量，与其相应的压力为等温饱和吸附压力。峰值之前的曲线，可以利用陈氏或兰氏的等温累积吸附量方程表示。

12.5　利用氦气标定空余体积的方法

所谓的空余体积（Voiel Volume）是指，当称重法的测试桶（Test Barrel）或测压法的样品室（Samplce cell）装入实验岩样之后的剩余体积。该体积内存在的是自由甲烷气，它与岩样吸附的甲烷气之和，则是在某一稳定压力注入甲烷气的总量。空余体积是等温吸附量计算的重要参数。它的正确性会直接影响到等温吸附量计算和评价页岩吸附气和煤层吸附气资源的可靠性。因此，准确地标定空余体积的大小是非常重要的工作。由于属于惰性气体氦气（He）的物性比较稳定并与岩样不发生吸附现象。因此，氦气是标定空余体积的理想介质。氦气的主要物理特点：$M_H = 4.003 g/mol$，$p_c = 0.2289$，$T_c = 5278K$，$\alpha_g = 0.1382 dim$。

12.5.1　测压吸附仪标定空余体积的计算方法

测压法吸附仪，由基准室（Refrence cell）和样品室（Sample cell）组成。两者之间由微管和阀门相连通（见图 12-5）。在关闭了两室之间阀门的条件下，打开氦气瓶与基准室之间的阀门，由氦气瓶向基准室注入氦气。当基准室的压力 p_R 稳定在 3MPa 左右，将氦气瓶与基准室之间的阀门关闭。然后，将基准室和样品室之间的连通阀门打开，让氦气由基准室向样品室流动。当压力稳定后记录样品室的压力为 p_s。因此，氦气的标定过程共有上述两个。在 p_R 压力下，基准室内氦气的摩尔量，由 (12-41) 式可写为：

$$n_{H1} = \frac{p_R V_{tv}}{Z_{RH} RT}$$ (12-74)

当打开基准室与样品室之间的阀门后，两室之间的压力平衡于 p_S 时，在基准室和样品室的空余体积 V_{tv} 之内的氦气摩尔量为：

$$n_{H2} = \frac{p_S (V_R + V_{tv})}{Z_{SH} RT}$$ (12-75)

由于氦气对岩样没有吸附作用，因此，$n_{H1} = n_{H2}$，由 (12-74) 式和 (12-75) 式相等得：

$$V_{tv} = \left(\frac{p_R / Z_{RH}}{p_S / Z_{SH}} - 1 \right) V_R$$ (12-76)

应用举例：已知 $p_R = 2.747\text{MPa}$，$p_S = 1.161\text{MPa}$，$V_R = 89.49\text{cm}^3$，$Z_{H1} = Z_{H2} = 1.0$。将这些参数的数值代入 (12-76) 式得：

$$V_{tv} = \left(\frac{2.747}{1.161} - 1 \right) \times 89.49$$
$$= 122.25\text{cm}^3$$

12.5.2 称重吸附仪标定空余体的计算方法

称重吸附仪只有一个测试桶 (Test Barrel)。当在测试桶内装入岩样之后，就会形成与之共存的空余体积，在某一稳定压力下注入的甲烷气，一部分被岩样吸附，另一部分则以自由状态存在于空余体积之中。若用氦气标定测试桶的空余体积，先打开氦气与测试桶之间的连通阀门，向装有岩样的测试桶注入氦气，待压力控制稳定在 3MPa 左右时，关闭连通的阀门，记录稳定的压力 p_H，同时，利用称重吸附仪称得总的质量为：

$$m_t = m_b + m_c + m_H$$ (12-77)

由 (12-77) 式可得在 p_H 压力下氦气的质量为：

$$m_H = m_t - m_b - m_c$$ (12-78)

在 p_S 压力下空余体积内氦气的状态方程可写为：

$$p_H V_{tv} = Z_H n_H RT$$ (12-79)

由于氦气的摩尔量等于氦气的质量，除以氦气的分子量：

$$n_H = m_H / M_H$$ (12-80)

将 (12-80) 式代入 (12-79) 式得称重法的空余体积为：

$$V_{tv} = \frac{Z_H m_H RT}{p_H M_H}$$ (12-81)

已知通用气体常数 $R = 8.29\mathrm{MPa} \cdot \mathrm{cm}^3 / (\mathrm{mol} \cdot \mathrm{K})$ 和氦气的分子量 $M_H = 4.003\mathrm{g/mol}$，将其代入（12-81）式得：

$$V_{tv} = \frac{2.071 Z_H T m_H}{p_H} \qquad (12\text{-}82)$$

应用举例：已知氦气标定的 $p_H = 3.327\mathrm{MPa}$，$T = 323.5\mathrm{K}$，$m_t = 1361.941\mathrm{g}$，$m_b = 1243.33\mathrm{g}$，$m_c = 118.269\mathrm{g}$，$Z_H = 1.0$，试求空余体积 V_{tv} 的数值。将有关数据代入（12-78）式得：

$$m_H = 1361.941 - 1243.330 - 118.269 = 0.342\mathrm{g}$$

再将 Z_H、T、m_H 和 ρ_H 的数值代入（12-82）式得，该页岩岩样的空余体积（Void Volume）为：

$$V_{tv} = \frac{2.071 \times 1.0 \times 323.5 \times 0.342}{3.327} = 68.787\mathrm{cm}^3$$

12.6 应用举例

12.6.1 陈氏方程和兰氏方程常数的对比

12.6.1.1 吸附实验的原始地质资料

表 12-1 列出了由 Mavor[1] 提供的美国三个产煤盆地的三个地层的 16 个样品，注入甲烷进行等温吸附实验的原始地质资料。

表 12-1 样品的地质基础资料

No.	盆 地	地 层	井 号	深度（m）	温度（℃）
1	Powder R.	Ft. Union	FG 29-1	152.44	21.13
2	Powder R.	Ft. Union	FG 29-1	152.44	21.13
3	Powder R.	Ft. Union	Bullseye 1	349.09	22.24
4	San Juan	Fruitland	S. Ute 36-1	744.21	51.71
5	San Juan	Fruitland	S. Ute 36-1	744.21	51.71
6	San Juan	Fruitland	S. Ute 36-1	744.21	51.71
7	San Juan	Fruitland	S. Ute 36-1	744.21	51.71
8	San Juan	Fruitland	Ham 3	878.05	46.15
9	San Juan	Fruitland	Ham 3	878.05	46.15
10	San Juan	Fruitland	Ham 3	725.61	46.15
11	San Juan	Fruitland	Ham 3	816.16	46.15
12	San Juan	Fruitland	NEBU403	928.35	43.37
13	San Juan	Fruitland	Co32-79	841.46	46.15
14	San Juan	Fruitland	Co 32779	853.35	46.15
15	Appalachian	Pennsylvanian	USM 1	267.07	25.02
16	Appalachian	Pennsylvanian	USM 1	287.50	25.02

表 12-2 列出了 15 个样品吸附实验取得的吸附压力和累积吸附量数据。由表 12-2 看出，最低的初始吸附压力和最高的吸附压力，分别为 0.1MPa 和 8.15MPa；初始的最高瞬压吸附量和最低瞬压吸附量，分别为 0.33m³/t 和 7.58m³/t。在吸附实验结束时，最高吸附压力和最低吸附压力，分为 13.89MPa 和 2.76MPa；在实验结束时的最高累计吸附量和最低累积吸附量，分别为 36.69m³/t 和 2m³/t。利用表 12-2 上 15 个样品的吸附数据，绘成的累积吸附量曲线如图 12-1 所示。

表 12-2 样品等温吸附实验数据

NO.	测试数据	实验测试序号										
		1	2	3	4	5	6	7	8	9	10	11
1	p	0.28	0.73	1.03	1.41	1.84	2.88	5.52	7.10			
	ν	0.60	1.57	2.16	3.02	3.76	5.78	8.60	9.20			
2	p	0.10	0.26	0.67	0.99	1.35	2.63	5.40	7.07			
	ν	0.71	1.80	3.94	5.22	6.41	9.16	11.92	12.79			
3	p	0.41	0.72	1.42	2.75							
	ν	0.50	0.73	1.20	2.00							
4	p	0.21	0.28	0.61	1.35	2.82	5.47	11.22	13.80			
	ν	2.19	3.44	4.52	7.35	10.65	13.39	14.83	15.99			
5	p	0.11	0.25	0.56	1.28	2.68	6.44	10.12	13.38			
	ν	0.33	1.07	2.71	4.31	7.67	11.54	13.06	14.27			
6	p	0.18	0.34	0.66	1.28	2.66	5.47	10.90	13.96			
	ν	7.58	15.82	20.51	25.31	30.33	34.08	35.71	36.69			
7	p	0.19	0.46	0.66	2.84	5.45	10.83	13.79				
	ν	1.94	3.27	3.96	9.62	11.91	14.30	15.40				
8	p	0.10	0.26	0.56	1.39	2.71	5.63	12.12	14.30			
	ν	1.25	2.31	3.87	5.39	8.25	11.48	13.48	14.00			
9	p	0.10	0.24	0.50	1.47	2.77	5.36	11.77	13.89			
	ν	1.50	3.00	4.57	8.53	12.89	16.36	21.28	22.02			
10	p	0.59	0.89	1.43	2.12	3.46	3.50	5.23	6.94	7.27	11.48	11.48
	ν	3.14	4.29	5.84	7.41	9.58	9.39	10.90	11.86	11.84	12.88	12.77
11	p	0.52	0.84	1.41	1.52	2.10	3.47	3.50	5.21	6.90	7.64	
	ν	2.18	3.21	4.52	4.96	5.84	7.51	7.57	8.83	9.61	9.64	
12	p	0.58	0.90	1.43	1.50	3.47	3.52	5.30	6.94	7.01	11.47	
	ν	3.42	4.72	6.44	6.50	9.92	10.14	11.70	12.48	12.56	13.43	
13	p	1.28	2.65	5.41	8.19	11.01						
	ν	4.64	6.74	8.67	9.22	10.06						
14	p	1.09	1.28	1.81	2.66	4.22	5.42	8.21	11.07	12.56	13.70	
	ν	4.41	5.18	6.05	7.69	9.15	10.10	11.15	11.80	11.89	11.86	
15	p	0.59	0.89	1.12	1.42	2.10	2.87	3.46	4.15	5.55	6.81	6.93
	ν	8.15	10.01	10.68	12.21	14.10	15.23	16.36	17.06	17.95	18.40	18.46

注：p（绝对压力）单位为 MPa，ν 单位为 m³/t。

12.6.1.2　评价样品的 ν_{lim}、D 和 q_{max} 的数值

在表 12-3 上列出了利用陈氏方程和兰氏方程，计算 16 个样品得到的极限累积吸附量 ν_{lim}；吸附递减率 D 和最大初始吸附量 q_{max} 的数值。在图 12-5 至图 12-7 上，分别绘出了陈氏和兰氏的 ν_{lim}，D 和 q_{max} 的对比。由图 12-5 看出，陈氏和兰氏的基本一致；但由图 12-6 和图 12-7 看出，陈氏与兰氏的评价结果差异明显。陈氏的数据比较稳定，但兰氏数据的变化非常明显，个别的 D 值甚至大于 1。

表 12-3　样品吸附实验评价结果

NO.	陈氏方程				兰氏方程			
	ν_{lim}	D	q_{max}	r	ν_{lim}	D	q_{max}	r
1	10.90	0.27	2.96	0.9978	22.08	0.11	2.40	0.9261
2	13.34	0.45	5.98	0.9966	16.72	0.46	7.69	1.0000
3	2.88	0.44	1.27	0.9956	3.82	0.35	1.34	0.9311
4	16.33	0.27	4.34	0.9693	15.78	0.83	13.09	0.9491
5	15.03	0.22	3.31	0.9952	16.95	0.28	4.75	0.8833
6	36.76	0.42	15.53	0.9494	37.47	1.73	64.96	0.9629
7	15.92	0.24	3.82	0.9868	15.69	0.63	9.90	0.9611
8	14.30	0.26	3.76	0.9907	13.13	0.87	11.41	0.9256
9	22.68	0.25	5.68	0.9955	21.66	0.64	13.83	0.9475
10	13.09	0.35	4.54	0.9940	15.66	0.43	6.67	0.9982
11	10.28	0.40	4.12	0.9977	13.29	0.38	5.02	0.9985
12	13.60	0.38	5.18	0.9973	16.35	0.45	7.41	0.9984
13	10.34	0.32	3.31	0.9753	11.68	0.51	6.01	0.9972
14	12.01	0.35	4.18	0.9926	14.18	0.43	6.10	0.9957
15	18.66	0.64	11.93	0.9881	20.85	1.03	21.39	0.9931
16	19.49	0.63	12.35	0.9902	21.80	1.03	22.40	0.9942

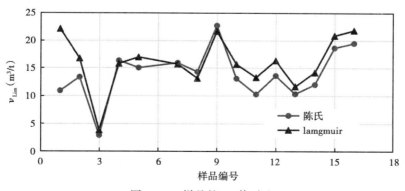

图 12-7　样品的 ν_{lim} 值对比

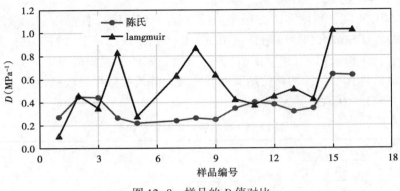

图 12-8　样品的 D 值对比

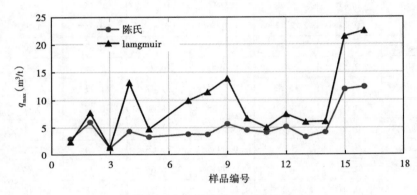

图 12-9　样品的 q_{max} 值对比

12.6.2　陈氏方程和兰氏方程的应用对比

由本章的上述推导，分别得到了陈氏和兰氏的等温吸附方程和等温解吸方程。下面通过一个实例的应用，说明两种不同形式方程的一致性和符合性。在表 12-4 上列出了表 12-2 中的 NO. 11 吸附实验数据。

表 12-4　NO. 11 的吸附实验数据[1,8]

No.	p（MPa）	ν（m³/t）
1	0. 52	2. 18
2	0. 84	3. 21
3	1. 41	4. 52
4	1. 52	4. 96
5	2. 10	5. 84
6	3. 47	7. 51
7	3. 50	7. 57
8	5. 21	8. 83
9	6. 90	9. 61
10	7. 64	9. 64

根据（12-10）式和（12-17）式，利用表 12-4 的数据，分别得到的线性关系图（图 12-8、图 12-9）。由图 12-8 的线性迭代和图 12-9 的线性回归，求得陈氏的 A 与 B 值和兰氏的 a 和 b 值，以及相关系数 r 的数值列于表 12-5。

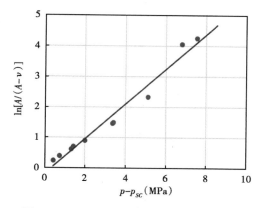

图 12-10　（12-10）式的最佳直线关系图

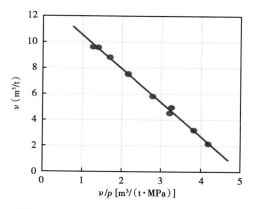

图 12-11　（12-17）式的最佳直线关系图

表 12-5　两种方程的线性回归结果表

陈 氏 方 程			兰 氏 方 程		
A（m³/t）	B（MPa⁻¹）	r	a（m³/t）	b（MPa）	r
9.778	0.4738	0.9983	12.61	0.4464	0.9993

将表 12-5 中的 A 和 B 的数值，分别代入（12-7）式至（12-8）式，可得陈氏法预测累积吸附量和瞬压吸附量的关系式：

$$\nu = 9.778\left[1 - \mathrm{e}^{-0.4738(p-p_{sc})}\right] \tag{12-83}$$

$$q = 4.633\mathrm{e}^{-0.4738(p-p_{sc})} \tag{12-84}$$

同样，将表 12-5 中的 a 和 b 数值，分别代入（12-15）式和（12-16）式，可得兰氏法预测累积吸附量和瞬压吸附量的关系式：

$$\nu = \frac{5.629p}{1 + 0.4464p} \tag{12-85}$$

$$q = \frac{5.629}{(1 + 0.4464p)^2} \tag{12-86}$$

将由（12-83）式和（12-84）式预测的结果，以及由（12-85）式和（12-86）式预测的结果绘于图 12-10。由图 12-10 看出，陈氏方程与兰氏经验方程预测的结果基本一致。这对两种方程的正确性也起到了相互佐证的作用。

将表 12-5 中的 A 和 B 的数值，分别代入（12-13）式至（12-14）式，可得陈氏法预测累积解吸量和瞬压解吸量的关系式：

$$\nu^* = 9.778\left[\mathrm{e}^{-0.4738(p-p_{sc})} - \mathrm{e}^{-0.4738(p_s-p_{sc})}\right] \tag{12-87}$$

$$q^* = 4.633\mathrm{e}^{-0.4738(p-p_{sc})} \tag{12-88}$$

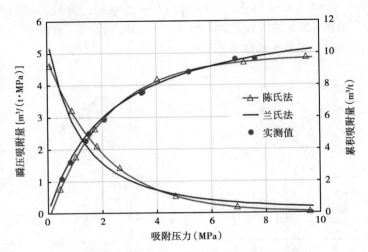

图 12-12　两种方法的预测结果与实际对比

将表 12-5 中的 a 和 b 数值，分别代入（12-22）式和（12-23）式得，可得兰氏法预测累积解吸量和瞬压解吸量的关系式：

$$\nu^* = \frac{5.629(p_s - p)}{(1 + 0.4464p_s)(1 + 0.4464p)} \tag{12-89}$$

$$q^* = \frac{5.629}{(1 + 0.4464p)^2} \tag{12-90}$$

若设 $p_s = 10\text{MPa}$，并知 $p_{sc} = 0.101\text{MPa}$，由陈氏的（12-87）式和（12-88）式，以及由兰氏的（12-89）式和（12-90）式，分别预测的累积解吸量和瞬压解吸量同绘于图12-11。由图 12-11 看出，兰氏法预测的累积解吸量比陈氏的偏高。

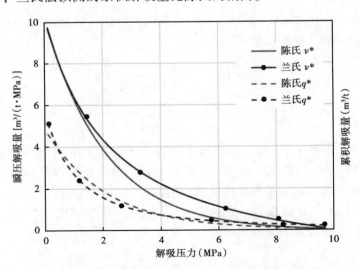

图 12-13　两种方程等温累积解吸量和解吸量的预测对比

12.6.3　饱和累积吸附量的确定

正如前述，饱和吸附量是评价页岩吸附气和煤层吸附气资源量的重要参数。因此，如何确定饱和吸附量的数值是一项重要的技术工作。下面介绍应用无因次等温吸附方程确定饱和吸附量的方法。要想确定饱和吸附量，必须首先确定饱和吸附压力的数值。饱和吸附压力与页岩层或与煤层的静水压力有关，可用下式表示：

$$p_s = \eta p_{ws} \tag{12-91}$$

式中的 η 为吸附压力系数，它完全不同于页岩气井通过压裂解吸后形成的压力系数。通过应用表明，吸附压力系数 η 等于 1 比较合适，因此，当水的地下密度 ρ_w 和页岩层或煤层的埋深 H 已知时，（12-93）式可表示为：

$$p_s = 0.01 \rho_w H \tag{12-92}$$

当 ρ_w 等于 1 时，（12-92）式可写为：

$$p_s = 0.01 H \tag{12-93}$$

由表 12-2 可以查到，NO.11 样品的埋深 H 等于 816.1m。将其代入（12-95）式得饱和吸附压力为：

$$p_s = 0.01 \times 816.1 = 8.16 \text{MPa}$$

将 p_s 的数值和表 12-5 中求得陈氏 $A = 9.778$ 和 $B = 0.4738$，以及 $p_{sc} = 0.101 \text{MPa}$ 代入（12-7）式得，陈氏的饱和吸附量为：

$$\nu_s = 9.778 \left[1 - e^{-0.4738(8.16-0.101)} \right] = 9.65 \text{m}^3/\text{t}$$

再将 p_s 值和表 12-5 中求得的兰氏 $a = 12.61$ 和 $b = 0.4464$ 代入（12-15）式，得兰氏的饱和累积吸附量为：

$$\nu_s = \frac{12.61 \times 0.4464 \times 8.16}{1 + 0.4464 \times 8.16} = 9.89 \text{m}^3/\text{t}$$

由上述计算结果表明，尽管陈氏方程和兰氏方程的形式差异明显，但预测的饱和吸附量基本一致。

12.6.4　等温吸附量的计算

12.6.4.1　测压法

中国鄂尔多斯盆地的韩城地区，某煤层煤样的吸附实验，有关的基础资料和测试的数据列于表 12-6，$V_R = 85.918 \text{cm}^3$，由氦气标定的空余体积 $V_{tv} = 80.992 \text{cm}^3$，煤样质量 $m_c = 26.1 \text{g}$，实验温度 $T = 363.6 \text{K}$。甲烷气的临界压力 $P_C = 4.6042 \text{MPa}$，临界温 $T_C = 190.67 \text{K}$。由第 1 章中的（1-20）式计算的不同压力下的甲烷气的偏差系数也列于表 12-6。由（12-49）式和（12-52）式计算的瞬压吸附量 q、累积吸附量 v 和动态判断因子 η 值列于表 12-7。由（12-50）式和（12-51）式计算的 α 和 β 值，以及由（12-58）式计算的 η^0 值分别为：

$$\alpha = \frac{85.918}{26.1 \times 363.6} = 9.054 \times 10^{-3}$$

$$\beta \frac{85.918 + 80.992}{26.1 \times 363.6} = 0.0176$$

$$\eta^0 = \frac{9.054 \times 10^{-3}}{0.0176} = 0.514$$

表 12-6　煤层样品不同测试压力下计算的 Z 和 p/Z 值

编号	p_R（MPa）	p_S（MPa）	Z_R	Z_S	p_R/Z_R（MPa）	p_S/Z_S（MPa）
1	3.388	1.570	0.974	0.987	3.578	1.590
2	7.679	4.660	0.947	0.966	8.118	4.823
3	10.007	7.406	0.935	0.949	10.703	7.803
4	14.442	11.005	0.920	0.930	15.676	11.833
5	17.578	14.348	0.916	0.920	19.190	15.596
6	21.165	17.802	0.920	0.916	23.000	19.434
7	24.705	21.269	0.932	0.920	26.507	23.117
8	28.433	24.803	0.953	0.933	29.835	26.584

表 12-7　煤层样品不同测试压力下 q，v 和 η 计算值

编号	p_R（MPa）	q（m³/t）	v（m³/t）	η
1	3.388	11.761	11.761	0.438
2	7.679	6.382	18.143	0.495
3	10.007	2.273	20.416	0.506
4	14.442	1.000	21.416	0.512
5	17.578	1.084	22.500	0.512
6	21.165	1.509	24.009	0.518
7	24.705	-0.772	24.781	0.520
8	28.433	-0.583	25.364	0.516

由表 12-7 可以看出，p_R 值高于 21MPa 的最后 2 组测试数据，由（12-60）式计算的动态判断因子都大于由（12-50）式计算的理论判断因子（0.514）。因此，计算的吸附量为负值，说明此时已达到饱和吸附状态，故取等温饱和吸附压力 $P_S = 18$MPa。利用表所列的不同测试压力与吸附量和累积吸附量，绘制吸附量曲线和累积吸附量曲线。

根据实际的累积吸附量数据，由（12-10）式进行选代试差法求解，得到陈氏方程的常数 $A = 24.930$，$B = 0.148$，$r = 0.9716$。将 A 和 B 的数值代入（12-7）式得预测等温累积吸附量理论的方程为：

$$V = 24.930\ (1 - e^{-0.148p}) \tag{12-94}$$

给定不同的 P 值由（12-94）式预测的结果绘于图 12-15。由图 12-15 看出理论线与实

际线基本一致。将 p_s 值代入（12-94）式得等温累积饱和吸附量为：

$$v_S = 24.930（1-e^{-0.148\times18}）= 23m^3/t$$

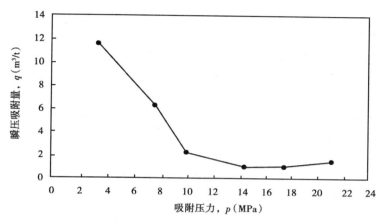

图 12-14　煤层吸附实验的 v 与 p 关系图

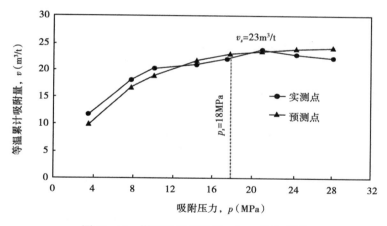

图 12-15　煤层吸附实验的 v 与 p 的关系图

12.6.4.2　称重法

中国四川盆地的长宁地区某页岩样，进行等温吸附实验的有关基础资料为：$T = 323.5K$，$m_b = 1243.330g$，$m_c = 118.269g$，$v_{tw} = 68.797cm^3$。吸附实验取得的 p、ρ_g、m_i、m_{fg}、q、v 和 ω 数据列表 12-8。

表 12-8　页岩气的实验与计算数据

p（MPa）	m_i（g）	Δm_i（g）	$\rho_g v_{tw}$（g）	$\Delta（\rho_g v_{tw}）$（g）	q（m^3/t）	v（m^3/t）	ω（g）
0.3970	0.1990	0.1990	0.1651	0.1561	0.4300	0.4300	0.0339
1.3900	0.6650	0.4660	0.5778	0.4127	0.6757	1.1057	0.0533

续表

p (MPa)	m_i (g)	Δm_i (g)	$\rho_g v_{tw}$ (g)	$\Delta(\rho_g v_{tw})$ (g)	q (m³/t)	v (m³/t)	ω (g)
2.7490	1.2910	0.6260	1.1694	0.5916	0.4367	1.5424	0.0344
4.4920	2.1000	0.8090	1.9467	0.7773	0.4021	1.9446	0.0317
6.5130	3.0620	0.9620	2.8822	0.9355	0.3361	2.2806	0.0265
8.6660	4.1070	1.0450	3.9140	1.0318	0.1674	2.4480	0.0132
10.9660	5.2400	1.1330	5.0490	1.1350	−0.0252	2.4228	
13.2230	6.3500	1.1100	6.1633	1.1143	−0.0552	0.3676	
15.3100	7.3590	1.0090	7.1745	1.0112	−0.0275	0.3401	

　　在图 12-16 和图 12-17 上，分别绘出了等温累积吸附量与吸附压力的关系图，以及判断因子与吸附压力的关系图。

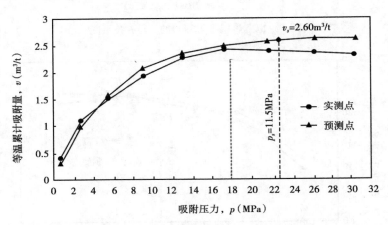

图 12-16　负岩吸附实验的 v 与 p 关系图

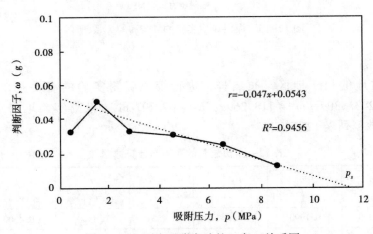

图 12-17　页岩吸附实验的 ω 与 p 关系图

由图 12-16 看出，等温累积吸附量与吸附压力之间为一条带峰的曲线。峰位为等温累积饱和吸附量，相应的压力为等温饱和吸附压力。但实验数据并不能很好的确定峰位，因此，需由判断因子曲线先确定等温饱和吸附压力，而后再由等温累积吸附量曲线与陈氏等温累积吸附方程的拟合，确定方程 A 和 B 两个常数，建立等温累积吸附量预测方法。然后再将由 ω 值确定等温饱和吸附压力 p_S，并代入预测方程确定等温饱和吸附量的最后值。由图 12-17 看出，后面 4 个点子具有较好的直线关系。由 4 个点的直线外推到 $\omega = 0$，得到在横轴上的交会压力，即等温饱和吸附压力 $p_S = 11.5\text{MPa}$。利用峰值前实验数据（No. 1—No. 6），与陈氏等温累积吸附量方程进行线性迭代试差求解，得到方程的 $A = 2.66$ 和 $B = 0.3049$，$r = 0.9943$。将 A 和 B 的数值代入（12-7）式，得预测等温累积量的关系式为：

$$v = 2.66 \ (1 - e^{-0.3049p}) \tag{12-95}$$

将上面由 $\omega = 0$ 时确定的 $p_S = 11.5\text{MPa}$，代入（12-95）式得该岩样的等温饱和吸附量为：

$$v_s = 2.66 \ (1 - e^{-0.3049 \times 11.5}) = 2.6\text{m}^3/\text{t}$$

符号及单位注释

v——等温累积吸附量，m^3/t；

v_s——等温饱和吸附量，m^3/t；

v_{lim}——等温极限累积吸附量，m^3/t；

v_D——等温无因次累积吸附量，dim；

v_L——兰氏体积常数，m^3/t；

v^*——等温累积解吸量，m^3/t；

q——等温瞬压吸附量，$\text{m}^3/(\text{t} \cdot \text{MPa})$；

q_{sc}——等温条件 p_{sc} 压力下的吸附量，$\text{m}^3/(\text{t} \cdot \text{MPa})$；

q_{max}——最大的初始吸附量 $\text{m}^3/(\text{t} \cdot \text{MPa})$（等于 q_{sc}）

q_D——无因次瞬压吸附量，dim；

q^*——等温瞬压解吸量，$\text{m}^3/(\text{t} \cdot \text{MPa})$；

p——吸附压力或解吸压力，MPa；

p_s——饱和吸附压力，MPa；

p_D——无因次吸附压力，dim；

p_{ws}——静水压力，MPa；

p_L——兰氏压力常数，MPa；

p_{sc}——标准压力（0.101），MPa；

p——气体压力，MPa；

p_H——称重法氦气的稳定压力，MPa；

p_R——基准室测试的稳定压力，MPa；

p_s——样品室测试的稳定压力，或等温饱和吸附压力，MPa；

Z_R——p_R 压力下的气体偏差系数，dim；

Z_s——p_s 压力下的气体偏差系数，dim；

Z_H——p_H 压力下的氮气的偏差系数，dim；

Z——p 压力下的气体偏差系数，dim；

V——气体的体积，m^3 或 cm^3；

V_R——基准室的体积，cm^3；

V_S——样品室的体积，cm^3；

V_L——兰氏体积常数，m^3/t；

v_{sv}——测压法的空余体积，cm^3；

v_{tv}——称重法的空余体积，cm^3；

n_1——p_R 压力下的甲烷气的摩尔量，mol；

n_2——p_s 压力下的甲烷气的摩尔量，mol；

n_{H_1}——测压法 p_R 压力下的氮气摩尔量，mol；

n_{H_2}——测压法 p_s 压力下的氮气摩尔量，mol；

n_H——称重法 p_H 压力下的氮气摩尔量，mol；

T——气体温度，K；

R——适用于任何气体和任何温度下的通过气体常数，$\text{MPa}\cdot\text{m}^3/（\text{Mmol}\cdot\text{K}）$ 或 $\text{MPa}\cdot\text{cm}^3/（\text{mol}\cdot\text{K}）$；

M——甲烷气的分子量，g/mol，或 Mg/Mmol；

M_{air}——空气的分子量（28.97），g/mol；

M_H——称重法氮气的分子量，g/mol；

m_t——称重法测试的总质量（Total Mass），g；

m_b——测试桶（Test Barrel）的质量，g；

m_c——测试桶内装入样品（core sample）的质量，g；

m_i——注入甲烷气的质量，g。

m_{ag}——样品吸附甲烷气（Adsorption Gas）的质量，g；

m_{fg}——测试桶空余体积内自由甲烷气（Free Gas）的质量，g。

D——瞬压吸附递减率，（陈氏的 B 和兰氏的 b）MPa^{-1}；

r——相关系数，dim；

A 和 B——陈氏等温吸附方程常数；

a 和 b——兰氏等温吸附方程常数。

参 考 文 献

1. Mavor, M. J., Owen. L, B. and prat, T. J.: Measurement and Evaluation of Coal SorpTion Jsotherm data, Technical conference and erhibition, 1990.

2. 陈元千，付礼兵，郝明强：气体吸附方程和解吸方程的推导及应用，中国海上油气. 2018, 30（2）85-89.

3. Arps J. J.: Analysis of decline curves, Trans. AIME（1945）160, 228-247.

4. Langmuir, I: The adsorption of gases on plane surfaces of glass, mica and platinum, Journal of Chemical physics, 2015, 40 (12) 1361-1403.

5. Ahmed, T. and McKinney. P. D.: Advanced Reservoir Engineering, Gulf Publishing Company, Houston, 2004, 217-232.

6. 陈元千, 汤晨阳, 陈奇: 等温吸附量计算方法的推导及应用, 石油地裂与采收率, 2018, 25 (6) 56-62.

7. (俄) и. в. 萨韦利耶夫著: 普通物理学 (第一卷), 力学与分子物理学, 钟金城, 何伯珩译, 高等教育出版社, 北京, 1992.

8. 陈元千, 刘浩洋: 称重吸附仪计算等温吸附量方法的推导及应用, 油气地层与采收率, 2019, 26 (2) 76-80.

第 13 章　矿场试井

矿场试井（Field well Testing）是油藏工程的重要组成部分。它的主要任务是对油气田的预测井、详探井和评价井进行产量和压力的测试，并取得地层原油、天然气和水田流体样品。矿场试井按测试方法和性质，可分为稳定产能测试和不稳定的压降曲线（Pressure Drawdon Curves）和压力恢复曲线（Pressure Buildup Curves）测试。稳定产能测试（productivity Testing）又可分为多点测试（一般为 4 点），又称为系统方式井（Flow after Flow）和单点测试（One Point Testing），其目的在于确定 IPR（Inflow Performance Relationship）曲线，而用于对比和确定绝对无阻流量（Absolute Open Flow Rate）。不稳定井底压力测试，是在某一能保持油气井产量稳定的工作制度下，开井测试井底流压的压降曲线。压降曲线的测试时间取决于油层有效渗透率和油流度（K/μ）。流度大，压力传播速度快，测试时间短。反之，测试时间长。一般短则 2~3 天，长则 7~10 天不等。但探边测试的时间要长一些。在压降曲线测试结束时，接着关井测试井底压力恢复曲线。压力恢复曲线的测试时间，大体上与压降曲线测试时间相当。利用压降曲线和压力恢复曲线测试的井底压力与时间的关系数据，可以利用压降曲线法和压力恢复曲线的 Horner 法和 MDH 法，以及现代试井解释的数值模拟法和典型曲线拟合法，确定油气藏的原始地层压力、有效渗透率、表皮系数、油气层的断层、岩性尖灭和边底水的反映，以及双重介质油藏的特性参数 ω 和 λ。通过上述的稳定产能测试和不同稳定井底压力测试得到的各项参数数据，可为油气田的储量评价和开发方案编制提供可靠的基础。作为一名油气藏工程师和矿场试井解释师，学习和掌握矿场试井的基本原理和方法是非常重要的。认真系统地阅读一些有关的专业文献[1-7]也是非常必要的。

13.1　扩散方程的推导及求解

扩散方程（Diffusivity Equation）是矿场试井解释中的一个重要的基础方程，有必要作些简要的推导。

13.1.1　扩散方程的推导[6]

为了进行扩散方程的推导，需作以下基本的假定：

（1）地层是无穷大的，储层的 h、ϕ、S_{oi} 和流体的 μ_o、B_{oi} 是均质的，各向同性的。要考虑在径向流动过程中，随压力的下降所引起岩石和流体的弱弹性压缩的膨胀，但不考虑对地层渗透率的影响。

（2）流体在储层中的流动符合达西的稳定层流，不考虑重力和毛细管力的影响，但保持热力学平衡。

（3）生产井底半径无穷小，且不考虑表皮系数和湍流的影响。

在图 13-1 上绘出了一个厚度为 h、宽度为 dr 的径向单元纵剖面的三维图。在 r 处的压力为 p，在 $r+dr$ 处的压力为 $p+dp$。通过 $r+dr$ 处圆形截面 $2\pi(r+dr)h$ 的流量为 q。由于 dp 压力下降引起的弹性膨胀影响，流过 r 处圆形渗流截面 $2\pi rh$ 的流量为 $q+dq$，环形流动单元内的原油体积量为：

$$V = 2\pi rh\phi S_{oi}dr \qquad (13-1)$$

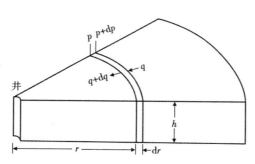

图 13-1　径向半径 r 处的流动单元

在流动压降 dp 的条件下，单元储层内油、水和岩石的弹性膨胀量为：

$$dV = VC_t^* S_{oi}drdp \qquad (13-2)$$

油层中两个总压缩系数的关系为：

$$C_t = C_t^* S_{oi} = C_o S_{oi} + C_w S_{wi} + C_f \qquad (13-3)$$

将 (13-1) 式和 (13-3) 式代入 (13-2) 式得：

$$dV = 2\pi rh\phi C_t drdp \qquad (13-4)$$

由 (13-4) 式对时间 t 求导得，因岩石和流体的弹性膨胀提供的流量为：

$$dq = dV/dt = 2\pi rh\phi C_t dr\frac{dp}{dt} \qquad (13-5)$$

将 (13-5) 式改为：

$$\frac{dq}{dr} = 2\pi rh\phi C_t\frac{dp}{dt} \qquad (13-6)$$

已知达西定律的平面径向流微分式为：

$$q = \frac{2\pi rhK}{\mu_o}\frac{dp}{dr} \qquad (13-7)$$

由 (13-7) 式对径向半径 r 求导得：

$$\frac{dq}{dr} = \frac{2\pi Kh}{\mu_o}\left(\frac{\partial p}{\partial r} + r\frac{\partial^2 p}{\partial r^2}\right) \qquad (13-8)$$

由 (13-6) 式和 (13-8) 式相等得，由 SI 制基础单位表示的扩散方程：

$$\frac{\partial^2 p}{\partial r^2} + \frac{1}{r}\frac{\partial p}{\partial r} = \frac{\phi \mu_o C_t}{K}\frac{\partial p}{\partial t} \qquad (13-9)$$

将（13-9）式改为平面径向表示时为：

$$\frac{1}{r}\frac{1}{\partial p}\left(r\frac{\partial p}{\partial r}\right) = \frac{\phi \mu_o C_t}{K}\frac{\partial p}{\partial t} \qquad (13-10)$$

13.1.2 扩散方程的求解

13.1.2.1 定压边界的稳态解

对于有限地层的定压边界油藏，当 $\mathrm{d}p/\mathrm{d}t = 0$ 时，由（13-10）式求解，可得稳定的压力分布方程为：

$$p_r = p_{wf} + \frac{q_o \mu_o}{2\pi Kh}\ln\frac{r}{r_w} \qquad (13-11)$$

当取 $r=r_e$ 和 $p_r=p_e$（边界压力），并考虑地面条件的产量时，由（13-11）式得由 SI 制基础单位表示的油井产量为：

$$q_o = \frac{2\pi Kh(p_e - p_{wf})}{\mu_o B_o \ln\dfrac{r_e}{r_w}} \qquad (13-12)$$

当用 SI 制矿场单位表示（见第 15 章所示），并考虑为不完善井时得：

$$q_o = \frac{0.543Kh\Delta p}{\mu_o B_o(\ln\dfrac{r_e}{r_w} + S)} \qquad (13-13)$$

13.1.2.2 封闭边界的拟稳态解

当油井以稳定产量生产，在驱动半径之内的压力分布随时间达到等速同步下降（$\mathrm{d}p_{wf}/\mathrm{d}t = \mathrm{d}p_r/\mathrm{d}t = \mathrm{d}p_e/\mathrm{d}t$）时，油井即进入拟稳态阶段。此时，由于 $\mathrm{d}p/\mathrm{d}t = c$（常数），则由（13-10）式求解，可得拟稳态的压力分布方程为：

$$p_r = p_{wf} + \frac{q_o \mu_o}{2\pi Kh}\left(\ln\frac{r}{r_w} - \frac{1}{2}\right) \qquad (13-14)$$

有限地层的平均压力表示为：

$$\bar{p} = \frac{\displaystyle\int_{r_w}^{r_e} p_r \mathrm{d}V_p}{\displaystyle\int_{r_w}^{r_e}\mathrm{d}V_p} \qquad (13-15)$$

$$\mathrm{d}V_p = 2\pi rh\phi\mathrm{d}r \qquad (13-16)$$

将（13-14）式和（13-16）式代入（13-15）式积分后得：

$$\bar{p} = p_{wf} + \frac{q_o \mu_o}{2\pi Kh}\left(\ln\frac{r_e}{r_w} - \frac{3}{4}\right) \qquad (13-17)$$

将（13-17）式改为 SI 制矿场单位表示，并考虑为地面条件产量和不完善井得：

$$q_o = \frac{0.543Kh(\bar{p} - p_{wf})}{\mu_o B_o(\ln \dfrac{r_e}{r_w} - \dfrac{3}{4} + S)} \tag{13-18}$$

13.1.2.3　无限大地层的非稳态解[5]

对于无限大地层，以常数产量生产的井汇，Kelvin（1904）的指数积分线源解为：

$$p_{r, t} = p_i - \frac{q_o \mu_o}{4\pi Kh}\int_x^\infty \frac{e^{-u}}{u}du \tag{13-19}$$

其中：

$$x = \frac{\phi\mu_o C_t r^2}{4Kt} \tag{13-20}$$

（13-19）式中的指数积分函数表示为：

$$\text{Ei}(-x) = -\int_x^\infty \frac{e^{-u}}{u}du \tag{13-21}$$

当 $x<0.01$，$2x<0.02$ 时，（13-21）式可较精确地写为：

$$\text{Ei}(-x) = \ln x + 0.5772 = \ln(1.781x) \tag{13-22}$$

在（13-22）式中的 0.5772 为 Euler（尤拉）常数。将（13-22）式代入（13-19）式得，以 SI 制基础单位表示的压力分布方程：

$$p_r = p_i - \frac{q_o \mu_o}{4\pi Kh}\ln \frac{4Kt}{1.781\phi\mu_o C_t r^2} \tag{13-23}$$

当考虑为井底流压、不完善井和地面条件产量，以 SI 制矿场实用单位表示（见本书第 15 章）的压降曲线方程为：

$$p_{wf} = p_i - \frac{2.12q_o\mu_o B_o}{Kh}\left(\log \frac{Kt}{123.6\phi\mu_o C_t r_w^2} + 0.87S\right) \tag{13-24}$$

若设：

$$m = \frac{2.12q_o \mu_o B_o}{Kh} \tag{13-25}$$

$$A = p_i - m(\log \frac{K}{\phi\mu_o C_t r_w^2} + 2.092) \tag{13-26}$$

将（13-25）式和（13-26）式代入（13-24）式得：

$$p_{wf} = A - m\log t \tag{13-27}$$

由（13-27）式看出，对于压降曲线，当压力动态进入平面径向流阶段时，井底流压与时间成半对数直线下降关系。由直线的斜率可以确定有效渗透率；由直线的截距可以确定表皮系数。

13.2 油井的产能测试

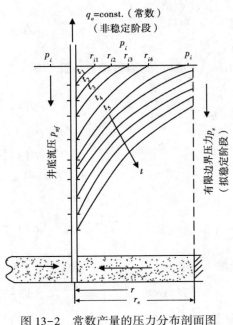

图 13-2　常数产量的压力分布剖面图

13.2.1 不同条件的稳定产量公式

在图 13-2 上绘出了对于有限地层的稳定产能测试的压降漏斗（或称压力剖面）的分布图。当以稳定产量生产到 t 时间，压降漏外缘半径（又称探测半径）r_i 尚未达到封闭边界 r_e 之前，油井的产量可用达西平面径向流的微分式表示：

$$q_o = \frac{FK\mathrm{d}p}{\mu_o B_o \mathrm{d}r} \qquad (13-28)$$

不同径向流半径 r 处的渗流面积为：

$$F = 2\pi rh \qquad (13-29)$$

将（13-29）式代入（13-28）式，经分离变量积分后得：

$$q_o = \frac{2\pi Kh(p_i - p_{wf})}{\mu_o \ln \dfrac{r_i}{r_w}} \qquad (13-30)$$

当（13-30）式表示为不完善井的、地面条件产量和 SI 制矿场实用单位时为：

$$q_o = \frac{0.543Kh(p_i - p_{wf})}{\mu_o B_o (\ln \dfrac{r_i}{r_w} + S)} \qquad (13-31)$$

在（13-31）式中 r_i 为油井生产到 t 时间的探测半径，由 SI 制矿场单位表示的下式确定[9]：

$$r_i = 0.12 \sqrt{\frac{Kt}{\phi \mu_o C_t}} \qquad (13-32)$$

式中的 C_t 由（13-3）式表示。

对于无限地层，当以稳定产量 q_o 生产，探测半径达到稳定边界，井在饱和压力以上测试时，油井的产量表示为：

$$q_o = \frac{0.543Kh(p_e - p_{wf})}{\mu_o B_o (\ln \dfrac{r_e}{r_w} + S)} \qquad (13-33)$$

应当指出，（13-33）式中的 p_e 为边界压力。该压力通过关井实测，或由压力恢复曲线确定，但 p_e 常用 p_R 地层压力（Reservoir Pressure）表示。油井的产能指数（Productivity Index）表示为：

$$J_o = \frac{q_o}{p_R - p_{wf}} = \frac{0.543Kh}{\mu_o B_o(\ln \dfrac{r_e}{r_w} + S)}$$　　（13-34）

对于有限地层，当以稳定产量生产，油井的压力动态已达到拟稳态时，油井的产量可由（13-18）式改写的下式表示：

$$q_o = \frac{0.543Kh(\bar{p} - p_{wf})}{\mu_o B_o(\ln \dfrac{r_e}{e^{3/4}r_w} + S)}$$　　（13-35）

将（13-35）式改写为下式：

$$q_o = \frac{0.543Kh(\bar{p} - p_{wf})}{\mu_o B_o(\ln \dfrac{0.472r_e}{r_w} + S)}$$　　（13-36）

在（13-36）式中的 $\bar{p}$ 为油井生产到 t 时间压力剖面的平均压力。该平均压力发生在 $r = 0.472r_e$ 的位置上。

在图 13-3 上绘出了井底流动压力 p_{wf} 高于饱和压力 p_b 或低于 p_b 时 p_{wf} 与 q_o 关系的 IPR（Inflow Performance Curve）曲线图。

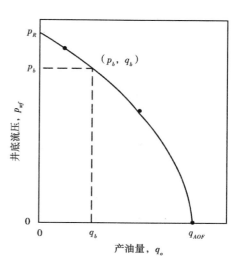

图 13-3　油井的 IPR 曲线

13.2.2　油井产能测试的一点法

陈氏[10-12]提供的油井二项，由 SI 制矿场单位表示为：

$$p_R - p_{wf} = \frac{1.842q_o \mu_o B_o}{Kh}(\ln \frac{r_e}{r_w} - \frac{1}{2} + S) + \frac{3.393 \times 10^{-15}\beta\rho_o q_o^2 B_o^2}{h^2}\left(\frac{1}{r_w} - \frac{1}{r_e}\right)$$

（13-37）

将（13-37）式简写为：

$$p_R - p_{wf} = A_c q_o + B_c q_o^2$$　　（13-38）

式中的 A_c 为达西流动系数，B_c 为非达西流动系数。

将（13-38）式等号两端同除以 p_R 得：

$$\frac{p_{wf}}{p_R} = 1 - \frac{A_c}{p_R}q_o - \frac{B_c}{p_R}q_o^2$$　　（13-39）

再将（13-39）式改为：

$$\frac{p_{wf}}{p_R} = 1 - \frac{A_c q_{AOF}}{p_R}\left(\frac{q_o}{q_{AOF}}\right) - \frac{B_c q_{AOF}^2}{p_R}\left(\frac{q_o}{q_{AOF}}\right)^2$$　　（13-40）

若设：

$$p_D = p_{wf}/p_R \qquad (13-41)$$

$$q_D = q_o/q_{AOF} \qquad (13-42)$$

$$C = \frac{A_c q_{AOF}}{p_R} \qquad (13-43)$$

$$D = \frac{B_c q_{AOF}^2}{p_R} \qquad (13-44)$$

将（13-41）式至（13-44）式代入（13-40）得式，得油井单点测试解释的无因次 IPR 方程：

$$p_D = 1 - C q_D - D q_D^2 \qquad (13-45)$$

由（13-45）式看出，当 $q_D=0$ 时 $p_D=1$；当 $q_D=1$ 时 $p_D=0$，因此可得：

$$D = 1 - C \qquad (13-46)$$

再将（13-46）式的关系代入（13-45）式得，陈氏的无因次 IPR 方程为：

$$p_D = 1 - C q_D - (1-C) q_D^2 \qquad (13-47)$$

（13-47）式中的 C 为流动状态因子，当 $C=1$ 时由完全达西层流控制；当 $C=0$ 时由完全非达西的湍流控制。根据大量的垂直油气井的一点法应用表明，垂直井取 $C=0.25$ 可以取得较好的预测结果。此时，由（13-47）式得无因次 IPR 方程为：

$$p_D = 1 - 0.25 q_D - 0.75 q_D^2 \qquad (13-48)$$

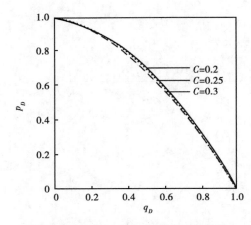

图 13-4 不同 C 值的无因次 IPR 曲线

由图 13-4 看出，$C=0.2$、0.25 和 0.3 的无因次 IPR 曲线很接近。

由（13-48）式看出，这是一个一元二次方程，求解后得：

$$q_D = \frac{1}{6} \left[\sqrt{1 + 48(1-p_D)}^{-1} \right] \qquad (13-49)$$

将（13-41）式和（13-42）式代入（13-49）式得，评价绝对无阻流量的关系式为：

$$q_{AOF} = \frac{\delta q_o}{\sqrt{1 + 48(1 - p_{wf}/p_R)} - 1} \qquad (13-50)$$

将一点测试法求得的 q_{AOF} 值和 p_R 值代入（13-50）式可得，用于一点测试法的 IPR 方程，由该方程可以得到预测不同井底流压下的产量：

$$q_o = \frac{1}{6} \left\{ q_{AOF} \left[\sqrt{1 + 48(1 - p_{wf}/p_R)} - 1 \right] \right\} \qquad (13-51)$$

Vogel[13]于 1968 年基于溶解气驱单井数值模拟计算的产量和井底流压的数据。经无因次化统计分析研究，提出的油井无 IPR 方程为：

$$q_D = 1 - 0.2 p_D - 0.8 p_D^2 \qquad (13-52)$$

将（13-41）式和（13-42）式代入（13-52）式得，Vogel 法确定绝对无阻流量的关系式：

$$q_{AOF} = \frac{q_o}{1 - 0.2\left(\dfrac{p_{wf}}{p_R}\right) - 0.8\left(\dfrac{p_{wf}}{p_R}\right)^2} \qquad (13-53)$$

再由（13-53）式改写为下式，预测不同 p_{wf} 值下的 q_o 值：

$$q_o = q_{AOF}\left[1 - 0.2\left(\frac{p_{wf}}{p_R}\right) - 0.8\left(\frac{p_{wf}}{p_R}\right)^2\right] \qquad (13-54)$$

13.3 油井压降曲线的拟稳态

油井压降曲线测试（Pressure Draw down Curves Teoting），是在关井压力达到稳定条件下，以稳定产量开井生产，测试井底流压随时间的变化关系。对于有限油层，开井测试的压降曲线可划分为：井筒储集影响段、平面径向流段和边界影响段（图 13-5）。当出现封闭边界或称定容边界影响时，在直角坐标上的 p_{wf} 与 t 呈直线关系，而在半对数坐标上 p_{wf} 与 $\log t$ 呈向下弯曲的曲线（图 13-6）。三个阶段划分的无因次时间为，$t_{D1} = 0.1$ 和 $t_{D2} = 0.3$。实际发生的时间，由下式确定[14]：

$$t = \frac{277.8 t_D \phi \mu_o C_t r_e^2}{K} \qquad (13-55)$$

式中各参数的单位为 SI 制矿场实用单位。

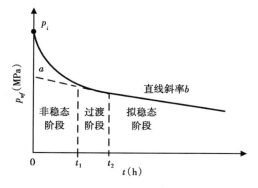

图 13-5 定容油藏压降曲线普通坐标关系

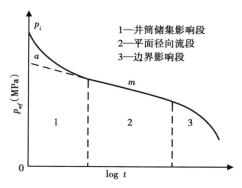

图 13-6 定容油藏压降曲线的半对数关系

261

当由图 13-6 确定了封闭边界干扰的时间 t_b 后，可由（13-32）式预测边界到油井的距离。

在油井生产一段时间之后关井，再开井的生产动态进入拟稳态（$\mathrm{d}p_{wf}/\mathrm{d}t = \mathrm{d}p_r/\mathrm{d}t = \mathrm{d}p_e/\mathrm{d}t$）时（图 13-2），以稳定产量生产的定容油井，其物质平衡方程式为：

$$q_o(t - t_0)B_o/24 = NB_{oi}C_t^*(p_i - \bar{p}) \tag{13-56}$$

$$C_t^* = C_t/S_{oi} = C_o + \frac{C_w S_{wi} + C_f}{S_{oi}} \tag{13-57}$$

在油井投产初期，$B_o \simeq B_{oi}$，由（13-56）式得：

$$p_i - \bar{p} = \frac{q_o(t - t_o)}{24NC_t^*} \tag{13-58}$$

将（13-36）式改写为：

$$\bar{p} - p_{wf} = \frac{4.24q_o\mu_o B_o}{Kh}(\log\frac{0.472r_e}{r_w} + 0.434S) \tag{13-59}$$

由（13-58）式与（13-59）式相加可得，利用压降曲线拟稳定阶段的测试数据，评价井控地质储量拟稳态法（或简称为弹性二相法）的关系式为[15]：

$$p_{wf} = a - bt \tag{13-60}$$

$$a = p_i - \frac{4.24q_o\mu_o B_o}{Kh}(\log\frac{0.472r_e}{r_w} + 0.434S) \tag{13-61}$$

$$b = -\frac{q_o}{24NC_t^*} \tag{13-62}$$

由（13-60）式看出，在拟稳定阶段，p_{wf} 与 t 之间呈直线下降的关系。当由线性回归求得直线的斜率 a 值后，由下式评价油井控制的地质储量：

$$N = \frac{q_o}{24bC_t^*} \tag{13-63}$$

13.4　油井压力恢复曲线测试

当油井以稳定产量 q 生产到 t 时间时，将其关闭测试井底压力恢复曲线（Pressure Buildup Curves），解释压力恢复曲线的主要方法，有 Horner 法、MOH（Miller - Dyes - Hutchinson）法、Agawal 法和陈元千法分别介绍如下：

13.4.1　Horner 法[16]

Horner 应用叠加原理得到了著名的 Horner 法。在图 13-7 上绘出了 Horner 应用压力叠加原理推导公式的过程。当油井以稳定的正产量（$+q_o$）开井生产，在 t 时间以与开井生产的产量相同的产量（$-q_o$），由套管环形空间向地层注入。由于开井生产造成的压降和注入引起的压力恢复效果相同，因而，关井后的井底压力是上升恢复的。于是，在关井 Δt 时间的地层压降（图 13-7），由叠加原理（Superposition Theorem）可写出：

$$p_i - p_{ws} = p_i - p_{wf}(t + \Delta t) + (p_{ws} - p_{wfo}) \qquad (13\text{-}64)$$

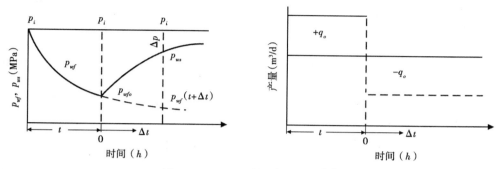

图 13-7　Horner 的叠加原理图[16]

在（13-64）式中延续生产的压降，由（13-24）式可写出：

$$p_i - p_{wf}(t + \Delta t) = \frac{2.12q_o\mu_o B_o}{Kh}\Big[\log\frac{K(t + \Delta t)}{123.6\phi\mu_o C_t r_w^2} + 0.87S\Big] \qquad (13\text{-}65)$$

在（13-64）式中，因同井注入与油井产量相等的流量（注入产量用负号表示），所引起的井底压力恢复增量表示为：

$$p_{ws} - p_{wfo} = \frac{2.12(-q_o)\mu_o B_o}{Kh}\Big(\log\frac{K\Delta t}{123.6\phi\mu_o C_t r_w^2} + 0.87S\Big) \qquad (13\text{-}66)$$

将（13-65）式和（13-66）式代入（13-64）式得 Horner 法的压力恢复曲线方程为：

$$p_{ws} = p_i - \frac{2.12q_o\mu_o B_o}{Kh}\log\frac{t + \Delta t}{\Delta t} \qquad (13\text{-}67)$$

若设：

$$A = p_i \qquad (13\text{-}68)$$

$$m = \frac{2.12q_o\mu_o B_o}{Kh} \qquad (13\text{-}69)$$

则得：

$$p_{ws} = A - m\lg\frac{t + \Delta t}{\Delta t} \qquad (13\text{-}70)$$

由（13-70）式看出，表示平面径向流阶段的 Horner 法，是一条半对数直线关系。当由线性回归求得直线的截距 A 和斜率 m 数值后，由截距 A 即得原始地层压力 p_i；由式（13-69）改写的下式，确定地层的有效渗透率：

$$K = \frac{2.12q_o\mu_o B_o}{mh} \qquad (13\text{-}71)$$

Horner 法的主要功能在于，确定原始地层压力、计算地层有效渗透率、判断断层的存及位置。当测试的油井附近存在断层时，压力恢复曲线直线段的斜率，就会成倍的增加，即直线段的上翘，$m_2 = 2m_1$。应当指出的是，由第 1 直线段的 m_1 确定渗透率，而由上翘后的直线段外推原始地层压力，即将第 2 直线段外推到半对数坐标上的 $(t+\Delta t)/\Delta t = 1$；而由直角坐标表示的 Homer 第 2 直线段，需外推到 $\log\left[(t+\Delta t)/\Delta t\right]/\Delta t = 0$ 的位置，得到的外推压力为 p^*，就是 Horner 法的原始地层压力（图 13-8）。而上翘后压力恢复曲线的 Horner 法表示为[1]：

$$p_{ws} = p_i - 2m_1 \log \frac{t + \Delta t}{\Delta t} \tag{13-72}$$

当 $(t+\Delta t)/\Delta t = 1$ 时，由（13-72）式可以看出，$p_{ws} = p_i$，就是将第 2 段直线外推到 $(t+\Delta t)/\Delta t = 1$ 的压力，为 Horner 的 p^* 压力，也就是 p_i 压力。

由两条直线段的交点时间 $\left[(t+\Delta t)/\Delta t\right]_b$ 可由下式确定断层距油井的垂直距离[9]：

$$L_b = 0.045 \sqrt{\frac{K}{\phi \mu_o C_t}\left(\frac{t + \Delta t}{\Delta t}\right)_b} \tag{13-73}$$

从理论上讲，Horner 法的推导是建立在油井产量为常数为基础，当产量不是常数时，可由下式确定折算的 Horner 时间：

$$t = \frac{24N_p}{q_o} \tag{13-74}$$

13.4.2 Agarwal 法[17]

当油井以稳定产量 q 生产到 t 时间，将油井关闭测试井底压力恢复曲线。关井后井底压力恢复的时间以 Δt 表示，关井时的井底流压以 p_{wfo} 表示。此时的井底压力恢复量（图 13-8）表示为：

$$p_{ws} - p_{wfo} = (p_i - p_{wfo}) - (p_i - p_{ws}) \tag{13-75}$$

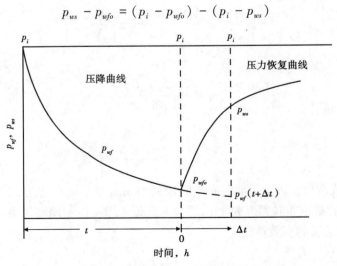

图 13-8 推导 Agarwal 法的叠加图

在（13-75）式中等号右边的第 1 项表示为：

$$p_i - p_{wfo} = \frac{2.12q_o\mu_o B_o}{Kh}(\log \frac{Kt}{123.6\phi\mu_o C_t r_w^2} + 0.87S) \tag{13-76}$$

将（13-67）式和（13-76）式代入（13-75）式，可得 Agarwal 的压力恢复曲线公式为：

$$p_{ws} = p_{wfo} + \frac{2.12q_o\mu_o B_o}{Kh}\left[\log \frac{Kt\Delta t/(t+\Delta t)}{123.6\phi\mu_o C_t r_w^2} + 0.87S\right] \tag{13-77}$$

当 $\Delta t = 1$ 时，$p_{ws} = p_{ws}(1h)$，由（13-77）式可得用于 Horner 法确定表皮系数的关系式为：

$$S = 1.151\left[\frac{p_{ws}(1h) - p_{wfo}}{m} - \log \frac{K}{\phi\mu_o C_t r_w^2} - \lg \frac{t}{t+1} + 2.092\right] \tag{13-78}$$

13.4.3　MDH 法[18]

MDH（Miller-Dyes-Hutchinson）于 1950 年提出了著名的压力恢复曲线方程。当 $t \gg \Delta t$ 时，$t + \Delta t \simeq t$。由（13-77）式简化可得 MDH 法的压力恢复方程为[18]：

$$p_{ws} = p_{wfo} + \frac{2.12q_o\mu_o B_o}{Kh}(\log \frac{K\Delta t}{\phi\mu_o C_t r_w^2} - 2.092 + 0.87S) \tag{13-79}$$

若议：

$$A = p_{wfo} + m\lg(\frac{K}{\phi\mu_o C_t r_w^2} - 2.092 + 0.87S) \tag{13-80}$$

$$m = \frac{2.12q_o\mu_o B_o}{Kh} \tag{13-81}$$

则得：

$$p_{ws} = A - m\log\Delta t \tag{13-82}$$

在图 13-15 上绘出了 MDH 法的压力恢复曲线图。由（13-81）式，利用直线的斜率 m 值确定有效渗透率。再将（13-80）式改写的下式，利用直线的截距 A 确定表皮系数的数值：

$$S = 1.151\left[\frac{(A - p_{wfo})}{m} - \log \frac{K}{\phi\mu_o C_t r_w^2} + 2.092\right] \tag{13-83}$$

13.4.4　陈氏法[19]

当 $t \gg \Delta t$ 时，可较可靠地得 $t + \Delta t \simeq t$。因此，由 Horner 法的（13-67）式可得陈氏的压力恢复曲线方程为：

$$p_{ws} = p_i - \frac{2.12q_o\mu_o B_o}{Kh}\log \frac{t}{\Delta t} \tag{13-84}$$

将（13-84）式简写为：

$$p_{ws} = A - m\log \frac{t}{\Delta t} \tag{13-85}$$

式中 $$A = P_i \tag{13-86}$$

$$m = \frac{2.12 q_o \mu_o B_o}{Kh} \tag{13-87}$$

由（13-85）式看出，当 $t/\Delta t = 1$，或将直线外推到 1 时，$p_{ws} = A = p_i$。再由（13-87）式直线的斜率 m，确定有效渗透率的数值。

13.5　应用举例

13.5.1　未饱和油藏的产能测试

华北任丘雾迷山潜山油藏，是一个碳酸盐岩底水的未饱和油藏，原始地层压力 p_i 为 31.13MPa，饱和压力 p_b 为 1.40MPa，由多点产能测试的任 6 井数据列于表 13-1，绘于图 13-9。

表 13-1　任 6 井多点产能测试数据

q_o （m³/d）	p_{wf} （MPa）	Δp （MPa）	J_o [m³/（d·MPa）]
380	31.71	0.42	905
831	31.02	1.17	710
1264	30.08	1.85	683
1621	29.44	2.64	614

从表 13-1 可以看出，产能指数随产量的增加而降低。这是由于近井地带流速的增加，引起湍流表皮的增加所致。

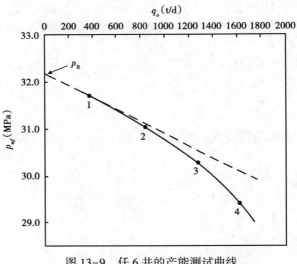

图 13-9　任 6 井的产能测试曲线

13.5.2　未饱和油藏的一点法测试

大庆油田中区 6－16 井，一点法测试的产油量 q_o 为 38.84m³/d，井底流压 p_{wf} 为 9.69MPa，地层压力 p_R 为 11.60MPa，饱和压力 p_b 为 8.67MPa，产能指数 J_o 为 20.34m³/（d·MPa）。由一点法确定的绝对无阻流量 q_{AOF} 为 103.65m³/d，预测的 IPR 曲线绘于图 13-10。

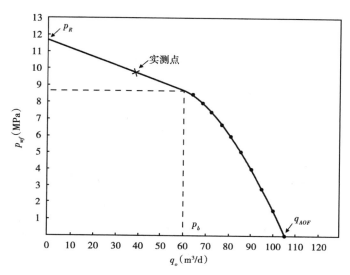

图 13-10　大庆油田中区 6-16 井的 IPR 曲线

13.5.3　饱和油藏一点法测试

美国 Viola 砂岩油藏的 3 号探井，一点法测试的产油量 q_o 为 31.8m³/d，井底流压 p_{wf} 为 22.201MPa，地层压力 p_R 为 27.579MPa。由陈氏的一点法（13-50）式求得的无阻流量 q_{AOF} 为 86m³/d；由 Vogle 的一点法（13-53）式求得的 q_{AOF} 为 99m³/d，两种一点法预测的 IPR 曲线绘于图 13-11。

13.5.4　评价油井控制地质储量的压降曲线

一口以稳定产量开井测试压降曲线的油井，q_o 为 79.5m³/d；ϕ 为 0.2，μ_o 为 0.8mPa·s；h 为 17.1m；r_w 为 0.0914m；B_o 为 1.20；S_{oi} 为 0.70；C_t 为 1.45×10^{-3}MPa⁻¹；C_t^* 为 2.07×10^{-3} MPa⁻¹；p_i 为 20.684MPa；开井生产 326.7h 的压降曲线数据，用两种坐标形式分别绘于图 13-12 和图 13-13 上。由两图对比看出，在生产 87.6h 后，油井即进入拟稳态阶段。

在图 13-12 上，在井筒储集影响段结束后，平面径向流的直线段的经线性回归，求得直线的斜率 $m=0.8859$MPa/cycle，截距 $A=11.959$MPa。将有关参数值代入（13-81）式得油层的有效渗透率为：

$$K=\frac{2.12\times79.5\times0.8\times1.2}{0.8859\times17.1}=10.7\text{mD}$$

再将 m 值和有关参数的数值代入（13-83）式，得该井的表皮系数：

267

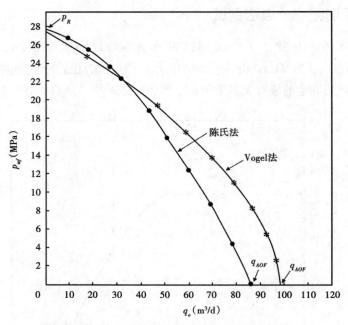

图 13-11　两种一点法预测的 IPR 曲线对比

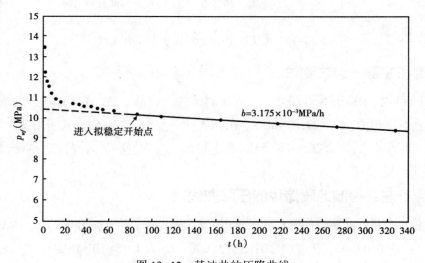

图 13-12　某油井的压降曲线

$$S = 1.151 \left[\frac{11.959 - 20.684}{0.8859} - \log \frac{10.7}{0.2 \times 0.8 \times 1.45 \times 10^{-3} \times 0.0914^2} + 2.092 \right] = 6.0$$

由图 13-12 直线的线性回归，求得直线的斜率 $b = 3.175 \times 10^{-3} \mathrm{MPa/h}$。将该 b 值和其他有关参数值代入（13-63）式，求得该井控制的地质储量为：

$$N = \frac{79.5}{24 \times 3.175 \times 10^{-3} \times 2.07 \times 10^{-3}} = 50.5 \times 10^4 \mathrm{m}^3$$

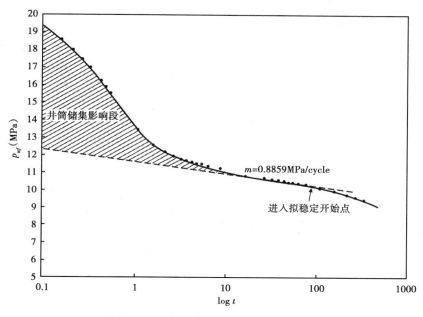

图 13-13　某油井的压降曲线半对数图

13.5.5　压力恢复曲线的应用[19]

某测试压力恢复曲线的油井，q_o 为 19.58m³/d；t 为 97.6h；h 为 6.1m；ϕ 为 0.2；μ_o 为 1.0mPa·s；B_o 为 1.22dim；C_t 为 2.94×10⁻³MPa⁻¹，r_w 为 0.091m，关井前的生产时间 $t_p=97.6$h。测试的压力恢复曲线数据，以及 Horner 法、陈氏法和 MDH 法的时间均列于表 13-2 内。由表（13-2）数据绘成的 Horner 图、陈氏图和 MDH 图，见图 13-14 和图 13-15 所示。由图 13-14 看出，Horner 法和陈氏法的压力恢复曲线几乎是重合的。

表 13-2　油井的压力恢复曲线数据

Δt (h)	$t_p/\Delta t$	$\dfrac{t_p+\Delta t}{\Delta t}$	p_{wt} (MPa)	Δt (h)	$t_p/\Delta t$	$\dfrac{t_p+\Delta t}{\Delta t}$	p_{wt} (MPa)
0	∞	∞	30.653（p_{wf}）	3.0	32.53	33.53	32.401
0.5	195.20	196.20	31.802	4.0	24.40	25.40	32.422
0.66	147.88	148.90	32.007	6.0	16.27	17.27	32.449
1.0	97.60	98.60	32.197	8.0	12.20	13.20	32.469
1.5	65.07	66.10	32.313	10.0	9.86	10.76	32.483
2.0	48.80	49.80	32.361	12.0	8.13	9.13	32.497
2.5	39.04	40.04	32.388				

利用线性回归法求得三种方法直线的截距 A、斜率 m 和相关系数 r 的数值，以及利用第 4 节中的有关公式计算的 p_i、K 和 S 值同列于表 13-3 内。

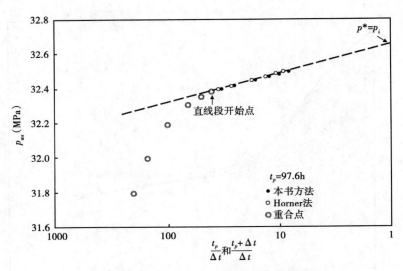

图 13-14　Horner 法和陈氏法的压力恢复曲线

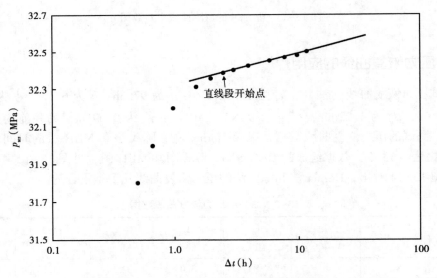

图 13-15　MDH 法的压力恢复曲线

表 13-3　三种方法的计算结果对比

方法	A	m	r	p_i （MPa）	K （mD）	S （dim）
Horner	32.657	0.1680	0.9999	32.657	49.4	6.45
陈氏	32.641	0.1586	0.9999	32.643	52.3	6.45
MDH	32.325	0.1586	0.9999	无	52.3	6.45

13.5.6 断块距离的确定[9]

根据地质资料的分析表明，在一口新完钻油井的附近存在一条封闭断层。关井测试的井底压力恢复曲线数据列于表 13-4。关井前油井的产量 q_o 为 $194\mathrm{m^3/d}$，累计产量 N_p 为 $258.5\mathrm{m^3}$。ϕ 为 0.15；μ_o 为 $0.6\mathrm{mPa \cdot s}$；B_o 为 $1.31\mathrm{dim}$；h 为 $2.44\mathrm{m}$；C_t 为 2.46×10^{-3} $\mathrm{MPa^{-1}}$；r_w 为 $0.152\mathrm{m}$。将有关参数的数值代入（13-74）式得 Horner 的时间为：

$$t_p = \frac{24 \times 258.5}{194} = 279\mathrm{h}$$

表 13-4 某油井的压力恢复曲线数据

Δt (h)	$\dfrac{t_p + \Delta t}{\Delta t}$	p_{ws} (MPa)	Δt (h)	$\dfrac{t + \Delta t}{\Delta t}$	p_{ws} (MPa)
0	279	$p_{wf} = 21.394$	16	18.44	30.012
2	140.50	5.324	24	12.63	31.164
3	94.00	26.062	30	10.30	31.812
4	70.75	26.620	36	8.75	32.405
5	56.80	27.137	42	7.64	32.887
6	47.50	27.551	48	6.81	33.280
8	35.87	28.165	54	6.17	33.660
10	28.90	28.764	60	5.65	33.997
12	24.25	29.233	66	5.23	34.301
14	20.93	29.633			

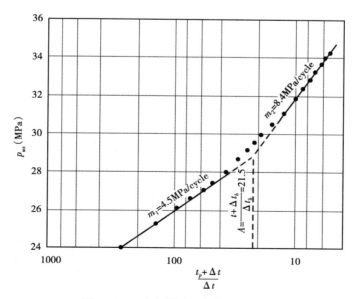

图 13-16 确定断层距离的 Horner 图

将表 13-14 的数据绘于 Horner 图上（图 13-16）。由图 13-16 看出，直线段发生了上翘现象，$m_1 = 4.5$ MPa/cycle，$m_2 = 8.4$ MPa/cycle，且 $m_2 = 2m_1$，证明该井附近存在一个封闭断层。两直线相交的 Horner 时间 $(t + \Delta t)_b / \Delta t_b = 21.5$。将 m_1 的数值和其他有关参数值代入（13-71）式得有效渗透率为：

$$K = \frac{2.12 \times 194 \times 0.6 \times 1.31}{4.5 \times 2.44} = 29.4 \text{mD}$$

再将 K 值和其他有关参数的数值代入（13-73）式，可得断层距油井的垂直距离为：

$$L_b = 0.045 \sqrt{\frac{29.4 \times 21.5}{0.15 \times 0.6 \times 2.46 \times 10^{-3}}} = 76 \text{m}$$

符号及单位注释

（括弧之内的为 SI 制基础单位）

q——通过流动单元截面积的流量，m^3/d，(m^3/s)；

q_o——油井的稳定产量，m^3/d，(m^3/s)；

q_{AOF}——绝对无阻流量，m^3/d，(m^3/s)；

q_D——无量纲产量，dim；

J_o——油井的产能指数，$\text{m}^3/(\text{d} \cdot \text{MPa})$，$[\text{m}^3/(\text{Pa} \cdot \text{s})]$；

p——压力，MPa，(Pa)；

p_r——径向距离 r 处的压力，MPa，(Pa)；

$p_{r,t}$——t 时间径向半径 r 处的压力，MPa，(Pa)；

p_e——驱动边界压力，MPa，(Pa)；

p_R——地层压力，MPa，(Pa)；

$\bar{p}$——t 时间拟稳态压降漏斗内的平均压力，MPa，(Pa)；

p_{wf}——井底流动压力，MPa，(Pa)；

p_{wfo}——关井时的井底流压，MPa，(Pa)；

p_{ws}——关井 Δt 时间的井底恢复压力，MPa，(Pa)；

p_i——原始地层压力，MPa，(Pa)；

p^*——Horner 直线段外推地层压力，又称为 Horner 压力，相当于 p_i，MPa，(Pa)；

p_D——无因次压力，dim；

t——油井以稳定产量开井生产时间，h，(s)；

t_p——Horer 生产时间，h；

t_o——进入拟稳态阶段的时间，h，(s)；

$(t_p + \Delta t)_b / \Delta t_b$——遇到断层反应的 Horner 无因次时间，dim；

V——环形流动单元的储油体积，m^3，(m^3)；

ϕ——有效孔隙度，frac，(frac)；

h——有效厚度，m，(m)；

S_{oi}——原始含油饱和度，frac，（frac）；

S_{wi}——原始含水饱和度，frac，（frac）；

S——表皮系数，dim；

r——径向半径，m，（m）；

r_i——探测半径，m，（m）；

r_e——油井驱动半径，m，（m）；

r_w——井底半径，m，（m）；

L_b——断层距油井的垂直距离，m，（m）；

K——有效渗透率，mD，（m^2）；

μ_o——地层原油黏度，mPa·s，（mPa·s）；

ρ_o——地层原油密度，t/m^3，$[kg/m^3]$；

β——湍流阻力系数，m^{-1}，$[m^{-1}]$；

C_t——总压缩系数，MPa^{-1}，$[Pa^{-1}]$；

C_t^*——总压缩系数，MPa^{-1}，（Pa^{-1}）；

C_o——地层原油压缩系数，MPa^{-1}（Pa^{-1}）；

C_w——地层水的压缩系数，MPa^{-1}，（Pa^{-1}）；

C_f——地层岩石孔隙有效压缩系数，MPa^{-1}，（Pa^{-1}）；

C——垂直井的流态因子，dim，（dim）；

B_{oi}——p_i 压力下的原油体积系数，dim，（dim）；

B_o——$\bar{p}$ 或 p_R 压力下的原油体积系数，dim，（dim）；

F——渗流面积，m^2，（m^2）；

N——井控地质储量，m^3，（m^3）；

u——指数积分涵数的变量；

x——指数积分函数的综合变量；

$E_i(-x)$——指数积分函数符号；

A_c 和 B_c——垂直井二项直线的截距和斜率；

a 和 b——拟稳态法直线的截距和斜率；

A 和 m——压降曲线和压力恢复曲线直线的截距和斜率；

In——以 e 为底的自然对数符号；

log——以 10 为底的常用对数符号。

参 考 文 献

1. Earlougher, R. C.: Advances in well Test Analysis. New york/Dallas, Heney L. Doherty Memorial Fund of AIME, Society of Petroleum Engineers of AIME, 1977.

2. Matthews, C. S, and Russell, D. G.: Pressure Buildup and Flour Tests in Wells, Monograph Series, Society of petroleum Engineers of AIME, Dallas, 1967.

3. Lee, W. J.: Well Testing. SPE TexTbook Series vol. 1, Socity of petroleum Engineers of AIME, New York, Dallas, 1982.

4. Golan, M, ancl Whiston, C. H.: Well performance, 1991.

5. Smith, C. R., Tracy, G. W. and Farrar, R. L.: Applied Reservpor Engineering, Oil and Gas consultants International Inc, 1992.

6. Craft, B. C, and Hawkins, M. F.: Applied petroleum Reservoir Engineering, Prentics-Hall, Inc. Englewood, N. 7. 1959.

7. Dake, L P.: Fundamentais of Reservoir Eegineering, Jan. Sciencific publishing compang, Blsevier New York: 1978.

8. Lee John and Wattenberger, R. A.: Gas Reservoir Engineering, H. L. Doherty Memerial Fund of AIME, Richardson, TX, 1996.

9. 陈元千：探测半径和断层距离计算出式的推导及应用，中国海上油气，1992，6（3）31-38.

10. 陈元千：无因次 IPR 曲线通式的推导及线性求解法，石油学报，1986，7（6）63-73.

11. 陈元千：油井二项式的推导及新型 IPR 方程的建立，油气井测试，2002，11（1）1-3.

12. 陈元千：新型 IPR 方程的扩展应用，油气井测试，2002，11（1）1-3.

13. Vogel, J. V.: Inflow performance Relation-ship for solution gas drive, JPT（Jan, 1986）83-92.

14. 陈元千：油气藏工程实用方法，石油工业出版社，北京：2001，411-418.

15. 陈元千：油井压降曲线拟稳态关系式的推导及判断方法. 新疆地质，1991，12（2）150-159.

16. Horner, D R. Pressure buildup in wells. Third world petroleum cong. Leiden, Hague, 1951, 11, 503-520.

17. Agarwal, R. D.: A new method to account for producing time effects when drawdown type curves are use to analyze pressure buildup and other test data, SPE 9289, 1980.

18. Miller, C. C, Dyes, A. B, Hutchinson C A.: The estimation of permeability and reservoir pressure from bottomhole pressure buildup charecteristics, Tran. AIME（1950）189, 91-104.

19. 陈元千：新型压力恢复曲线方程的推导及其对比与应用，试采技术，1992，13（2）8-16.

第 14 章　面积注水计算方法

面积注水（Area Waterflooding）在油田开发的实际中，得到了广泛的应用。它不但较能适应油田的非均质性特点，而且能够较高的采油速度和最终采收率。因此，许多边外或边内切割注水的油田，到开发的中后期，为了提高油田全面开发的效果，也经常改为不同方式的面积注水。由此可见，对于不同面积注水系统的计算方法研究，就显得十分的必要。基于水驱油的前缘驱动原理[3]，利用水电相似和等值渗滤阻力的基本方法[4-5]，提出了面积注水系统的"单元""比单元"和"生产坑道"三个基本的概念和方法，得到了不同面积注水系统，计算油井见水前后的产量和开发时间的通式。它的化式与 Musket 的公式具有很好一致性。本章提供的方法，也可用于非均质油藏的面积注水计算[6]。

14.1　面积注水系统的"单元""比单元"和"生产坑道"

在研究面积注水系统的计算方法时，需提出以下三个基本概念，这对问题的解决起到了有效的简化作用。

14.1.1　面积注水系统的"单元"

对于一个有限伸展和匀称布井的任何面积注水系统，均可依注水井为中心，划分成若干个既相互独立又相互依存的"单元"（图 14-1）。每个"单元"中的注水井和生产井的井数之和是几，就称为"几点法"。

14.1.2　面积注水系统的"比单元"

不同的面积注水系统，具有不同的生产井与注水井的比数，比如五点系统为 1:1；七点系统为 2:1；九点系统为 3:1。因此，如果我们根据井比数的多少，将不同的面积注水系统划分成更小的单元。对于这一面积更小的单元，我们命名为"比单元"，如图 14-1 中各剖面线所示。"比单元"是利用水电相似原理和等值渗滤阻力法进行公式推导的重要基础。

14.1.3　面积注水系统的"生产坑道"

对于不同形式的面积注水系统的"单元"，均可视为由中央一口注水井和周围环绕的三角形、四边形或六边形生产井排所组成。以产量等值的原则，将环绕中央注水井的三角形或多边形的生产井排，看作圆形的"生产坑道"。假定油水接触前缘保持圆形首先向"生产坑道"推进，而后流入生产井底。现以七点系统为例，在图 14-2 上表示了它的"单元""比单元"和"生产坑道"的关系。

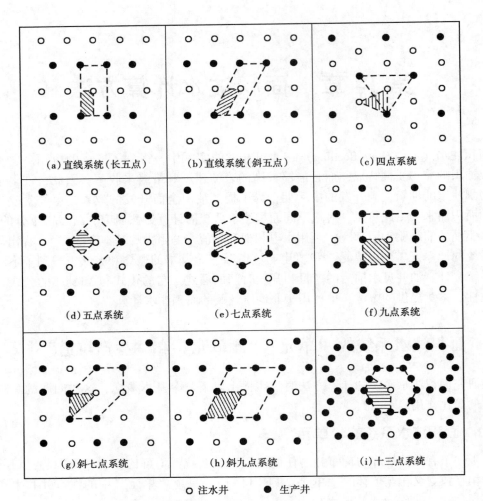

○ 注水井　　● 生产井

图 14-1　不同面积注水系统的"单元"和"比单元"

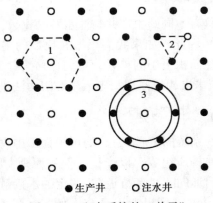

● 生产井　○ 注水井

图 14-2　七点系统的"单元"

1—单元；2—比单元；3—生产坑道

14.2　渗滤阻力区的划分及等值渗滤阻力的表达式

在面积注水的"单元"系统内，从注水井井底到生产井井底的水驱油渗滤过程，以七点系统为例，可以划分为以下三个连续的不同渗滤阻力区（图 14-3）。

（1）从注水井井底到目前油水接触前缘的油水面相渗滤区，简称为两相阻力区。该区由于水驱油的非活塞式影响和流度的不同，可以引起注入液体渗滤阻力的增加或减小。图 14-4 表示了 Buckley-Leverett（勃克莱—列维尔特）的水驱油非活塞式模式图[3]，根据文献[4]该区的渗滤阻力可由下式表示：

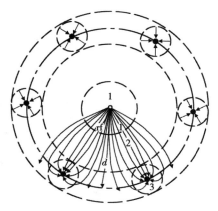

图 14-3　七点系统的渗滤阻力区划分

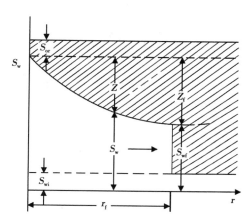

图 14-4　水驱油非活塞式的模式图[3,8]

$$\Omega = \frac{\mu_w}{2\pi K_{ro}Kh}\left(A\ln\frac{r_f}{r_{wi}} + BZ_f + CZ_f^2\right) \qquad (14-1)$$

若令：

$$M = A/\mu_R = \frac{K_{ro}(S_{wi})/\mu_o}{K_{rw}(S_{or})/\mu_w} = \frac{\lambda_o}{\lambda_w} \qquad (14-2)$$

则得：

$$\Omega = \frac{\mu_o}{2\pi K_{ro}Kh}\left[M\ln\frac{r_f}{r_{wi}} + \frac{1}{\mu_R}(BZ_f + CZ_f^2)\right] \qquad (14-3)$$

（2）从目前油水接触前缘到"生产坑道"的均质原油渗滤区，简称为外部阻力区。该区为单相的原油流动，流度保持不变，故渗滤阻力可由下式表示：

$$S = \frac{\mu_o}{2\pi K_{ro}Kh}\ln\frac{d}{r_f} \qquad (14-4)$$

（3）从"生产坑道"到生产井井底的径向渗滤区，简称为内部阻力区。该区作用范围的大小，取决于面积注水系统的生产井距大小。根据文献[5]，该区作用的半径 $r_o = d/2\pi$。对于不同面积注水系统的内部渗滤阻力，在考虑到井间干扰作用的条件下，可由如下的通式表示：

$$W = \frac{\mu_o}{2\pi K_{ro} Kh} \left[\frac{1}{m} \ln \frac{d}{2(m+1) r_{wp}} \right] \tag{14-5}$$

基于上述渗滤阻力区的划分，可以写出在油井见水之前，从注水井井底到生产井井底之间的总渗滤阻力，应为以上三个分区渗滤阻力之和：

$$R = \Omega + S + W \tag{14-6}$$

将（14-3）式、（14-4）式和（14-5）式代入（14-6）式得：

$$R = \frac{\mu_o}{2\pi K_{ro} Kh} \left[M \ln \frac{r_f}{r_{wi}} + \frac{1}{\mu_R} (BZ_f + CZ_f^2) \right] \tag{14-7}$$

14.3　油井见水前的计算方法

14.3.1　油井见水前的产量通式

根据水电相似的基本原理和电学中的欧姆定律，可以分别写出油井见水前的一口注水井和一口生产井的产量关系式为：

$$Q_w = \frac{p_{wi} - p_{wf}}{R} \tag{14-8}$$

$$Q_o = \frac{Q_w}{R} = \frac{p_{wi} - p_{wf}}{mR} \tag{14-9}$$

将（14-7）式分别代入（14-8）式和（14-9）式得：

$$Q_w = \frac{2\pi K_{ro} Kh (p_{wi} - p_{wf})}{\mu_o \left[M \ln \frac{r_f}{r_{wi}} + \frac{1}{\mu_R} (BZ_f + CZ_f^2) + \ln \frac{d}{r_f} + \frac{1}{m} \ln \frac{d}{2(m+1) r_{wp}} \right]} \tag{14-10}$$

$$Q_o = \frac{2\pi K_{ro} Kh (p_{wi} - p_{wf})}{m\mu_o \left[M \ln \frac{r_f}{r_{wi}} + \frac{1}{\mu_R} (BZ_f + CZ_f^2) + \ln \frac{d}{r_f} + \frac{1}{m} \ln \frac{d}{2(m+1) r_{wp}} \right]} \tag{14-11}$$

不同面积注水系统的 m 值，可由以下通式确定：

$$m = \frac{1}{2} (i - 3) \tag{14-12}$$

在（14-12）式中的 i 为不同面积注水系统的名称数，如五点系统的 $i=5$；七点系统的 $i=7$；九点系统的 $i=9$ 等。

为了检验本章推导公式的正确性，当假定水驱油是活塞式（即 $Z_f=0$），油水流度比等于 1 和注水井与生产井的井底折算半径相等（$r_{wi} = r_{mp} = r_w$）时，可以得到在均质理想条件下，与 Muskat 等利用源汇反映和势能叠加原理得精确式对比，其结果列在表 14-1。

表 14-1　对比结果

系统名称	w 值	陈元千公式	Muskat 精确解公式
四点系统	0.5	$Q_m = \dfrac{\pi Kh(p_{wi} - p_{uf})}{\mu(1.5\ln\dfrac{d}{r_w} - 1.0986)}$	$Q_w = \dfrac{\pi Kh(p_{wi} - p_{uf})}{\mu(1.5\ln\dfrac{d}{r_w} - 0.8536)}$
五点系统	1.0	$Q_w = \dfrac{\pi Kh(p_{wi} - p_{uf})}{\mu(\ln\dfrac{d}{r_w} - 0.6931)}$	$Q_w = \dfrac{\pi Kh(p_{wf} - p_{uf})}{\mu(\ln\dfrac{d}{r_w} - 0.6190)}$
七点系统	2.0	$Q_w = \dfrac{\pi Kh(p_{wf} - p_{wf})}{\mu(0.75\ln\dfrac{d}{r_w} - 0.4479)}$	$Q_w = \dfrac{\pi Kh(p_{wf} - p_{uf})}{\mu(0.75\ln\dfrac{d}{r_w} - 0.4268)}$
九点系统*	3.0	$Q_w = \dfrac{\pi Kh(p_{wi} - p_{wf})}{\mu(0.67\ln\dfrac{d}{r_w} - 0.3465)}$	$Q_w = \dfrac{\pi Kh(p_{wf} - p_{uf})}{\mu(0.67\ln\dfrac{d}{r_w} - 0.3503)}$

精确解的公式，……1 时的简化式（2、6）。

表 14-1 表明，陈元千的公式与 Muskat 等的精确解具有较好的一致性。两者之差异在于分母的常数项。在相同参数下，陈氏公式的计算结果比 Muskat 约大 2%。

14.3.2　油井见水前的开发时间通式

在油井见水之前，油水接触前缘运动时间微分式为：

$$\mathrm{d}t = \frac{2\pi E_{Bt}\phi h(\bar{S}_{wl} - S_{wi})r_f \mathrm{d}r_f}{Q_w} \tag{14-13}$$

式中的 $\bar{S}_{wi}$ 为油井见水时的地层平均含水饱和度，由下式确定[7]：

$$\bar{S}_{wi} = 1 - S_{or} - \frac{2}{3}Z_f \tag{14-14}$$

式中的 Z_f 为油水接触前缘的可流动含油饱和度（图 14-1），由下式确定：

$$Z_f = 1 - S_{or} - S_{wf} \tag{14-15}$$

为了便于（14-13）式的积分，将（14-10）式进行简化处理得如下表达式：

$$Q_w = \frac{2\pi K_{ro}Kh(p_{wi} - p_{uf})}{\mu_o[(M-1)\ln r_f + C_m]} \tag{14-16}$$

式中的综合常数 C_m 为：

$$C_m = \frac{1}{m}\left[\ln\frac{d^{(m+1)}}{2(m+1)} + \frac{m}{\mu_R}(BZ_f + CZ_f^2) - mM\ln r_{wi} - \ln r_{wp}\right] \tag{14-17}$$

将（14-16）式代入（14-13）式经积分后得油井见水前的开发时间 t_1 计算通式为：

$$t_1 = \frac{E_{Bt}\phi\mu_o(\bar{S}_{w_1} - S_{wi})}{2K_{ro}K(p_{wi} - p_{wf})}r_f^2[(M-1)\ln r_f + C_m'] \tag{14-18}$$

式中
$$C'_m = C_m + \frac{1}{2}(1 - M) \qquad (14-19)$$

当 $r_f = d$ 时，可由（14-18）式得到计算油井见水时间的公式为：

$$t_{Bt} = \frac{E_{Bt}\phi\mu_o(\bar{S}_{wt} - S_{wi})}{2K_{ro}K(p_{wi} - p_{wf})}d^2\left[(M - 1)\ln d + C'_m\right] \qquad (14-20)$$

14.4 油井见水后的计算方法

14.4.1 油井见水后的产量通式

在水驱油的非活塞式驱动条件下，当油井见水之后，从注水井井底到生产井井底，仅剩下以下两个渗滤阻力区：

（1）油水两相渗滤的外部阻力区。该区既存在由于油水流度不同的附加阻力，又存在由于水驱油的非活塞式所引起的阻力。当然随着地层含水饱和度的增加，后者会逐渐变小。该渗滤阻力可由（14-3）式直接写为：

$$\Omega_w = \frac{\mu_o}{2\pi K_{ro}Kh}\left[M\ln\frac{d}{r_{wi}} + \frac{1}{\mu_R}(BZ_p + CZ_p^2)\right] \qquad (14-21)$$

（2）油水两相渗滤的内部阻力区。在油井见水之后，生产井井底周围的流场可分为两部分，即油水同时向井底流动的水淹角部分和仅单相原油向井底流动的未水侵部分，见图14-5 所示。在此条件下，对于不同面积注水系统的内部渗滤阻力可由下式表示：

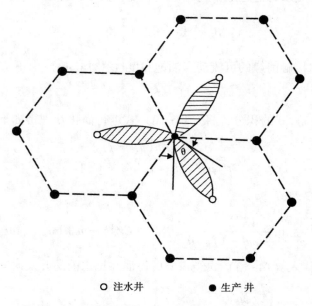

○ 注水井   ● 生产井

图 14-5 七点系统油井见水后的水淹角示意图

$$W_w = \frac{\mu_o}{2\pi K_{ro}Kh}\left\{\frac{a}{m}\left[M\ln\frac{d}{2(m+1)r_{wp}} + \frac{1}{\mu_R}(BZ_p + CZ_p^2)\right] + \frac{1-\alpha}{m}\ln\frac{d}{2(m+1)r_{wp}}\right\}$$

$$(14-22)$$

a 为生产井见水后的水淹角系数，以弧度表示。根据对五点系统水淹角的研究方法[2]，不同面积注水系统的水淹角系数，可由下式表示：

$$a = \frac{j\theta}{2\pi} = \frac{1}{1 + \frac{1}{M}\left(\frac{f_o}{1-f_o}\right)}$$

$$(14-23)$$

式中的 f_a 为生产井见水后的含油率，以小数表示。根据大量的油水相对渗透率曲线资料的计算表明，生产井见水后的含油率，可由如下的指数式近似表示：

$$f_o = DZ_p^n$$

$$(14-24)$$

式中的 Z_p 为当生产井见水后，在生产井井底处的可流动油饱和度。当考虑油水接触面的分布符合抛物线规律时[8]，Z_p 可由下式表示：

$$Z_p = Z_f\sqrt{\frac{d}{r_{tp}}}$$

$$(14-25)$$

因此，当油井见水之后，从注水井井底到生产井井底的总渗透滤阻力，应为（14-21）式和（14-22）式所表示的总和，即得：

$$R_w = \frac{\mu_o}{2\pi K_{ro}Kh}\left[M\ln\frac{d}{r_{wi}} + \frac{m+\alpha}{m\mu_R}(BZ_p + CZ_p^2) + \frac{\alpha(M-1)+1}{m}\ln\frac{d}{2(m+1)r_{wp}}\right]$$

$$(14-26)$$

当 $r_{wi}=r_{wp}=r_w$ 时，（14-26）式可以写为下式：

$$R_w = \frac{\mu_o}{2\pi K_{ro}Kh}\left[\frac{M(m+a)+(1-a)}{m}\ln\frac{d}{r_w} + \right.$$
$$\left. \frac{(m+a)}{m\mu_R}(BZ_p + CZ_p^2) - \frac{\alpha M+(1-a)}{m}\ln 2(m+1)\right]$$

$$(14-27)$$

将（14-27）式分别代入（14-8）式和（14-9）式，可以得到在油井见水之后，对于不同面积注水系统，一口注水井的注水量和一口生产井的产液量通式为：

$$Q_w = \frac{2\pi K_{ro}Kh(p_{wi} - p_{wf})}{\mu_o\left[\frac{M(m+\alpha)+(1-\alpha)}{m}\ln\frac{d}{r_w} + \frac{m+\alpha}{m\mu_R}(BZ_p + CZ_p^2) - \frac{\alpha M+(1-\alpha)}{m}\ln 2(m+1)\right]}$$

$$(14-28)$$

$$Q_o = \frac{2\pi K_{ro}Kh(p_{wi} - p_{wf})}{\mu_o\left\{M(m+a)+(1-a)]\ln\frac{d}{r_w} + \frac{m+\alpha}{\mu_R}(BZ_p + CZ_p^2) + (1-a)]\ln 2(m+1)\right\}}$$

$$(14-29)$$

281

14.4.2　油井见水后的开发时间通式

在油井见水之后，注水单元的水淹面积系数和地层平均含水饱和度将随之增加。此时，计算油井见水后的开发时间通式，由（14-20）式可以改写为下式：

$$t_2 = \frac{E_{AB}\phi\mu_o(\overline{S}_{w2} - S_{wi})d^2}{2K_{ro}K(p_{wi} - p_{wf})}[(M-1)\ln d + C'_m] \tag{14-30}$$

油井见水后的水淹面积系数（E_{AB}），可将文献［6］提供的累计注水量表达式改为如下形式：

$$E_{AB} = E_{Bt} + 0.5398\ln(r_{fp}/d) \tag{14-31}$$

油井见水的地层平均含水饱和度，由（14-14）式可以写为：

$$\overline{S}_{w2} = 1 - S_{or} - \frac{2}{3}Z_p \tag{14-32}$$

14.5　油井产量的无因次化

为了便于计算和对比，现将面积注水一口油井的产量作如下无因次化处理。

14.5.1　油井见水前

将（14-16）式改为无因次形式为：

$$Q_{o1} = A_1 i_{w1} \tag{14-33}$$

其中

$$A_1 = \frac{2\pi K_{ro}Kh(p_{wi} - p_{wf})}{\mu_o} \tag{14-34}$$

$$i_{w1} = \frac{1}{(M-1)\ln(r_{D1} + C_m)} \tag{14-35}$$

式中

$$r_{D1} = r_f/d \leq 1.0 \tag{14-36}$$

14.5.2　油井见水后

将（14-29）式改写为下式：

$$Q_{o2} = A_2 i_{w2} \tag{14-37}$$

其中的 $A_2 = A_1$，无量纲产量由下式表示：

$$i_m = \frac{1}{\frac{1}{m}\left\{[(M+\alpha)+(1-\alpha)]\ln\frac{d}{r_w} + \frac{m+\alpha}{\mu_R}(BZ_p + CZ_p^2) - [\alpha M + (1-\alpha)]\ln 2(m+1)\right\}} \tag{14-38}$$

14.6　应用举例

14.6.1　已知的基本参数

油水的相对渗透率曲线数据，由如下的相关经验公式计算：

$$K_{ro}(S_w) = \left(\frac{1 - S_{or} - S_w}{1 - S_{or} - S_{wi}}\right)^3 \tag{14-39}$$

$$K_{rw}(S_w) = \left(\frac{S_w - S_{wi}}{1 - S_{wi}}\right)^3 \tag{14-40}$$

由相对渗透率曲线数据、流体物性、井网与完井数据，以及由本书方法求得的有关计划参数，两个例题同列于表 14-2 内。

表 14-2

参数	例1	例2	参数	例1	例2
μ_R	13.570	2.857	C	247.8	111.1
M	0.2487	1.181	D	71.42	71.65
S_{wi}	0.25	0.25	n	4.091	3.568
S_{or}	0.25	0.25	d (m)	500	500
S_{w4}	0.50	0.60	r_w (m)	0.1	0.1
$\bar{S}_{w1}$	0.56	0.63	C_m	11.60	15.26
Z_f	0.25	0.15	C'_m	11.98	15.17
A	3.37	3.37	m	2	2
B	17.24	39.86			

14.6.2　理论计算的结果及简单分析

根据上述已知的参数，利用本书提供的方法进行计划，结果见图 14-6 至图 14-10。

由图 14-6 看出，随着 M 值的增加而 i_{w1} 值变低。这表明，油水两相渗滤区的渗滤阻力，随 M 值的增加而增加。同时表明，低 M 值对 i_{w1} 的影响比高 M 值大。由图 14-7 看出，低 M 值的井距对 i_{w1} 的影响比高 M 值的井距影响大。因此，对于油水黏度比较大而油水流度比较小的油田，不宜采用太大的井距开发。由图 14-8 看出，忽略水驱油非活塞性的影响，会使计算的结果偏好，但低 M 值的影响比高 M 值的影响要大。由图 14-9 看出，无论 M 值是大或是小，m 值大的 i_{w1} 高，m 值小的 i_{w1} 低。这表明，一口注水井所管的生产井数越多，综合的内部渗透滤阻力越小，则单井的注水能力越高。由图 14-10 看出，无论 M 值是大于 1 或小于 1，油井见水后的注水能力都是增加的。但 M 值小的影响明显。

在本书的研究工作中，曾得到童宪章总工程师的指导和帮助，在此谨致谢意。

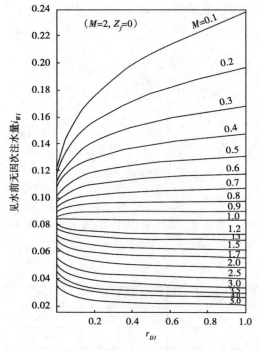

图 14-6　油水流度对比注水能力的影响

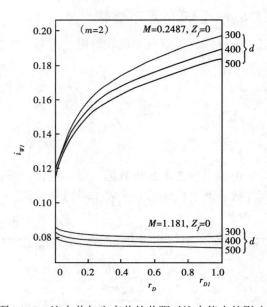

图 14-7　注水井与生产井的井距对注水能力的影响

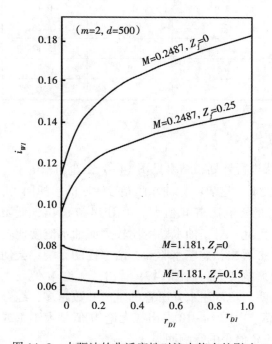

图 14-8　水驱油的非活塞性对注水能力的影响

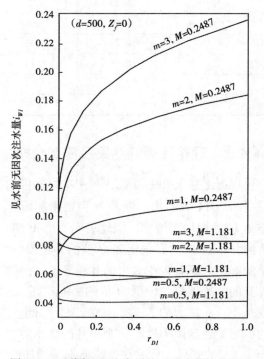

图 14-9　不同面积注水系统对注水能力的影响

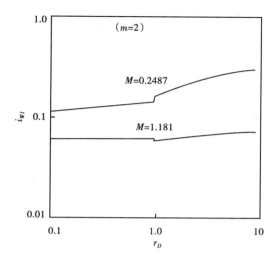

图 14-10　油水流度比和水驱油的非活塞性对油井见水后的注水能力影响

符号及单位注释

（SI 制基础单位）

Ω——油水两相区的渗滤阻力，$Pa \cdot s/(m^2 \cdot m)$；

S——原油单相流动的外部阻力，$Pa \cdot s/(m^2 \cdot m)$；

W——生产坑道的内部渗滤阻力，$Pa \cdot s/(m^2 \cdot m)$；

ω——一口生产井底的内部渗滤阻力，$Pa \cdot s/(m^2 \cdot m)$；

R——总渗滤阻力，$Pa \cdot s/(m^2 \cdot m)$；

μ_R——地层油水黏度比；dim；

S_{wf}——油水接触前缘的含水饱和度，frac；

$\overline{S}_w$——油井见水后某时刻的地层平均含水饱和度，frac；

S_{or}——地层残余油饱和度，frac；

Z——地层可流动的油饱和度，frac；

K——在地层束缚水条件下原油的有效渗透率，m^2；

K_{ro}——在地层束缚水条件下原油的相对渗透率，frac；

$K_{ro}(S_w)$——在 S_w 下原油的相对渗透率，frac；

$K_{rw}(S_o)$——在 S_w 下水的相对渗透率，frac；

$K_{ro}(S_{wi})$——在 S_{wi} 下原油的相对渗透率，frac；

$K_{rw}(S_{or})$——在 S_{or} 下水的相对渗透率，frac；

r_f——油水接触前缘到注水井底的径向距离，m；

r_{fp}——油井见水之后假想油水接触前缘到注水井底的径向距离，m；

r_D——无因次径向距离，dim；

d——生产井到注水井的距离，m；

$A = K_{ro}(S_{wi}) / K_{rw}(S_{or})$ ——考虑为活塞式驱动时，在束缚水条件下油的相对渗透率与残余油条件下水的相对渗透率的比值，dim。

B，C——考虑到水驱油的非活塞性影响的附加阻力系数；

B_o——地层原油体积系数，dim；

$\lambda_o = K_{ro}(S_{wi})/\mu_o$——地层束缚水条件下的原油流度，$m^2/(Pa \cdot s)$；

$\lambda_w = K_{rw}(S_{or})/\mu_w$——地层残余油条件下的水的流度，$m^2/(Pa \cdot s)$；

M——油水流度比，dim；

D_1，n——含油率曲线的系数和指数；

m——不同面积注水系统的生产井与注水井的井数比，dim；

p_{wfi}——注水水井的井底流压，Pa；

p_{wf}——生产井的井底流压，Pa；

Q_w——一口注水井的注水量，m^3/s；

Q_w，Q_L——一口生产的产油量、产液量，m^3/s；

i_{w1}、i_{w2}——油井见水前、见水后的无因次注水量，dim；

j——生产井底周围的水淹角数，即周围的注水井数，口；

θ——一个水淹角的大小，（°）；

ϕ——地层有效孔隙度，frac；

E_{Bt}，E_{AB}——油井见水时和见水后的水淹面积系数，frac；

t_2——油井见水后的开发时间，s；

t_{Bt}——油井见水时间，s；

τ_{D2}——油井见水前无因次时间，dim；

τ_2——油井见水后的无因次时间，dim；

α_P——面积注水系统的生产井距之半，m。

附 录 A

（两相渗流阻力区阻力公式的推导）

单相原油渗流的达西定律可写为：

$$Q_o = \frac{FK_{ro}Kdp}{\mu_o dr} \tag{a-1}$$

式中参数符号的意义及单位同正文所注（下同）。

油水两相渗流的达西定律可写为：

$$Q_L = FK_{ro}K\left[\frac{K_{ro}(S_w)}{\mu_o} + \frac{K_{rw}(S_w)}{\mu_w}\right]\frac{dp}{dr} \tag{a-2}$$

将（a-1）式和（a-2）式改写为如下形式：

$$Q_o = \frac{\mathrm{d}p}{\dfrac{\mu_o \alpha r}{FK_{ro}K}} \tag{a-3}$$

$$Q_L = \frac{\mathrm{d}p}{\dfrac{\mu_o \mathrm{d}r}{FK_{ro}K}\left[\dfrac{1}{K_{ro}(S_w)+K_{rw}(S_w)\mu_R}\right]} \tag{a-4}$$

利用水电相似原理和欧姆定律，由（a-3）式和（a-4）式可分别写出单位渗流长度上的阻力表达式为：

$$R_o = \frac{\mu_o \mathrm{d}r}{FK_{ro}K} \tag{a-5}$$

$$R_L = \frac{\mu_o \mathrm{d}r}{FK_{ro}K}\left[\frac{1}{K_{or}(S_w)+K_{rw}(S_w)\mu_R}\right] \tag{a-6}$$

由（a-6）式除以（a-5）式，可以得到两相渗流阻力区单位长度上的阻力增加系数为：

$$\varepsilon = \frac{R_L}{R_o} = \frac{1}{K_{ro}(S_w)+K_{rw}(S_w)\mu_R} \tag{a-7}$$

两相流动时的含油率可写为：

$$f_o = \frac{K_{ro}(S_w)}{K_{ro}(S_w)+K_{rw}(S_w)\mu_R} \tag{a-8}$$

将（a-7）式代入（a-8）式得：

$$f_a = \varepsilon K_{ra}(S_w) \tag{a-9}$$

根据矿场实际资料和相对渗透率曲线的计算资料表明，含油 f_o 与可流动含油饱和度 Z 之间，可由下面的指数关系式表示：

$$f_a = DZ^n \tag{a-10}$$

由（a-9）式和（a-10）式相等得：

$$\varepsilon = \frac{D}{K_{or}(S_w)}Z^n \tag{a-11}$$

将（a-11）式的等号两端各剩以 μ_R 得：

$$\varepsilon\mu_R = \frac{\mu_R D}{K_{ro}(S_w)}Z^n \tag{a-12}$$

苏联巴里索夫[8]的研究表明，将 $n \simeq 3$ 和 $K_{ra}(S_w) \simeq K_{ro}(\bar{S}_w)$ 时，下式可以很好的近似表示（a-12）式：

287

$$\varepsilon\mu_R = a + bZ + CZ^2 \tag{a-13}$$

将式（a-7）改写为：

$$R_L = R_o\varepsilon \tag{a-14}$$

将（a-5）式代入（a-14）式得：

$$R_L = \frac{\mu_o\varepsilon}{FK_{ro}K}\mathrm{d}r \tag{a-15}$$

已知，$F = 2\pi rh$ 和 $\mu_o = \mu_w\mu_R$ 得：

$$R_L = \frac{\mu_w}{2\pi K_{ro}Kh}\varepsilon\mu_R\frac{\mathrm{d}r}{r} \tag{a-16}$$

将（a-13）式代入（a-16）式得：

$$R_L = \frac{\mu_w}{2\pi K_{ro}Kh}(a + bZ + cZ^2)\frac{\mathrm{d}r}{r} \tag{a-17}$$

由文献［8］可写出如下关系式：

$$Z = Z_t\sqrt{\frac{r}{r_t}} \tag{a-18}$$

将（a-18）式代入（a-17）式进行积分得：

$$\Omega = \frac{\mu_w}{2\pi K_{ro}Kh}\int_{r_{wf}}^{r_f}(a + bZ_t\sqrt{\frac{r}{r_f}} + cZ_f^2\frac{r}{r_f})\frac{\mathrm{d}r}{r}$$

$$= \frac{\mu_w}{2\pi K_{ro}Kh}(a\ln\frac{r_f}{r_{wi}} + 2bz_f + cZ_f^2) \tag{a-19}$$

若设 $A = a$，$B = 2b$ 和 $C = c$，则得：

$$\Omega = \frac{\mu_w}{2\pi K_{ro}Kh}(A\ln\frac{r_+}{r_{wi}} + BZ_f + CZ_f^2) \tag{a-20}$$

根据油水面相的相对渗透率曲线资料，$a = A = K_{ro}（S_{wi}）/K_{rw}（S_{or}）$，$\varepsilon$ 值由式（a-7）计算，（a-13）式中的 b 和 c 值，由下面的线性关系求得：

$$\frac{\varepsilon\mu_R - a}{Z} = b + cZ \tag{a-21}$$

在利用（a-21）式求得时，注意直线段的合理位置［图 14（a）］：

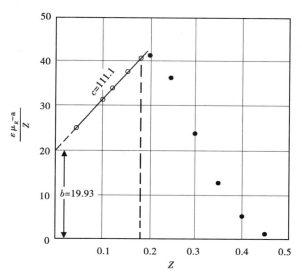

图 14（a）　求 b 和 c 值的关系图

附　录　B

（内部渗流阻力区阻力公式的推导）

以七点系统为例，每个"单元"由中央一口注水井和周围的六口生产井所组成；七点系统的"比单元"由一口注水井管两口生产井（$m=2$）所组成〔图 14-1（e）〕。根据水电相似原理，七点系统"比单元"的等值渗流阻力电路图，见图 14（b）所示。从"生产坑道"到生产井底的内部渗流阻力区见图（图 14-3），应当考虑到生产井之间的干扰影响。

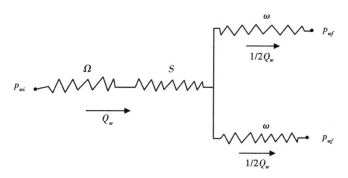

图 14（b）　七点系统的渗流阻力电路图

由于七点系统的每口注水井供应两口生产井，因此，当考虑两口生产井的井底流压相等时，可根据欧姆定律的并联电路定则，得到"比单元"的内部渗流阻力表达式为：

$$W = \omega/2 \tag{b-1}$$

利用等值渗流阻力的概念[5]，一口生产井的井底内部渗流阻力可写为：

$$\omega = \frac{\mu_o}{2\pi K_{ro}Kh}\ln\frac{\sigma_P}{\pi r_{wp}} \qquad (\text{b--2})$$

考虑产量等值的原则，将七点系统的等边六边形"生产坑道"转化为圆形坑道，则得：

$$\sigma_p = \pi d/6 \qquad (\text{b--3})$$

将（b-3）式代入（b-2）式得：

$$\omega = \frac{\mu_o}{2\pi K_{ro}Kh}\ln\frac{d}{6r_{wp}} \qquad (\text{b--4})$$

再将（b-4）式代入（b-1）式得：

$$W = \frac{\mu_o}{2\pi K_{ro}Kh}\frac{1}{2}\ln\frac{d}{6r_{wp}} \qquad (\text{b--5})$$

同理，可以得到五点系统和九点系统的表达式为：

五点为：

$$W = \frac{\mu_o}{2\pi K_{ro}Kh}\frac{1}{1}\ln\frac{d}{4r_{wp}} \qquad (\text{b--6})$$

九点为：

$$W = \frac{\mu_o}{2\pi K_{ro}Kh}\frac{1}{3}\ln\frac{d}{8r_{wp}} \qquad (\text{b--7})$$

综合上述可得如下通式：

$$W = \frac{\mu_o}{2\pi K_{ro}Kh}\frac{1}{m}\ln\frac{d}{2(m+1)r_{wp}} \qquad (\text{b--8})$$

参 考 文 献

1. Muskat，M.：Physical Principles of Oil Production，Chapter 12，P. 645. 1949.

2. Deppe，J. C.：Injection Rates——The Effect of Mobility Ration，Areal Sweep and Pattern，Society of petroleum Engineers Journal，（Feb.：1961），81-91.

3. Buckley，S. E. and Leveretl. M. C.：Mechanism of Fluid Displucements is Sands. Trans，（AIME）（1942），146，107-116.

4. Борисов，Ю. П.：Прибдиженные формуды для расчета декоторых Характеристнк продесса пдощадного заводнения до прорыва Воды Вскважины"，Труды，ВНИИ，Вып . 37，1962.

5. Ворисов，Ю. П.：Олредедение Дебпта СКВАЖИН прп Сонместной работе несколвких рядов Скважин，Труды，МНИ，Вып. 11，1951.

6. Craing，F. F. Jr.：The Reservoir Engineering Aopects of Waterflooding，1971.

7. Крыдов，А. П.，Белащ，П. М. И Борисов，Ю. П.：Лрсектпрование разработки нефтяных Месторождений，гдава 15，1962.

8. Ъорисов，Ю. П.：К Гидродинамисечкм расчета Дебитов п Данленлй ири режнмах Вытеснения нефти водой（учет фазовых пронидаемостей），НТС по Добыте нефтн. No. 3，С. 19，1959.

第15章 油气藏工程常用计算公式的单位变换

20 世纪 90 年代初，我国即开始推行法定单位的 SI 制国际单位。20 多年过去了，就推行情况而言，并不尽如人意。究其主要原因在于，人们对 SI 制法定单位的内容知之甚少或不甚理解，甚至并不知道还存在 SI 基础单位（SI Base Units）和 SI 实用单位（SI Practical Units），以及它们之间变换问题。因而，除给人们带来困扰之外，还有不知所措之感。事实上，油气藏工程的所有计算公式，都是以 SI 基础单位条件完成推导的。而在实际应用时，则必须将 SI 基础单位转换为 SI 实用单位后，才能进行有效正确的应用。本章将介绍油气藏工程常用物理量的 SI 基础单位和 SI 实用单位，以及它们之间的变换常数。同时，还将对油气藏工程常用公式的 SI 基础单位表达式加以介绍，并进行单位变换，使之得到以 SI 矿场单位示的诸多公式。

15.1 油气藏工程的 SI 单位制

15.1.1 基础单位和 SI 实用单位

油气藏工程常用物理量的 SI 基础单位和 SI 实用单位同列于表 15-1。

表 15-1 油气藏工程常用物理量的两种单位

物理量	符号	SI 基础单位	SI 实用单位
长度、厚度、深度	L，h，D	m	m
面积	A	m^2	m^2
体积	V	m^3	m^3
时间	t	s	h, d, mon, a
速度	v	m/s	m/d
产量	q	m^3/s	m^3/d
力	F	N	mN
压力	p	Pa	MPa
密度	ρ	kg/m^3	g/cm^3（t/m^3）
黏度	μ	Pa·s	mPa·s
温度	T	K	K
渗透率	K	m^2	mD（$10^{-3}\mu m^2$）
界面张力	σ	N/m	mN/m
物质的量	n	kmol	Mmol
摩尔质量	M	kg/kmol	Mg/Mmol

15.1.2　SI 基础单位变换为 SI 实用单位的常数

对于油气藏工程常用的计算公式，当由 SI 基础单位变为 SI 实用单位时，相关物理量需乘的变换常数列于表 15-2。

表 15-2　单位变换需乘常数列表

物理量	符号	SI 基础单位	SI 实用单位	变换常数
日产油量	q_o	m^3/s	m^3/d	$1/86400$
日产气量	q_g	m^3/s	$10^4 m^3/d$	$10^4/86400$
压力	p	Pa	MPa	10^6
压力平方	p^2	Pa^2	MPa^2	10^{12}
拟压力	$\psi(p)$	$Pa/(Pa \cdot s)$	$MPa^2/(mPa \cdot s)$	$10^{12}/10^{-3}$
黏度	μ	$Pa \cdot s$	$mPa \cdot s$	10^{-3}
密度	ρ	kg/m^3	g/cm^3	10^3
渗透率	K	m^3	mD	10^{-15}
界面张力	σ	N/m	mN/m	10^{-3}
气体常数	R	$Pa \cdot m^3/(kmol \cdot K)$	$MPa \cdot m^3/(Mmol \cdot K)$	10^3
压缩系数	C	Pa^{-1}	MPa^{-1}	10^{-6}
时间	t	s	d, h	86400, 3600

15.2　油藏工程常用计算公式的单位变换

15.2.1　垂直井产油量

垂直井产油量常用公式：

$$q_o = \frac{2\pi Kh(p_R - p_{wf})}{\mu_o B_o(\ln \frac{r_e}{r_w} + S_t)} \qquad （基础单位）$$

变换：

$$q_o\left(\frac{1}{86400}\right) = \frac{2\pi K(10^{-15})h(p_R - p_{wf})(10^6)}{\mu_o(10^{-3})B_o(\ln \frac{r_e}{r_w} + S_t)}$$

得：

$$q_o = \frac{0.543Kh(p_R - p_{wf})}{\mu_o B_o(\ln \frac{r_e}{r_w} + S_t)} \qquad （实用单位）$$

15.2.2　水平井产量

（1）陈氏公式[1]：

$$q_{oh} = \frac{2\pi K_h h(p_R - p_{wf})}{\mu_o B_o \left\{ \ln\left[\sqrt{\left(\frac{4a}{L} - 1\right)^2 - 1} \right] + \frac{h}{L}\ln\left(\frac{h}{2r_w}\right) \right\}}$$ （实用单位）

$$a = (L/4) + \sqrt{(L/4)^2 + A/\pi}$$

变换：

$$q_{oh}\left(\frac{1}{86400}\right) = \frac{2\pi K_h(10^{-15})h(p_R - p_{wf})(10^6)}{\mu_o(10^{-3})B_o \left\{ \ln\left[\sqrt{\left(\frac{4a}{L}\right)^2 - 1} \right] + \frac{h}{L}\ln\left(\frac{h}{2r_w}\right) \right\}}$$

得：

$$q_{oh} = \frac{0.543 K_h h(p_R - p_{wf})}{\mu_o B_o \left\{ \ln\left[\sqrt{\left(\frac{4a}{L} - 1\right)^2 - 1} \right] + \frac{h}{L}\ln\left(\frac{h}{2r_w}\right) \right\}}$$ （实用单位）

（2）Joshi 公式[2]：

$$q_{oh} = \frac{2\pi K_h h(p_R - p_{wf})}{\mu_o B_o \left\{ \ln\left[\frac{a + \sqrt{a^2 - (L/2)^2}}{L/2} \right] + \frac{h}{L}\ln\left(\frac{h}{2r_w}\right) \right\}}$$ （实用单位）

$$a = (L/2)\left[0.5 + \sqrt{0.25 + (2r_{eh}/L)^4} \right]^{0.5}$$

$$r_{eh} = \sqrt{A/\pi}$$

变换：

$$q_{oh}\left(\frac{1}{86400}\right) = \frac{2\pi K_h(10^{-15})h(p_R - p_{wf})(10^6)}{\mu_o(10^{-3})B_o \left\{ \ln\left[\frac{a + \sqrt{a^2 - (L/2)^2}}{L/2} \right] + \frac{h}{L}\ln\left(\frac{h}{2r_w}\right) \right\}}$$

得：

$$q_{oh} = \frac{0.543 K_h h(p_R - p_{wf})}{\mu_o B_o \left\{ \ln\left[\frac{a + \sqrt{a^2 - (L/2)^2}}{L/2} \right] + \frac{h}{L}\ln\left(\frac{h}{2r_w}\right) \right\}}$$ （实用单位）

15.2.3　半球形流产量[3]

半球形流产量常用公式：

$$q_o = \frac{2\pi K(p_R - p_{wf})}{\mu_o B_o \left(\frac{1}{r_w} - \frac{1}{r_e} \right)}$$ （基础单位）

变换：

$$q_o\left(\frac{1}{86400}\right) = \frac{2\pi K(10^{-15})(p_R - p_{wf})(10^6)}{\mu_o(10^{-3})B_o\left(\frac{1}{r_w} - \frac{1}{r_e}\right)}$$

得：

$$q_o = \frac{0.543K(p_R - p_{wf})}{\mu_o B_o\left(\frac{1}{r_w} - \frac{1}{r_e}\right)} \qquad （实用单位）$$

15.2.4 底水锥进临界产量（垂直井）[4]

底水锥进临界产量（垂直井）常用公式：

$$q_{oc} = \frac{\pi K(p_w - p_o)g(h^2 - b^2)}{\mu_o B_o \ln\frac{r_e}{r_e}} \qquad （基础单位）$$

变换：

$$q_{oc}\left(\frac{1}{86400}\right) = \frac{\pi K(10^{-15})(\rho_w - \rho_o)(10^3)(9.806)(h^2 - b^2)}{\mu_o(10^{-3})B_o\ln\frac{r_e}{r_w}}$$

得：

$$q_{oc} = \frac{2.66 \times 10^{-3}K(\rho_w - \rho_o)(h^2 - b^2)}{\mu_o B_o\ln\frac{r_e}{r_w}} \qquad （实用单位）$$

15.2.5 油井二项式[5]

油井二项式常用公式：

$$p_R - p_{wf} = \frac{q_o B_o \mu_o}{2\pi K h}\left(\ln\frac{r_e}{r_w} + S\right) + \frac{\beta\rho_o q_o^2 B_o^2}{4\pi^2 h^2}\left(\frac{1}{r_w} - \frac{1}{r_e}\right) \qquad （基础单位）$$

变换：

$$(p_R - p_{wf})(10^6) = \frac{q_o\left(\frac{1}{86400}\right)B_o\mu_o(10^{-3})}{2\pi K(10^{-15})h}\left(\ln\frac{r_e}{r_w} + S\right) + \frac{\beta\rho_o(10^3)q_o^2(1/86400)^2 B_o^2}{4\pi^2 h^2}\left(\frac{1}{r_w} - \frac{1}{r_e}\right)$$

得：

$$p_R - p_{wf} = \frac{1.842B_o\mu_o}{Kh}\left(\ln\frac{r_e}{r_w} + S\right)q_o + \frac{3.393 \times 10^{-15}\beta\rho_o B_o^2}{h^2}\left(\frac{1}{r_w} - \frac{1}{r_e}\right)q_o^2$$

（实用单位）

15.2.6 压裂井[6]

（1）地层线性流动：

$$p_{ws} - p_{wfo} = \frac{q_o B_o}{2\sqrt{\pi}hX_f}\left(\frac{\mu_o}{\phi C_{to}K}\right)^{1/2}\Delta t^{1/2} \qquad （基础单位）$$

变换：

$$(p_{ws} - p_{wfo})(10^6) = \frac{q_o(1/86400)B_o}{2\sqrt{\pi}hX_f} \times \left[\frac{\mu_o(10^{-3})}{\phi C_{to}(10^{-6})K(10^{-15})}\right]^{1/2} \left[\Delta t(3600)\right]^{1/2}$$

得：

$$p_{ws} - p_{wfo} = \frac{0.196q_oB_o}{hX_f}\left(\frac{\mu_o}{\phi C_{to}K}\right)^{1/2} \Delta t^{1/2} \qquad （实用单位）$$

（2）双线性流动：

$$p_{ws} - p_{wfo} = \frac{2.45q_oB_o\mu_o\Delta t^{1/4}}{2\pi h(K_fW)^{1/2}(\phi\mu_oC_{to}K)^{1/4}} \qquad （基础单位）$$

变换：

$$p_{ws} - p_{wfo}(10^6) = \frac{2.45q_o(1/86400)B_o\mu_o(10^{-3})\Delta t^{1/4}(3600)^{1/4}}{2\pi h[K_f(10^{-15})W]^{1/2}[\phi\mu_o(10^{-3})C_{to}(10^{-6})K(10^{-15})]^{1/4}}$$

得：

$$p_{ws} - p_{wfo} = \frac{1.106q_oB_o\mu_o\Delta t^{1/4}}{h(K_fW)^{1/2}(\phi\mu_oC_{10}K)^{1/4}} \qquad （实用单位）$$

15.2.7　压降曲线

（1）非稳定阶段：

$$p_{wf} = p_i - \frac{q_oB_o\mu_o}{4\pi Kh}\left(\ln\frac{4Kt}{1.78\phi\mu_oC_{to}r_w^2} + 2S\right) \qquad （基础单位）$$

变换：

$$p_{wf}(10^6) = p_i(10^6) - \frac{q_o\left(\dfrac{1}{86400}\right)B_o\mu_o(10^{-4})}{4\pi K(10^{-15})h}$$

$$\times \left[2.393\log\frac{4K(10^{-15})t(3600)}{1.78\phi\mu_o(10^{-3})C_{to}(10^{-6})r_w^2} + 2S\right]$$

得：

$$p_{wf} = p_i - \frac{2.12q_oB_o\mu_o}{Kh}\left(\log\frac{Kt}{123.6\phi\mu_oC_{to}r_w^2} + 0.87S\right) \qquad （实用单位）$$

$$C_{to} = C_oS_{oi} + C_wS_{wi} + C_f$$

（2）拟稳定阶段（弹性二相法）[7]：

$$p_{wf} = p_i - \frac{q_oB_o\mu_o}{4\pi Kh}\left(\ln\frac{A}{C_Ar_w^2} + 0.80907 + 2S\right) - \frac{q_o}{NC_{to}^*}t \qquad （基础单位）$$

变换：

$$p_{wf}(10^6) = p_i(10^6) - \frac{q_o\left(\frac{1}{86400}\right)B_o\mu_o(10^{-3})}{4\pi K(10^{-15})h} \times \left(2.303\log\frac{A}{C_Ar_w^2} + 0.80907 + 2S\right)$$

$$- \frac{q_o\left(\frac{1}{86400}\right)t(3600)}{NC_{to}^*(10^{-6})}$$

得：

$$p_{wf} = p_i - \frac{2.12q_oB_o\mu_o}{Kh}\left(log\frac{A}{C_Ar_w^2} + 0.351 + 0.87S\right) - \frac{4.167\times10^{-2}q_o}{NC_{to}^*}t$$

（实用单位）

$$C_{to}^* = C_o + \frac{C_wS_{wi} + C_f}{S_{oi}}$$

15.2.8　压力恢复曲线

（1）Horner 法：

$$p_{ws} = p_i - \frac{q_oB_o\mu_o}{4\pi Kh}\ln\frac{t_p + \Delta t}{\Delta t}$$

（基础单位）

变换：

$$p_{ws}(10^6) = p_i(10^6) - \frac{q_o(1/86400)B_o\mu_o(10^{-3})}{4\pi K(10^{-15})h} \times (2.303)\log\frac{t_p + \Delta t}{\Delta t}$$

得：

$$p_{ws} = p_i - \frac{2.12q_oB_o\mu_o}{Kh}\log\frac{t + \Delta t}{\Delta t}$$

（实用单位）

（2）MDH 法：

$$p_{ws} = p_{wfo} + \frac{q_oB_o\mu_o}{4\pi Kh}\left(\log\frac{4K\Delta t}{1.78\phi\mu_o C_{to}r_w^2} + 2S\right)$$

（基础单位）

变换：

$$p_{ws}(10^6) = p_{wfo}(10^6) + \frac{q_o\left(\frac{1}{86400}\right)B_o\mu_o(10^{-3})}{4\pi K(10^{-15})h} \times \left[2.3031\log\frac{4K(10^{-15})\Delta t(3600)}{1.78\phi\mu_o(10^{-3})C_{to}(10^{-6})r_w^2} + 2S\right]$$

得：

$$p_{ws} = p_{wfo} + \frac{2.12q_oB_o\mu_o}{Kh}\left(\log\frac{K\Delta t}{123.6\phi\mu_o C_{to}r_w^2} + 0.87S\right)$$

（实用单位）

15.2.9　探测半径与断层距离

（1）探测半径：

$$r_i = 2\sqrt{\frac{Kt}{\phi\mu_o C_{to}}}$$

（基础单位）

变换：

$$r_i = 2\sqrt{\frac{K(10^{15})\,t(3600)}{\phi\mu_o(10^{-3})\,C_{t0}(19^{-6})}}$$

得：

$$r_i = 0.12\sqrt{\frac{Kt}{\phi\mu_o C_{to}}}$$ （实用单位）

（2）断层距离：

$$L_b = 0.75\sqrt{\frac{Kt_p}{\phi\mu_o C_{to}\left[(t_p + \Delta t)/\Delta t\right]_b}}$$ （基础单位）

变换：

$$L_b = 0.75\sqrt{\frac{K(10^{-15})t_p(3600)}{\phi\mu_o(10^{-3})C_{to}^*(10^{-6})\left[(t_p + \Delta t)/\Delta t\right]_b}}$$

得：

$$L_b = 0.045\sqrt{\frac{Kt_p}{\phi\mu_o C_{to}\left[(t_p + \Delta t)/\Delta t\right]_b}}$$ （矿场单位）

15.2.10 无因次量

（1）无因次压力：

$$p_D = \frac{2\pi Kh\Delta p}{q_o B_o \mu_o}$$ （基础单位）

变换：

$$p_D = \frac{2\pi K(10^{-15})h\Delta p(10^6)}{q_o(1/86400)B_o\mu_o(10^{-3})}$$

得：

$$p_D = \frac{Kh\Delta p}{1.842 q_o B_o \mu_o}$$ （实用单位）

（2）无因次时间：

$$t_D = \frac{K\Delta t}{\phi\mu_o C_{to} r_w^2}$$ （基础单位）

变换：

$$t_D = \frac{K(10^{-15})\Delta t(3600)}{\phi\mu_o(10^{-3})C_{to}(10^{-6})r_w^2}$$

得：

$$t_D = \frac{3.6 \times 10^{-3} K\Delta t}{\phi\mu_o C_{to} r_w^2}$$ （实用单位）

（3）无因次井筒储集常数：

$$C_D = \frac{C}{2\pi\phi h C_{to} r_w^2}$$ （基础单位）

变换：

$$C_D = \frac{C(10^{-6})}{2\pi\phi h C_{to}(10^{-6})r_w^2}$$

得：

$$C_D = \frac{0.1592C}{\phi h C_{to}r_w^2} \qquad \text{（实用单位）}$$

$$t_D/C_D = 2.261 \times 10^{-2} \frac{Kh}{\mu_o}\frac{\Delta t}{C} \qquad \text{（实用单位）}$$

15.2.11 毛细管压力与浮压力

（1）毛细管压力（Eapillary Pressure）：

$$p_c = \frac{2\sigma\cos\theta}{r_c} \qquad \text{（基础单位）}$$

变换：

$$p_c(10^6) = \frac{2\sigma(10^{-3})\cos\theta}{r_e(10^{-6})}$$

得：

$$p_c = \frac{2 \times 10^{-3}\sigma\cos\theta}{r_e} \qquad \text{（实用单位）}$$

（2）浮压力（Buoyancy Pressure）：

$$p_b = H(\rho_w - \rho_o)g \qquad \text{（基础单位）}$$

变换：

$$p_b(10^6) = H(\rho_w - \rho_o)(10^3) \times 9.806$$

得：

$$p_b = 0.009806H(\rho_w - \rho_o) = 0.01H(\rho_w - \rho_o) \qquad \text{（实用单位）}$$

15.2.12 $J(S_w)$ 函数

$$J(S_w) = \frac{p_c}{\sigma\cos\theta}\sqrt{\frac{K}{\phi}} \qquad \text{（基础单位）}$$

变换：

$$J(S_w) = \frac{p_e(10^6)}{\sigma(10^{-3})\cos\theta}\sqrt{\frac{K(10^{-15})}{\phi}}$$

得：

$$J(S_w) = \frac{31.62p_c}{\sigma\cos\theta}\sqrt{\frac{K}{\phi}} \qquad \text{（实用单位）}$$

已知汞与空气的界面张力 $\sigma = 480\text{mN/m}$ 和汞的润湿角 $\theta = 140°$，那么得：

$$J(S_w) = 0.086p_c^{Hg}\sqrt{K/\phi} \qquad \text{（实用单位）}$$

15.3　气藏工程常用计算公式的单位变换

15.3.1　指数式[8]

（1）压力平方法（有限边界达西层流考虑非完善井影响）：

$$q_g = \frac{\pi K h_{sc}(p_R^2 - p_{wf}^2)}{\bar{\mu}_g \bar{Z} T p_{sc}\left(\ln \dfrac{r_e}{r_w} - \dfrac{3}{4} + S_t\right)} \qquad \text{（基础单位）}$$

变换：

$$q_g\left(\frac{10^4}{86400}\right) = \frac{\pi K(10^{-15}) h T_{sc}(p_R^2 - p_{wf}^2)(10^{12})}{\bar{\mu}_g(10^{-3}) \bar{Z} T p_{sc}(10^6)\left(\ln \dfrac{r_e}{r_w} - \dfrac{3}{4} + S_t\right)}$$

得：

$$q_g = \frac{2.714 \times 10^{-5} K h T_{sc}(p_R^2 - p_{wf}^2)}{\bar{\mu}_g \bar{Z} T p_{sc}\left(\ln \dfrac{r_e}{r_w} - \dfrac{3}{4} + S_t\right)} \qquad \text{（实用单位）}$$

设：

$$C' = \frac{2.714 \times 10^{-5} K h T_{sc}}{\bar{\mu}_g \bar{Z} T p_{sc}\left(\ln \dfrac{r_e}{r_w} - \dfrac{3}{4} + S_t\right)} \qquad \text{（实用单位）}$$

得：

$$q_g = C'(p_R^2 - p_{wf}^2) \qquad \text{（实用单位）}$$

对于气井，由于存在湍流的影响，因此，q_g 与 $(p_R^2 - p_{wf}^2)$ 之间并不存在直线关系。为此，Rawlins 和 Schellhardt 提出如下修正式：

$$q_g = C'(p_R^2 - p_{wf}^2)^n \qquad \text{（实用单位）}$$

（2）拟压力法（考虑湍流影响的非完善井）：

$$q_g = C'[\psi(p_R) - \psi(p_{wf})]^n \qquad \text{（实用单位）}$$

其中：

$$\psi(p_R) - \psi(p_{wf}) = 2\int_{p_{wf}}^{p_R} \frac{p}{\mu_g Z} dp \qquad \text{（实用单位）}$$

15.3.2　二项式[8]

（1）压力平方法（有限边界达西流动考虑湍流和非完善井影响）：

$$p_R^2 - p_{wf}^2 = \frac{\bar{\mu}_g \bar{Z} T p_{sc} q_g}{\pi K h T_{sc}}\left(\log \frac{r_e}{r_w} - \frac{3}{4} + S_c\right) + \frac{28.97 \beta \gamma_g \bar{Z} T p_{sc}^2 q_g^2}{2\pi^2 h^2 T_{sc}^2 R}\left(\frac{1}{r_w} - \frac{1}{r_e}\right) \qquad \text{（基础单位）}$$

变换：

$$(p_R^2 - p_{wf}^2)(10^{12}) = \frac{\overline{\mu}_g(10^{-3})\overline{Z}Tp_{sc}(10^6)q_g(10^4/86400)}{\pi K(10^{-15})hT_{sc}} \times \left(\ln\frac{r_e}{r_w} - \frac{3}{4} + S_e\right)$$

$$+ \frac{28.97\beta r_g\overline{Z}Tp_{sc}^2(10^{12})}{2\pi^2h^2T_{sc}^2R(10^3)} \times q_g^2(10^4/86400)^2 \times \left(\frac{1}{r_w} - \frac{1}{r_e}\right)$$

得：

$$p_R^2 - p_{wf}^2 = \frac{3.684\times10^4\overline{\mu}_g\overline{Z}Tp_{sc}}{KhT_{sc}}\left(\log\frac{r_e}{r_w} - \frac{3}{4} + S_c\right)q_g$$

$$+ \frac{1.966\times10^{-8}\beta\gamma_g\overline{Z}Tp_{sc}^2}{h^2T_{sc}^2R}\left(\frac{1}{r_w} - \frac{1}{r_e}\right)q_g^2 \qquad \text{（实用单位）}$$

当取 $p_{sc} = 0.101\text{MPa}$、$T_{sc} = 293\text{K}$、$R = 0.008314\text{MPa}\cdot\text{m}^3/(\text{kmol}\cdot\text{K})$ 时，得：

$$p_R^2 - p_{wf}^2 = \frac{12.7\overline{\mu}_g\overline{Z}T}{Kh}\left(\log\frac{r_e}{r_w} - \frac{3}{4} + S_e\right)q_g + \frac{2.81\times10^{-13}\beta\gamma_g\overline{Z}T}{h^2}\left(\frac{1}{r_w} - \frac{1}{r_w}\right)q_g^2$$

（实用单位）

（2）拟压力法（有限边界达西流动考虑湍流和非完善井影响）：

$$\psi(p_R) - \psi(p_{wf}) = \frac{Tp_{sc}q_g}{\pi KhT_{sc}}\left(\ln\frac{r_e}{r_w} - \frac{3}{4} + S_c\right) + \frac{28.97\beta\gamma_gTp_{sc}^2q_g^2}{2\pi^2h^2T_{sc}^2\overline{\mu}_gR}\left(\frac{1}{r_w} - \frac{1}{r_e}\right)$$

（基础单位）

变换：

$$[\psi(p_R) - \psi(p_{wf})]\left(\frac{10^{12}}{10^{-3}}\right) = \frac{Tp_{sc}(10^6)q_g(10^4/86400)}{\pi K(10^{-15})hT_{sc}}\left(\log\frac{r_e}{r_w} - \frac{3}{4} + S_c\right)$$

$$+ \frac{28.97\beta\gamma_gTp_{sc}^2(10^{12})q_g^2(10^4/864000)^2}{2\pi^2h^2T_{sc}^2\overline{\mu}_g(10^{-3})R(10^6)}\left(\frac{1}{r_w} - \frac{1}{r_e}\right)$$

得：

$$\psi(p_R) - \psi(p_{wf}) = \frac{3.684\times10^4Tp_{sc}}{KhT_{sc}} \times \left(\log\frac{r_e}{r_w} - \frac{3}{4} + S_c\right)q_g$$

$$+ \frac{1.966\times10^{-5}\beta\gamma_gTp_{sc}^2}{h^2T_{sc}^2\mu_gR} \times \left(\frac{1}{r_w} - \frac{1}{r_e}\right)q_g^2 \qquad \text{（实用单位）}$$

当取 $p_{sc} = 0.101\text{MPa}$，$T_{sc} = 293\text{K}$，$R = 8.29\text{MPa}\cdot\text{m}^3/(\text{Mmol}\cdot\text{M})$ 时，得：

$$\psi(p_R) - \psi(p_{wf}) = \frac{12.7T}{Kh}\left(\ln\frac{r_e}{r_w} - \frac{3}{4} + S_c\right)q_g + \frac{2.81\times10^{-13}\beta\gamma_gT}{h^2\overline{\mu}_g}\left(\frac{1}{r_w} - \frac{1}{r_e}\right)q_g^2$$

（实用单位）

15.3.3　水平井[1]

（1）压力平方法：

$$q_{gh} = -\frac{\pi K_h h T_{sc}(p_R^2 - p_{wf}^2)}{\overline{\mu}_g \overline{Z} T p_{sc}\left\{\ln\left[\sqrt{\left(\dfrac{4a}{L} - 1\right)^2 - 1}\right] + \dfrac{h}{L}\ln\left(\dfrac{h}{2r_w}\right)\right\}}$$ （基础单位）

$$a = (L/4) + \sqrt{(L/4)^2 + A/\pi}$$

变换：

$$q_{gh}\left(\frac{10^4}{86400}\right) = \frac{\pi K_h(10^{-15})h T_{sc}(p_R^2 - p_{wf}^2)(10^{12})}{\overline{\mu}_g(10^{-3})\overline{Z} T p_{sc}(10^6)\left\{\ln\left[\sqrt{\left(\dfrac{4a}{L} - 1\right)^2 - 1}\right] + \dfrac{h}{L}\ln\left(\dfrac{h}{2r_w}\right)\right\}}$$

得：

$$q_{gh} = \frac{2.714 \times 10^{-5} K_h h T_{sc}(p_R^2 - p_{wf}^2)}{\overline{\mu}_g \overline{Z} T p_{sc}\left\{\ln\left[\sqrt{\left(\dfrac{4a}{L} - 1\right)^2 - 1}\right] + \dfrac{h}{L}\ln\left(\dfrac{h}{2r_w}\right)\right\}}$$ （实用单位）

当取 $p_{sc} = 0.101\text{MPa}$、$T_{sc} = 293\text{K}$ 时得：

$$q_{gh} = \frac{0.0787 K_h h(p_R^2 - p_{wf}^2)}{\overline{\mu}_g \overline{Z} T\left\{\ln\left[\sqrt{\left(\dfrac{4a}{L} - 1\right)^2 - 1}\right] + \dfrac{h}{L}\ln\left(\dfrac{h}{2r_w}\right)\right\}}$$ （矿场单位）

（2）拟压力法：

$$q_{gh} = \frac{\pi K_h h T_{sc}[\psi(p_R) - \psi(p_{wf})]}{T p_{sc}\left\{\ln\left[\sqrt{\left(\dfrac{4a}{L} - 1\right)^2 - 1}\right] + \dfrac{h}{L}\ln\left(\dfrac{h}{2r_w}\right)\right\}}$$ （基础单位）

变换：

$$q_{gh} = \left(\frac{10^4}{86400}\right)\frac{\pi K_h(10^{-15})h T_{sc}[\psi(p_{wf}) - \psi(p_{wf})]\left(\dfrac{10^{12}}{10^{-13}}\right)}{T p_{sc}(10^6)\left\{\ln\left[\sqrt{\left(\dfrac{4a}{L} - 1\right)^2 - 1}\right] + \dfrac{h}{L}\ln\left(\dfrac{h}{2r_w}\right)\right\}}$$

得：

$$q_{gh} = \frac{2.714 \times 10^{-5} K_h h T_{sc}[\psi(p_R) - \psi(p_{wf})]}{T p_{sc}\left\{\ln\left[\sqrt{\left(\dfrac{4a}{L} - 1\right)^2 - 1}\right] + \dfrac{h}{L}\ln\left(\dfrac{h}{2r_w}\right)\right\}}$$ （实用单位）

当取 $p_{sc} = 0.101\text{MPa}$、$T_{sc} = 293\text{K}$ 时得：

$$q_{gh} = \frac{0.0787 K_h h[\psi(p_R) - \psi(p_{wf})]}{T\left\{\ln\left[\sqrt{\left(\dfrac{4a}{L} - 1\right)^2 - 1}\right] + \dfrac{h}{L}\ln\left(\dfrac{h}{2r_w}\right)\right\}}$$ （实用单位）

15.3.4 半球形流[9]

（1）压力平方法：

$$q_g = \frac{\pi K T_{sc}(p_R^2 - p_{wf}^2)}{\bar{\mu}_g \bar{Z} T p_{sc}\left(\dfrac{1}{r_w} - \dfrac{1}{r_e}\right)}$$ （基础单位）

变换：

$$q_g\left(\frac{10^4}{86400}\right) = \frac{\pi K(10^{-15}) T_{sc}(p_R^2 - p_{wf}^2)(10^{12})}{\bar{\mu}_g(10^{-3}) \bar{Z} T p_{sc}(10^6)\left(\dfrac{1}{r_w} - \dfrac{1}{r_e}\right)}$$

得：

$$q_g = \frac{2.714 \times 10^{-5} K T_{sc}(p_R^2 - p_{wf}^2)}{\bar{\mu}_g \bar{Z} T p_{sc}\left(\dfrac{1}{r_w} - \dfrac{1}{r_e}\right)}$$ （实用单位）

当取 $p_{sc} = 0.101\text{MPa}$、$T_{sc} = 293\text{K}$ 时得：

$$q_g = \frac{0.0787 K(p_R^2 - p_{wf}^2)}{\bar{\mu}_g \bar{Z} T\left(\dfrac{1}{r_w} - \dfrac{1}{r_e}\right)}$$ （实用单位）

（2）拟压力法：

$$q_g = \frac{\pi K T_{sc}[\psi(p_R) - \psi(p_{wf})]}{T p_{sc}\left(\dfrac{1}{r_w} - \dfrac{1}{r_e}\right)}$$ （基础单位）

变换：

$$q_g\left(\frac{10^4}{86400}\right) = \frac{\pi K(10^{-15}) T_{sc}[\psi(p_R) - \psi(p_{wf})](10^{12}/10^{-3})}{T p_{sc}(10^6)\left(\dfrac{1}{r_w} - \dfrac{1}{r_e}\right)}$$

得：

$$q_g = \frac{2.714 \times 10^{-5} K T_{sc}[\psi(p_R) - \psi(p_{wf})]}{T p_{sc}\left(\dfrac{1}{r_w} - \dfrac{1}{r_e}\right)}$$ （实用单位）

当取 $p_{sc} = 0.101\text{MPa}$、$T_{sc} = 293\text{K}$ 时得：

$$q_g = \frac{0.0787 K[\psi(p_R) - \psi(p_{wf})]}{T\left(\dfrac{1}{r_w} - \dfrac{1}{r_e}\right)}$$ （实用单位）

15.3.5 底水锥进气井的临界产量[4]

底水锥进气井临界产量常用公式：

$$q_{gc} = \frac{\pi K T_{sc}(\rho_w - \rho_g)g(h^2 - b^2)}{\bar{\mu}_g \bar{Z} T p_{sc} \ln \dfrac{r_e}{r_w}} \qquad \text{（基础单位）}$$

变换：

$$q_{gc}\left(\frac{10^4}{86400}\right) = \frac{\pi K(10^{-15}) T_{sc}(\rho_w - \rho_g)(10^3)(9.806)(h^2 - b^2)}{\bar{\mu}_g(10^{-3})\bar{Z} T p_{sc}(10^5) \ln \dfrac{r_e}{r_w}}$$

得：

$$q_{gc} = \frac{2.66 \times 10^{-13} K T_{sc}(\rho_w - \rho_g)(h^2 - b^2)}{\bar{\mu}_g \bar{Z} T p_{sc} \ln \dfrac{r_e}{r_w}} \qquad \text{（实用单位）}$$

当取 $p_{sc} = 0.101\text{MPa}$、$T_{sc} = 293\text{K}$ 时得：

$$q_{gc} = \frac{7.64 \times 10^{-9} K(\rho_w - \rho_g)(h^2 - b^2)}{\bar{\mu}_g \bar{Z} T \ln \dfrac{r_e}{r_w}} \qquad \text{（实用单位）}$$

15.3.6　压降曲线（拟稳态弹性二相阶段）

（1）压力平方法[10,11]

$$p_{wf}^2 = p_i^2 - \frac{q_g \mu_{gi} Z_i T p_{sc}}{2\pi K h T_{sc}}\left(\ln \frac{A}{C_A r_w^2} + 0.80907 + 2S_t\right) - \frac{2q_g p_i t}{G C_{tg}^*} \qquad \text{（基础单位）}$$

变换：

$$p_{wf}^2(10^{12}) = p_i^2(10^{12}) - \frac{q_g(10^4/86400)\mu_{gi}(10^{-3})Z_i T p_{sc}(10^6)}{2\pi K(10^{-15})h T_{sc}}$$

$$\times \left(2.303\log \frac{A}{C_A r_w^2} + 0.80907 + 2S_t\right)$$

$$- \frac{2q_g(10^4/86400)p_i(10^6)t(3600)}{G(10^4)G_{tg}^*(10^{-6})}$$

得：

$$p_{wf}^2 = p_i^2 - \frac{4.24 \times 10^4 q_g \mu_{gi} Z_i T p_{sc}}{K h T_{sc}} \times \left(\log \frac{A}{C_A r_w^2} + 0.351 + 0.87 S_t\right)$$

$$- \frac{8.33 \times 10^{-2} q_g p_i t}{G C_{tg}^*} \qquad \text{（实用单位）}$$

（2）拟压力法[10,11]：

$$\psi(p_{wf}) = \psi(p_i) - \frac{q_g T p_{sc}}{2\pi K h T_{sc}}\left(\ln \frac{A}{C_A r_w^2} + 0.80907 + 2S_t\right) - \frac{2q_g p_i t}{G C_{tg}^* \mu_{gi} Z_i} \qquad \text{（基础单位）}$$

变换：

$$\psi(p_{wf})(10^{12}/10^{-3}) = \psi(p_i)(10^{12}/10^{-3}) - \frac{q_g(10^4/86400)Tp_{sc}(10^6)}{2\pi K(10^{-15})hT_{sc}}$$

$$\times \left(2.303\log\frac{A}{C_Ar_w^2} + 0.80907 + 2S_t\right)$$

$$- \frac{2q_g(10^4/86400)p_i(10^6)t(3600)}{G(10^4)C_{tg}^*(10^{-6})\mu_{gi}(10^{-3})Z_i}$$

得：

$$\psi(p_{wf}) = \psi(p_i) - \frac{4.24\times10^4q_gTp_{sc}}{KhT_{sc}} \times \left(\log\frac{A}{C_Ar_w^2} + 0.351 + 0.87S_t\right) - \frac{8.33\times10^{-2}q_gp_it}{GC_{tg}^*\mu_{gi}Z_i}$$

（实用单位）

$$C_{tg}^* = C_{gi} + \frac{C_wS_{wi} + C_f}{S_{gi}} \approx C_{gi} \approx \frac{1}{p_i}$$

15.3.7 压力恢复曲线

（1）压力平方的 Horner 法：

$$p_{ws}^2 = p_i^2 - \frac{q_g\mu_{gi}Z_iTp_{sc}}{2\pi KhT_{sc}}\ln\frac{t_p + \Delta t}{\Delta t}$$

（基础单位）

变换：

$$p_{ws}^2(10^{12}) = p_i^2(10^{12}) - \frac{q_g(10^4/86400)\mu_{gi}(10^{-3})Z_iT}{2\pi K(10^{-15})hT_{sc}} \times p_{sc}(10^6) \times (2.303)\log\frac{t_p + \Delta t}{\Delta t}$$

得：

$$p_{ws}^2 = p_i^2 - \frac{4.24\times10^4q_g\mu_{gi}Z_iTp_{sc}}{KhT_{sc}}\log\frac{t_p + \Delta t}{\Delta t}$$

（实用单位）

当取 $p_{sc} = 0.101\text{MPa}$、$T_{sc} = 293\text{K}$ 时得：

$$p_{ws}^2 = p_i^2 - \frac{14.62q_g\mu_{gi}Z_iT}{Kh}\log\frac{t_p + \Delta t}{\Delta t}$$

（实用单位）

（2）拟压力的 Horner 法：

$$\psi(p_{ws}) = \psi(p_i) - \frac{q_gTp_{sc}}{2\pi KhT_{sc}}\ln\frac{t_p + \Delta t}{\Delta t}$$

（基础单位）

变换：

$$\psi(p_{ws})\left(\frac{10^{12}}{10^{-3}}\right) = \psi(p_i)\left(\frac{10^{12}}{10^{-3}}\right) - \frac{q_g(10^4/86400)Tp_{sc}(10^6)}{2\pi K(10^{-15})hT_{sc}}(2.303)\log\frac{t_p + \Delta t}{\Delta t}$$

得：

$$\psi(p_{ws}) = \psi(p_i) - \frac{4.24\times10^4q_gTp_{sc}}{KhT_{sc}}\log\frac{t_p + \Delta t}{\Delta t}$$

（实用单位）

当取 $p_{sc} = 0.101\text{MPa}$、$T_{sc} = 293\text{K}$ 时得：

$$\psi(p_{ws}) = \psi(p_i) - \frac{14.62q_g T}{Kh}\log\frac{t_p + \Delta t}{\Delta t} \qquad （实用单位）$$

15.3.8　无因次量

（1）压力平方法的无因次压力：

$$p_D = \frac{\pi KhT_{sc}(p_R^2 - p_{wf}^2)}{\mu_{gi} Z_i T p_{sc} q_g} \qquad （基础单位）$$

变换：

$$p_D = \frac{\pi K(10^{-15})hT_{sc}(p_R^2 - p_{wf}^2)(10^{12})}{\mu_{gi}(10^{-3})Z_i T p_{sc}(10^6)q_g(10^4/86400)}$$

得：

$$p_D = \frac{KhT_{sc}(p_R^2 - p_{wf}^2)}{3.684 \times 10^4 \mu_{gi} Z_i T p_{sc} q_g} \qquad （实用单位）$$

当取 $p_{sc} = 0.101\text{MPa}$、$T_{sc} = 293\text{K}$ 时得：

$$p_D = \frac{Kh(p_R^2 - p_{wf}^2)}{12.7\mu_{gi} Z_i T q_g} \qquad （实用单位）$$

（2）拟压力法的无因次压力：

$$p_D = \frac{\pi KhT_{sc}[\psi(p_R) - \psi(p_{wf})]}{T p_{sc} q_g} \qquad （基础单位）$$

变换：

$$p_D = \frac{\pi K(10^{-15})hT_{sc}[\psi(p_R) - \psi(p_{wf})](10^{-12}/10^{-3})}{T p_{sc}(10^6)q_g(10^4/86400)}$$

得：

$$p_D = \frac{KhT_{sc}[\psi(p_R) - \psi(p_{wf})]}{3.684 \times 10^4 T p_{sc} q_g} \qquad （实用单位）$$

当取 $p_{sc} = 0.101\text{MPa}$、$T_{sc} = 293\text{K}$ 时为：

$$p_D = \frac{Kh[\psi(p_R) - \psi(p_{wf})]}{12.7T q_g} \qquad （实用单位）$$

15.3.9　垂直管流气井计算方法[12-14]

垂直管流气井计算公式如下：

$$p_{wf}^2 = p_{tf}^2 e^s + \frac{16f(\overline{Z}\,\overline{T}p_{sc}q_g)^2}{2\pi^2 g T_{sc}^2 D^5}(e^s - 1) \qquad （基础单位）$$

$$S = \frac{57.94g\gamma_g L}{\overline{Z}\,\overline{T}R} \qquad \text{（基础单位）}$$

变换：

$$p_{wf}^2(10^{12}) = p_{tf}^2(10^{12})e^S + \frac{16f[\overline{Z}\,\overline{T}p_{sc}(10^6)q_g(10^4/86400)]^2}{2\pi^2(9.806)T_{sc}^2 D^5}(e^{S-1})$$

$$S = \frac{57.94(9.806)\gamma_g L}{\overline{Z}\,\overline{T}R(10^6)}$$

得：

$$p_{wf} = \sqrt{p_{tf}^2 e^S + \frac{1.107\times10^{-3}f(ZTp_{sc}q_g)^2(e^S-1)}{T_{sc}^2 D^5}} \qquad \text{（实用单位）}$$

$$S = \frac{5.682\times10^{-4}\gamma_g L}{\overline{Z}\,\overline{T}R} \qquad \text{（实用单位）}$$

当取 $p_{sc}=0.101\text{MPa}$，$T_{sc}=293\text{K}$，$R=8.29\text{MPa}\cdot\text{m}^3/\text{（Mmol}\cdot\text{K）}$ 时得：

$$p_{wf} = \sqrt{p_{tf}^2 e^S + \frac{1.316\times10^{-10}f(ZTq_g)^2(e^S-1)}{D^5}} \qquad \text{（实用单位）}$$

$$S = \frac{0.06833\gamma_g L}{\overline{Z}\,\overline{T}} \qquad \text{（实用单位）}$$

$$q_g = 87171\sqrt{\frac{D^5(p_{wf}^2 - p_{tf}^2 e^S)}{(\overline{Z}\,\overline{T})^2(e^S-1)}} \qquad \text{（实用单位）}$$

当采气管的直径 D 的单位改为 cm 时，井底流压和产气量的公式分别改为：

$$p_{wf} = \sqrt{p_{tf}e^S + \frac{1.316f(\overline{T}\,\overline{Z}q_g)^2(e^S-1)}{D^5}} \qquad \text{（实用单位）}$$

$$q_g = 0.871\sqrt{\frac{D^5(p_{wf}^2 - p_{tf}^2 e^S)}{f(\overline{T}\,\overline{Z})^2(e^S-1)}} \qquad \text{（实用单位）}$$

15.3.10　雷诺数（ReynoldsNumber）

雷诺数 N_{Re} 为无因次量，定义为气体流动的惯性力与黏滞力（黏度）之比[12,13]，即：

$$N_{Re} = \frac{\rho_g \nu D}{\mu_g} \qquad \text{（基础单位）}$$

在井筒的条件下，取平均 $\overline{Z}$、$\overline{T}$、$\overline{p}$、$\overline{\rho}_g$ 和 $\overline{\mu}_g$ 时，且考虑 $\nu A = q_g \overline{B}_g$，得：

$$N_{Re} = \frac{\bar{\rho}_g \nu A D}{\bar{\mu}_g A} = \frac{\bar{\rho}_g q_g \bar{B}_g D}{\bar{\mu}_g A}$$ （基础单位）

将已知的 $\bar{\rho}_g = \dfrac{28.97 \gamma_g \bar{p}}{\bar{Z}\, \bar{T} R}$，$\bar{B}_g = \dfrac{p_{sc}\, \bar{Z}\, \bar{T}}{\bar{p} T_{sc}}$ 和 $A = \pi D^2 / 4$ 代入上式得：

$$N_{Re} = \frac{36.886 \gamma_g p_{sc} q_g}{\bar{\mu}_g D T_{sc} R}$$ （基础单位）

变换：

$$N_{Re} = \frac{36.886 \gamma_g p_{sc}(10^6) q_g (10^4/86400)}{\bar{\mu}_g (10^{-3}) D T_{sc} R (10^3)}$$

得：

$$Re = \frac{4269.21 \times 10^{-3} \gamma_g p_{sc} q_g}{\bar{\mu}_g D T_{sc} R}$$ （实用单位）

当取 $p_{sc} = 0.101 \mathrm{MPa}$，$T_{sc} = 293\mathrm{K}$，$R = 0.008314 \mathrm{MPa \cdot m^3 / (Mmol \cdot K)}$ 时得：

$$N_{Re} = \frac{177 \gamma_g q_g}{\bar{\mu}_g D}$$ （实用单位）

15.3.11　摩擦系数（Friction Factor）[12-13]

当 $N_{Re} < 2000$ 时的层流，应用 Moody 的公式：

$$f = \frac{64}{N_{Re}}$$ （实用单位）

当 $Re \geqslant 2000$ 时可用 Jain 和 Swamee 的公式：

$$f = \left[1.14 - 4.606 \ln\left(\frac{\varepsilon}{D} + \frac{21.25}{N_{Re}^{0.9}} \right) \right]^{-2}$$ （实用单位）

15.3.12　通过气嘴的产量公式 Sanjay Kumar 的公式[15]：

$$q_g = \frac{0.186 p_{wh} d^2}{(r_g T_{wh})^{0.5}}$$ （实用单位）

符号及单位注释

（括号内为 SI 基础单位）

A——井控面积或采气管截面积，$\mathrm{m^2}$，（$\mathrm{m^2}$）；

a——水平井特征参数，m，（m）；

B_o——地层原油体积系数，dim，（dim）；

$\overline{B}_g$——在采气管内平均压力和平均温度下的气体体积系数，dim，（dim）；

b——射开厚度，m，（m）；

q_g——气井的产气量，$10^4 \mathrm{m}^3/\mathrm{d}$，（$\mathrm{m}^3/\mathrm{s}$）；

q_{oh}——水平井的产油量，m^3/d，（m^3/s）；

q_{gh}——水平井的产气量，$10^4 \mathrm{m}^3/\mathrm{d}$，（$\mathrm{m}^3/\mathrm{s}$）；

q_{oc}——油井水锥时的临界产油量，m^3/d，（m^3/s）；

q_{gc}——气井水锥时的临界产气量，$10^4 \mathrm{m}^3/\mathrm{d}$，（$\mathrm{m}^3/\mathrm{s}$）；

R——通用气体常数，$\mathrm{MPa \cdot m}^3/(\mathrm{Mmol \cdot K})$ $[\mathrm{Pa \cdot m}^3/(\mathrm{Mmol \cdot K})]$；

r_e——垂直井的驱动半径，m，（m）；

r_{eh}——水平井的驱动半径，m，（m）；

r_w——井底半径，m，（m）；

r_i——探测半径，m，（m）；

r_c——毛细管半径，μm，（m）；

S_{oi}——原始含油饱和度，frac，（frac）；

S_{gi}——原始含气饱和度，frac，（frac）；

S_{wi}——原始含水饱和度，frac，（frac）；

S——油井的总表皮系数，dim，（dim）；

S_t——气井的总表皮系数，dim，（dim）；

S_c——气井完善表皮系数（包括打开不完善、射孔密度不完善和钻井液侵入引起的表皮系数），frac，（frac）；

T——气藏的地层温度，K，（K）；

$\overline{T}$——采气管中部的平均温度，K，（K）；

T_{wh}——井口流温，K，（K）；

T_{wf}——井底流温，K，（K）；

T_{sc}——地面标准温度，K，（K）；

t——开井生产时间，h，（s）；

t_p——关井之前的 Horner 生产时间，h，（s）；

$[(t_p + \Delta t)/\Delta t]_b$——Horner 图上第 1 直线段和第 2 直线段交点处 $(t_p+\Delta t)/\Delta t$ 值；dim，（dim）；

t_D——无因次时间，dim，（dim）；

Δt——关井之后的井底压力恢复时间，h，（s）；

v——气体在管内的垂向流动速度，m/d，（m/s）；

W_f——垂直裂缝宽度，m，（m）；

X_f——垂直裂缝半长，m，（m）；

Z_i——在 p_i 和 T 下的气体偏差系数，dim，（dim）；

$\overline{Z}$——在 $\overline{p}$ 和 $\overline{T}$ 下的气体偏差系数，或在采气管的 $\overline{p}$ 和 $\overline{T}$ 下的气体偏差系数，dim，（dim）；

β——高速湍流系数，m^{-1}，（m^{-1}）；

γ_g——气体相对密度，dim，（dim）；

θ——润湿角，（°）；

μ_{gi}——在 p_i 和 T 下气体黏度，$mPa \cdot s$，（$Pa \cdot s$）；

$\bar{\mu}_g$——在 $\bar{p}$ 和 $\bar{T}$ 下气体黏度，或在采气管的 $\bar{p}$ 和 $\bar{T}$ 下的气体黏度，$mPa \cdot s$，（$Pa \cdot s$）；

ρ_o——地层原油密度，g/cm^3，（kg/m^3）；

C'——气井的产能系数，frac，（frac）；

C——井筒储集常数，m^3/MPa，（m^3/Pa）；

C_A——Dietz 形状系数，dim，（dim）；

C_D——无因次井筒储集常数，dim（dim）；

C_o——地层原油压缩系数，MPa^{-1}，（Pa^{-1}）；

C_w——地层水压缩系数，MPa^{-1}，（Pa^{-1}）；

C_f——地层岩石有效孔隙压缩系数，MPa^{-1}，（Pa^{-1}）；

C_{gi}——在 p_i 压力下的气体压缩系数，MPa^{-1}，（Pa^{-1}）；

C_{to}——油藏的总压缩系数，MPa^{-1}，（Pa^{-1}）；

C_{to}^*——油藏的总压缩系数，MPa^{-1}，（Pa^{-1}）；

C_{tg}——气藏的总压缩系数，MPa^{-1}，（Pa^{-1}）；

C_{tg}^*——气藏的总压缩系数，MPa^{-1}，（Pa^{-1}）；

D——采气管的直径，m，（m）；

d——气嘴的直径，mm，（m）；

f——摩擦系数，dim，（dim）；

g——重力加速度（值为 9.806），m/s^2，（m/s^2）；

G——气井控制的地质储量，$10^4 m^3$，（m^3）；

h——含油（气）厚度，m，（m）；

H——含油高度，m，（m）；

$J(S_w)$——J 函数，dim，（dim）；

K——有效渗透率，mD，（m^2）；

K_h——水平渗透率，mD，（m^2）；

K_f——垂直裂缝渗透率，mD，（m^2）；

L——水平井段长度或采气管下入深度，m，（m）；

L_b——断层距测试井距离，m，（m）；

n——气井生产的动态指数（$0.5<n<1.0$），frac，（frac）；

N——油井控制的地质储量，m^3，（m^3）；

N_{Re}——雷谱数，dim，（dim）；

p_i——原始地层压力，MPa，（Pa）；

p_R——地层压力，MPa，（Pa）；

p_{wf}——压降曲线开井 t 时刻的井底流压，或多点稳定试井的井底流压，MPa，（Pa）；

p_{wfo}——关井时的井底流压，MPa，（Pa）；

p_{ws}——关井 Δt 时刻的井底恢复压力，MPa，（Pa）；

p_{tf}——气井生产时的井口流压，MPa，（Pa）；

p_c——毛细管压力，MPa，（Pa）；

p_b——浮压力，MPa，（Pa）；

p_{sc}——地面标准压力，MPa，（Pa）；

p_D——无因次压力，dim（dim）；

$\bar{p}$——平均压力，MPa，（Pa）；

q_o——油井日产油量，m³/d，（m³/s）；

ρ_w——地层水密度，g/cm³，（kg/m³）；

ρ_g——地层气密度，g/cm³，（kg/m³）；

$\bar{\rho}_g$——采气管中 $\bar{p}$ 和 $\bar{T}$ 下气体密度，g/cm³，（kg/m³）；

σ——界面张力，mN/m，（N/m）；

ϕ——有效孔隙度，frac，（frac）；

$\psi(p_i)$——p_i 压力下拟压力，MPa²/mPa·s，（Pa²/Pa·s）；

$\psi(p_R)$——p_R 压力下拟压力，MPa²/mPa·s，（Pa²/Pa·s）；

$\psi(p_{wf})$——p_{wf} 压力下拟压力，MPa²/mPa·s，（Pa²/Pa·s）；

ε——绝对粗糙度，m，（m）；

ε/D——相对粗糙度，dim，（dim）。

参 考 文 献

1. 陈元千：水平井产量公式的推导与对比，新疆石油地质，2008，29（1）68-71.

2. Joshi，S.D.：Augmentation of Well Productivity Using Slant and Horizontal Wells，SPE15375，1986.

3. Calhoun，J.C.Jr.：Fundamentals of Reservoir Engineering，Manufactured in USA：University of Oklahoma Press，1953，80-85.

4. 陈元千：计算气锥和水锥油藏油井临界产量的方法. 复杂油气田，2006，15（4）25-33.

5. 陈元千：气井二项式的注释及应用，试采技术，1987，8（3）1-10.

6. 陈元千：安塞油田水力压裂效果分析，石油钻采工艺，1988，10（1）1-8.

7. 陈元千：油井压降曲线拟稳定阶段关系式的推导及判断方法，新疆石油地质，1991，12（2）150-159.

8. 陈元千. 闫为格：利用指数式和二项式确定 q_{AOF} 差异性研究，低渗透油气田，2003，8（3）18-23.

9. 陈元千，孙兵，等. 半球形流气井产量公式的推导与应用，油气井测试，2009，18（3）1-4.

10. 陈元千：油气藏工程计算方法（续篇），石油工业出版社，北京，1991，37-47.

11. 陈元千：油气藏工程实用方法，石油工业出版社，北京，1999，411-442.

12. Lee，J. and Wattenbarger，R.A.：Gas Reservoir Engineering，First Printing Henry L. Doherty Memorial Fund of AIME，Society of Petroleum Engineers，Rieharddson TX. 1996，58-80.

13. C.U. 伊克库：天然气开采工程，石油工业出版社，北京，1990，221-242.

14. 陈元千：气井垂直管流计算方法的推导与应用，断块油气田，2010，17（4）443-446.

15. Kumar，S.：Gas Production Engineering，Houston，Gulf Publishing Company，1987，358-360.

附　　录

附　录　1

油气藏工程常用无因次量及单位的表示法

无因次量的名称	量的符号	量的实用单位	
		本书采用	英文书刊
孔隙度	ϕ	frac	fraclion
原始含油饱和度	S_{oi}	frac	fraclion
原始含水饱和度	S_{wi}	frac	fraclion
原始含气饱和度	S_{dw}	frac	fraclion
无因次含水饱和度	S_{DW}	frac	fraclion
油的相对渗透率	K_{ro}	frac	fraclion
水的相对渗透率	K_{rw}	frac	fraclion
气的相对渗透率	K_{rg}	frac	fraclion
驱油效率	E_D	frac	fraclion
体积波及系数	E_v	frac	fraclion
采收率	E_R	frac	fraclion
可采采出程度	R_D	frac	fraclion
含水率	f_w	frac	fraclion
渗透率变异系数	V_k	frac	fraclion
气井产能指数	n	frac	fraclion
原始原油体积系数	B_{oi}	dim	dimensionless
原始气体体积系数	B_{gi}	dim	dimensionless
原始水的体积系数	B_{wi}	dim	dimensionless
油的相对密度	γ_o	dim	dimensionless
气的相对密度	γ_g	dim	dimensionless
气体篇差系数	Z	dim	dimensionless
无因次压力	p_D	dim	dimensionless
拟对比压力	p_{pr}	dim	dimensionless
拟对比温度	T_{pr}	dim	dimensionless
无因次产量	q_D	dim	dimensionless
无因次流速	v_D	dim	dimensionless

续表

无因次量的名称	量的符号	量的实用单位	
		本书	英文书刊
无因次井筒储集常数	C_D	dim	dimensionless
无因次时间	t_D	dim	dimensionless
表皮系数（因子）	S_o	dim	dimensionless
流度比	M	dim	dimensionless
黏度比	μ_R	dim	dimensionless
水油比	WOR	dim	dimensionless
净毛比	NGR	dim	dimensionless
溶解气油比	R_S	dim	dimensionless
雷诺数	N_{Re}	dim	dimensionless
磨擦系数	f	dim	dimensionless
产量递减指数	m	dim	dimensionless
可采储量年度补给率	η	dim	dimensionless
窜流系数	λ	dim	dimensionless
储能比	ω	dim	dimensionless

关于在上表中列出了油气藏工程，不同计算方法用到的无因次量及其单位的符号，应当指出，无因次（无量纲）的数值都大于 0，但无因次量的单位都是导出单位。无因次量的单位，国外用英文原词 dimensionless（无因次）表示。对于数值在 0~1.0 的无因次量，其单位国外用英文原词 fraction（小数）表示。这两种无因次量单位的表示方法，可以称为词示法。在图书和期刊表的坐标表格和正文的文字报告中，无因次单位可用小数的 fraction 表示，并且根据需要可用百分数（%）单位表示。对于国外的 dimensionless（无因次）和 fraction（小数），我们采用两者缩写词 dimt 和 frac 表示。

附　录　2

油气藏工程常用数学符号中英文对照表

数学符号	中文名称	英文名称
ln	以 e 为底的自然对数	logarithem, natural, base e
log	以 10 为底的常用对数	logarithem, common, base 10
$\log_a$	以 a 为底的非常用对数	logarithem, non-common, base a
e^{-x}, $\exp(-x)$	指数函数	expomential function
x^{-a}, x^a	幂函数	power function
$Ei(-x)$	指数积分函数	expomential integral function

数学符号	中文名称	英文名称
sin	正弦	sine
cos	余弦	cosine
max	最大	maximum
min	最小	minimum
lim	极限	limit
∞	无穷大	infinity
∝	正比	proportional to
Σ	累加	summation，sigma
Δ	有限差值	finite difference
d	微分	differntial
∫	积分	integral
f	函数	function
=	等于	equality sign
≠	不等于	not equal to
≈	近似等于	approximately equal to
>	大于	greater than
≥	大于或等于	greater than or equal to
<	小于	less than
≤	小于或等于	less than orequal to
→	趋近	approach
+	加，正	Plus，positive
−	减，负	minus，negative
±	加或减	Plus or minus
×	乘	multiply，times
÷	除	divided by
√	平方根	square root
%	百分号	percent

附 录 3

中英文常用单位名称对照表

单位符号	中文名称	英文名称
km	千米	kilometer
m	米	meter
cm	厘米	centimeter
mm	毫米	millimeter
μm^2 （$10^{-12} m^2$）	平方微米	square micrometer
nm^2 （$10^{-18} m^2$）	平方纳米	square meter
mD （$10^{-15} m^2$）	毫达西	millidarcy
km^2	平方千米	square kilometer
hm^2 （ha）	平方百米（公顷）	square hectometre （hectare）
m^3	立方米	cubic meter
cm^3	立方厘米	cubic centimeter
L （l）	升	litre
mL （ml）	毫升	millilitre
t	吨	ton
kg	千克	kilogram
g	克	gram
mol, kmol, Mmol	摩尔，千摩尔，兆摩尔	mole, kilomole, millionmole
MPa	兆帕	Pascal
kPa	千帕	kilo Pascal
MN	兆牛	Newton
mN	毫牛	Newton
mPa·s	毫帕秒	milli Pascal·second
s	秒	second
min	分	minute
h	小时	hour
d	天	day
mon	月	month
a	年	annum
frac	小数	fraction
%	百分数	percent
℃	摄氏度	Celsius degree
K	开［尔文］	Kelvino

附　录　4

SI 制和英制单位的词头

1. SI 制常用词头的因数与符号

因数	词头名称		符号
	英文	中文	
10^{24}	yotta	尧［它］	Y
10^{21}	zetta	泽［它］	Z
10^{18}	exa	艾［可萨］	E
10^{15}	peta	拍［它］	P
10^{12}	tera	太［拉］	T
10^{9}	giga	吉［咖］	G
10^{6}	mega	兆	M
10^{3}	kilo	千	k
10^{2}	hecto	百	h
10^{1}	deca	十	da
10^{-1}	deci	分	d
10^{-2}	centi	厘	c
10^{-3}	milli	毫	m
10^{-6}	micro	微	μ
10^{-9}	nano	纳［诺］	n
10^{-12}	pico	皮［可］	p
10^{-15}	femto	飞［母托］	f
10^{-18}	atto	阿［托］	a
10^{-21}	zepto	仄［普托］	z
10^{-24}	yocto	幺［科托］	y

2. 英制常用词头的因数与符号

因数	词头名称		符号
	英文	中文	
10^{3}	kilo	千	M
10^{6}	million	百万	MM
10^{9}	billion	十亿	B
10^{12}	trillion	万亿	T

附 录 5

SI 制与英制常用单位的换算关系

1. 长度

1m＝100cm＝1000mm＝3.281ft（英尺）＝39.37in（英寸）

1ft＝0.3048m＝30.48cm＝3048mm＝12in

1km＝0.621mile（英里）；1mile＝1.61km

1Å（Angstrom）＝10^{-8}cm＝10^{-4}μm＝10^{-10}m

2. 面积

1m^2＝10000cm^2＝1000000mm^2＝10.76ft^2＝1549in^2

1km^2＝100hm^2＝100ha（公顷）＝247acres（英亩）

1hm^2（ha）＝10000m^2＝2.47acres

1sq mile（平方英里）＝1 section（塞克什）＝2.59km^2＝259hm^2＝640acres

1acre＝43560ft^2＝0.405hm^2（ha）＝4050m^2

3. 体积

1m^3＝1000L＝1000dm^3＝35.32ft^3＝6.29bbl（桶）＝264gal（加仑）

1L＝1dm^3＝0.001m^3＝1000cm^3＝0.035ft^3＝61in^3＝0.264gal

1ft^3＝0.0283m^3＝28.3L

1bbl＝5.615ft^3＝0.159m^3＝159L＝42U.S.gal＝35U.K.gal

1acre·ft＝1233.5m^3＝43560ft^3＝7758.4bbl

1bbl/（acre·ft）＝0.1289m^3/m^3＝1.289m^3/（hm^2·m）＝128.9m^3/（km^2·m）

4. 质量

1kg＝2.205lbm（磅质量）＝1000g

1lbm＝0.454kg＝454g

1t＝1000kg＝2205lbm

1K（克拉，Carat）＝0.2g＝200mg

1oz（盎司）＝31.104g

5. 密度

1kg/m^3＝0.001g/cm^3＝0.001t/m^3＝0.0624lbm/ft^3

1lb/ft^3＝16.02kg/m^3＝0.01602g/cm^3＝0.1334lb/gal

1g/cm^3＝1000kg/m^3＝1t/m^3＝1kg/L＝62.4lbm/ft^3＝8.33lb/gal＝350lb/bbl

6. 力

1N（牛顿）＝10^5dyn（达因）＝0.102kgf（千克力）＝0.225lbf（磅力）

1kgf＝9.81N＝9.81×10^5dyn＝2.205lbf

1kgf＝4.45N＝0.454kgf

7. 压力

$1MPa = 10^6 Pa = 9.8692atm = 10.2at = 145.04psi$

$1atm = 0.1013MPa = 1.033at = 14.7psi$；$1at = 1kgf/cm^2$

$1psi = 0.00689MPa = 6.89kPa = 0.068atm = 0.070at$

8. 温度

$℃ = 0.556（℉ -32）$，$K = ℃ +273$

$℉ = 1.8℃ +32$，$°R = ℉ +460$

$K = °R/1.8$

9. 动力黏度（Dynamio）和运动黏度（Kinematic）

$1mPa \cdot s = 1cP$（动力黏度）

$1ST$（斯托克）$= 1cm^2/s$，$1cST$（厘斯托克）$= 1mm^2/s = 1.075×10^{-5}ft^2/s$

10. 渗透率

$1\mu m^2 = 10^{-12}m^2$，$10^{-3}\mu m^2 = \dfrac{1\mu m^2}{10^3} = 10^{-15}m^2$

$1D$（Darcy）$= 0.9869×10^{-8}cm^2 = 0.9869×10^{-12}m^2 \simeq 10^{-12}m^2 = 1\mu m^2$

$1mD = 1D/10^3 = 0.9869×10^{-15}m^2 \simeq 10^{-15}m^2$

因此，高精度的有：$1\mu m^2 = 1D$，$10^{-3}\mu m^2 = 1mD$

11. 表面（界面）张力

$1mN/m = 1dyn/cm$

12. 功与热

$1kJ = 0.948Btu = 1000N \cdot m = 0.239kcal$（千卡）

$1kcal = 4.19kJ = 3.97Btu$

$1Btu = 1.055kJ = 0.252kcal$

13. 电力

$1kW = 3600kJ/h = 860kcal/h = 3415Btu/h = 1.341hp$（马力）

$1hp = 0.746kW = 641kcal/h = 2690kJ/h = 2545Btu/h$

14. 油与气的热能当量换算关系

$1t$（原油）$= 1111m^3$（天然气）$= 39218ft^3$（天然气）$= 4×10^7Btu$

$\qquad = 422×10^8 Joules$（焦耳）$= 11708kW \cdot h = 1.9m^3$（LNG）

$\qquad = 0.769t$（LNG）$= 7.33bbl$（原油）

15. 其他有关单位之间的换算关系

$1t = 6.29/\rho_o$（bbl）——1t 原油折算的桶数

$\rho_w = \rho_w \gamma_w$（g/cm^3）和 $\rho_o = 62.4\gamma_o$（lbm/ft^3）——密度与相对密度的关系

$\gamma_o = 141.5/（131.5+°API）$ 和 $°API = （141.5/\gamma_o）-131.5$——SI 制与英制的相对密度关系

$1mg/L = 10^{-6}g/cm^3 = 1ppm$——矿化度

$\delta_s = 14.15×H_2S\%mole$——计算硫化氢含量（$g/m^3$）

$1scf/STB = 0.178m^3/m^3$

$1m^3/m^3 = 5.615scf/STB$

1bbl/lbmol = 0.350m³/kmol

1psia/ft = 0.0226MPa/m

1MPa/m = 44.25psia/ft

$1MPa^2/mPa \cdot s = 2104psi^2/cP$

附 录 6

SJ 制与达西制的渗透单位推导

油气藏的地层渗透率的单位，不是一个直接能测量的单位，它是一个众多参数的导出单位。两个单位制的渗透率导出、所需各项参数的单位列于表1。

表 1　不同参数的两种单位

量的名称	符号	基础单位		矿场单位		
		SI 制	达西制	SI 制	达西制	英制
长（厚）度	L（h）	m	cm	m	m	ft
面积	A	m²	cm²	m²	m²	ft²
体积	V	m³	cm³	m³	m³	ft³
质量	m	kg	g	kg	kg	lbm
时间	t	s	s	d	d	d
流量	q	m³/s	cm³/s	m³/d	m³/d	bbl/d
流速	u	m/s	cm/s	m/d	m/d	ft/d
温度	T	K	K	K,℃	K,℃	°R，℉
黏度	μ	Pa·s	cP	mPa·s	cP	cP
密度	ρ	kg/m³	g/cm³	g/cm³	g/cm³	lbm/ft³
压力	p	Pa	atm	MPa	atm	psi
渗透率	K	m²	D	mD（$10^{-3}\mu m^2$）	mD	mD

对于一维单相不可压缩的稳定流动，达西（Darcy）的关系式为：

$$q = AK\Delta p/(\mu L) \tag{1}$$

将式（1）改写为下式：

$$K = q\mu L/(A\Delta p) \tag{2}$$

若按 SI 基础单位描述，当长度（L）1m 和截面积（A）1m² 的介质，在 1Pa 压差（Δp）的作用下，黏度（μ）1Pa·s 的流体，通过介质的流量（q）为 1m³/s 时，那么；由式（2）可得渗透率的 SI 基础单位为：

$$K = \frac{(1m^3/s)(1Pa \cdot s)(1m)}{(1m^2)(1Pa)} = m^2$$

由此可见，渗透率的 SI 基础单位为 m^2。由于该单位值太大，在实际应用时，要采用 $10^{-12}\,m^2$ 作渗透率单位。已知 $10^{-6}\,m = 1\,\mu m$，$10^{-12}\,m^2 = 1\,\mu m^2$。

再按达西基础单位描述，当长度（L）1cm 和截面积（A）$1\,cm^2$ 的介质，在 1atm 压差（Δp）的作用下，黏度（μ）1cP 的流体，通过介质的流量（q）为 $1\,cm^3/s$ 时，那么，由式（2）可得渗透率的达西基础单位为：

$$K = \frac{(1cm^3/s)(1cP)(1cm)}{(1cm^2)(1atm)} = \frac{(cm^2)(cP)}{(s)(atm)} \tag{3}$$

已知：1cP（厘泊）= 10^{-2}P（泊）= 10^{-2}dyne·s/cm^2 和 1atm = 1.033kgf/cm^2，而 1kgf = 9.806×10^5dyne（达因），则 1atm = $1.033 \times 9.806 \times 10^5$dyne/$cm^2$ = 10.129×10^5dyne/cm^2。将 cP 和 atm 的单位关系代入式（3）得渗透率的达西基础单位为：

$$K = \frac{(cm^2)(10^{-2}dyne \cdot s/cm^2)}{(s)(10.129 \times 10^5 dyne/cm^2)} = 0.9869 \times 10^{-8} cm^2$$

由此可见，渗透率的达西基础单位为 $0.9869 \times 10^{-8}\,cm^2$。1934 年，Wycoff、Botset 和 Maskat 等[4]为了纪念达西（Darcy）于 1856 年发表的实验成果对流体力学所作出的贡献，特将渗透率的单位值 $0.9869 \times 10^{-8}\,cm^2$，命名为 D，即 1D = $0.9869 \times 10^{-8}\,cm^2$ = $0.9869 \times 10^{-2}\,m^2$ = $0.9869\,\mu m^2 \approx 1\,\mu m^2$。由于渗透率的数值，无论是实验室测试或是矿场不稳定试井，都不是直接测量到的数值，而是利用固定参数值和测量参数值由公式计算得到的数值，因此渗透率数值的精度并不太高，完全可以采用 SPE 建议的标准[2-3]，即 1D（达西）= $0.9869\,\mu m^2$ $\approx 1000\,mD$（毫达西），或 $1\,\mu m^2 = 1D$ 和 $10^{-3}\,\mu m^2 = 1\,mD$ 的关系，在实际中应用。

附　录　7

三种黏度单位关系的推导

由 SI 制基础单位表示的达西线性流出式为：

$$q = \frac{AK\Delta p}{\mu L} \tag{1}$$

式中　q——稳定渗流量，m^3/s；
　　　A——渗流面积，m^2；
　　　K——渗透率，m^2；
　　　Δp——流动压差，Pa；
　　　L——渗流长度，m；
　　　μ——流体黏度，Pa·s。

将（1）式改为下式：

$$\mu = \frac{AK\Delta p}{qL} \tag{2}$$

将上面的 SI 制基础单位代入（2）式得动力黏度（Dynamic viscosity）的单位为：

$$\mu = \frac{(m^2)(m^2)(Pa)}{(m^3/s)(m)} = Pa \cdot s$$

因此，黏度的 SI 制基础单位是 Pa·s。在将黏度的 SI 制基础单位变为达西基础单位，用到的有关由科学者命名的单位量值关系为：

1Pa（帕斯卡）= 1N/m²（牛顿每平方米）；1N（牛顿）= 10^5dyne（达因）；1dyne（达因）= 1g·cm/s；1poise（波潇利）= 1g/（cm·s）；1poise（波）= 100cP（厘泊）。下面是两种 SI 制黏度单位的关系如下：

$$1Pa \cdot s = \frac{1N \cdot s}{m^2} = \frac{10^5 dyne \cdot s}{10^4 cm^2} = \frac{10 dyne \cdot s}{cm^2}$$

$$= \frac{10(g \cdot cm/s^2)s}{cm^2} = 10g/(cm \cdot s)$$

$$= 10poise = 1000cP$$

∴ 1mPa·s = 1cP

已知，动力黏度与运动黏度（kinematio viscosity）的关系为：

$$v = \mu / \rho \qquad\qquad (3)$$

流体密度 ρ 的单位为 g/cm³，动力黏度的单位 poise = 1g/（cm·s），将其代入（3）式得运动黏度 v 的单位为：

$$v = \frac{g/(cm \cdot s)}{g/cm^3} = cm^2/s$$

因此，运动黏度 v 的单位为 cm²/s，以科学家 stokes（斯托克斯）命名运动黏度的单位为 stok（沱），并简写为 st。1st（沱）= 1cm²/s；1st = 100cst（厘沱）。

上述单位变换中用到两个词头：1c = 1centi = 10^{-2}；1m = 1mili = 10^{-3}。

附　录　8

气、油、水和岩石物性的相关经验公式

在油气藏工程计算工作中，通常都需要气、油水和岩石的物性参数。当具体的油气藏缺乏实际取样和物性分析数据时，可以采用如下的相关经验公式，估算所需要的参数值。这些相关经验公式，是根据大量实际取样分析的可靠数据，经过复相关分析处理后得到的关系式，具有相当好的代表性和实用性。应用指出，在第 1、2 章和本附录中的相关经验公式，原是由不同作者，在不同的时间和不同的期刊上，以英制单位发表的公式，经由本书作者的单位变换，成为由 SI 制实用单位表示的公式。

1　气体的相关经验公式

1.1　气体的拟临界压力和拟临界温度

A. 天然气系统（不含非烃类气体）

$$p_{pc} = 4.6677 + 0.1034\gamma_{gHC} - 0.2585\gamma_{gHC}^2 \tag{1}$$

$$T_{pc} = 93.3333 + 180.5556\gamma_{gHC} - 6.9444\gamma_{gHC}^2 \tag{2}$$

B. 凝析气系统（不含非烃类气体）

$$p_{pc} = 4.8676 - 0.3565\gamma_{gHC} - 0.07653\gamma_{gHC}^2 \tag{3}$$

$$T_{pc} = 103.8889 + 183.3333\gamma_{gHC} - 39.7222\gamma_{gHC}^2 \tag{4}$$

纯烃类气体的相对密度为：

$$\gamma_{gHC} = \frac{\gamma_g - 0.9672y_{N_2} - 1.5195y_{CO_2} - 1.1765y_{H_2S}}{1 - y_{N_2} - y_{CO_2} - y_{H_2S}} \tag{5}$$

C. 含有非烃类气体（N_2，CO_2 和 H_2S）的系统

$$p_{pc1} = (1 - y_{N_2} - y_{CO_2} - y_{H_2S})p_{pc} + 3.3991y_{N_2} + 7.3842y_{CO_2} + 9.0044y_{H_2S} \tag{6}$$

$$T_{pc1} = (1 - y_{N_2} - y_{CO_2} - y_{H_2S})T_{pc} + 126.2778y_{N_2} + 304.2222y_{CO_2} + 373.5556y_{H_2S} \tag{7}$$

上述公式的有效范围如下：

$$0 \leqslant y_{N_2} < 1$$

$$0 \leqslant y_{CO_2} < 1$$

$$0 \leqslant y_{H_2S} < 1$$

$$0 \leqslant y_{N_2} + y_{CO_2} + y_{H_2S} < 1$$

天然气系统（含非烃类气体）的相对密度范围为：

$$0.56 < \gamma_g < 1.71$$

凝析气系统（含非烃类气体）的相对密范围为：

$$0.56 < \gamma_g < 1.30$$

D. 酸性气体（含 CO_s 和 H_2S）的修正公式

$$p_{pc}^* = \frac{p_{pc}(T_{pc} - \varepsilon)}{T_{pc} + y_{H_2S}(1 - y_{H_2S})\varepsilon} \tag{8}$$

$$T_{pc}^* = T_{pc} - \varepsilon \tag{9}$$

$$\varepsilon = 66.67\left[(y_{CO_2} + y_{H_2S})^{0.9} - (y_{CO_2} + y_{H_2S})^{1.6}\right] + 8.33\left[(y_{H_2S})^{0.5} - (y_{H_2S})^4\right] \tag{10}$$

有效范围如下：

$$0 \leqslant y_{CO_2} + y_{H_2S} < 0.8$$

1.2 气体偏差系数

$$Z = a + \frac{1-a}{e^b} + cp_{pr}^d \tag{11}$$

式中

$$a = 1.39(T_{pr} - 0.92)^{0.5} - 0.36T_{pr} - 0.101 \tag{12}$$

$$b = (0.62 - 0.23T_{pr})p_{pr} + \left[\frac{0.066}{(T_{pr} - 0.86)} - 0.037\right]p_{pr}^2 + \frac{0.32p_{pr}^6}{\exp[20.727(T_{pr} - 1)]} \tag{13}$$

$$c = 0.132 - 0.32\log T_{pr} \tag{14}$$

$$d = \exp(0.7153 - 1.1285T_{pr} + 0.4201T_{pr}^2) \tag{15}$$

公式的有效范围如下：

$$0 < p_{pr} = p_R/p_{pc} < 30$$
$$1.05 \leqslant T_{pr} = T/T_{pc} < 3.0$$

1.3 气体黏度

$$\mu_g = 10^{-4}K\exp(x\rho_g^y) \tag{16}$$

式中

$$K = \frac{2.6832 \times 10^{-2}(470 + M)T^{1.5}}{116.1111 + 10.5556M + T} \tag{17}$$

$$x = 0.01\left(350 + \frac{54777.78}{T} + M\right) \tag{18}$$

$$y = 0.2(12 - x) \tag{19}$$

$$\rho_g = \frac{3.4945\gamma_g p_R}{ZT} \tag{20}$$

公式的有效范围如下：

$$0.69 < p_R(\text{MPa}) < 55.16$$
$$37.78 < t_R(℃) < 171.11$$

$$0.90 < CO_2（含 mok\%量）< 3.20$$

2 地层原油的相关经验公式

2.1 地层原油压缩系数（C_o）

$$C_o = \frac{a_1 + a_2R_s + a_3(5.625 \times 10^{-2}t_R + 1) + a_4\gamma_g + a_5\left(\frac{1.076}{\gamma_0} - 1\right)}{a_6 p_R} \tag{21}$$

式中的 $a_1=-1433$；$a_2=28.075$；$a_3=550.4$；$a_4=-1180$；$a_5=1658.215$；$a_6=10^5$。

公式的有效范围如下：

$$0.2068<p_{sep}(\mathrm{MPa})<3.688$$
$$24.44<t_{sep}(\mathrm{℃})<65.55$$
$$0.7408<\gamma_o<0.9639$$

在饱和压力以上时：

$$0.511<\gamma_g<1.351$$
$$0.7653<p_R(\mathrm{MPa})<65.396$$

在饱和压力以下，当 $0.8762\leqslant\gamma_o<0.9639$ 时：

$$0.511<\gamma_g<1.351$$
$$0.101<p_R(\mathrm{MPa})<31.3156$$

当 $0.7408<\gamma_o<0.8729$ 时：

$$0.503<\gamma_g<1.259$$
$$0.101<p_R(\mathrm{MPa})<41.540$$

2.2　溶解气油比（R_s）

$$R_s=C_1\gamma_{gs}p_R^{C_2}\exp\left[\frac{C_3\left(\frac{1.076}{\gamma_o}-1\right)}{3.6585\times10^{-3}t_R+1}\right] \tag{22}$$

式中的常数，当 $\gamma_o\geqslant0.876$ 时，$C_1=2.3716$；$C_2=1.0937$；$C_3=6.8760$。

当 $\gamma_o<0.876$ 时，$C_1=1.1661$；$C_2=1.1870$；$C_3=6.3967$。

$$\gamma_{gs}=\gamma_g\left[1+0.2488\left(\frac{1.076}{\gamma_o}-1\right)(5.625\times10^{-2}t_{sep}+1)\times(\log p_{sep}+0.1019)\right] \tag{23}$$

公式的有效范围如下：

$$24.44<t_{sep}(\mathrm{℃})<65.55$$
$$0.2068<p_{sep}(\mathrm{MPa})<3.6886$$
$$0.7408<\gamma_o<0.9639$$

当 $0.8762\leqslant\gamma_o<0.9639$ 时：

$$0.511<\gamma_g<1.351$$
$$0.101<p_R(\mathrm{MPa})<31.315$$

当 $0.7408<\gamma_o<0.8729$ 时：

$$0.530<\gamma_g<1.259$$
$$0.101<p_R(\mathrm{MPa})<41.540$$

2.3 原油体积系数（B_o）

在饱和压力以上时：

$$B_o = B_{ob} \exp[C_o(p_b - p_R)] \simeq B_{ob}[1 - C_o(p_R - p_b)] \tag{24}$$

在饱和压力以下时：

$$B_o = 1 + C_1 R_s + \frac{(C_2 + C_3 R_s)(6.4286 \times 10^{-2} t_R - 1)\left(\dfrac{1.076}{\gamma_o} - 1\right)}{\gamma_{gs}} \tag{25}$$

式中的常数：当 $\gamma_o \geqslant 0.8762$ 时，$C_1 = 2.6261 \times 10^{-3}$；$C_2 = 0.06447$；$C_3 = -3.7441 \times 10^{-4}$。当 $\gamma_o < 0.8762$ 时，$C_1 = 2.6222 \times 10^{-3}$；$C_2 = 0.04050$；$C_3 = 2.7642 \times 10^{-5}$；$\gamma_{gs}$ 由（23）式求得。

公式的有效范围如下：

$$24.44 < t_{sep}(℃) < 65.55$$
$$0.2068 < p_{sep}(\text{MPa}) < 3.6886$$
$$0.7408 < \gamma_o < 0.9639$$

在饱和压力以上时：

$$0.511 < \gamma_g < 1.351$$
$$0.7653 < p_R(\text{MPa}) < 65.396$$

在饱和压力或饱和压力以下时，当 $0.8762 \leqslant \gamma_o < 0.9639$ 时：

$$0.511 < \gamma_g < 1.351$$
$$0.101 < p_R(\text{MPa}) < 31.315$$

当 $0.7408 < \gamma_o < 0.8729$ 时：

$$0.530 < \gamma_g < 1.259$$
$$0.101 < p_R(\text{MPa}) < 41.540$$

当预探井和评探井，当缺少高压物性 PVT 分析资料时，可采用如下相关经验公式：

$$\text{Arps(1962)的 } B_{oi} = 1.050 + 2.807 \times 10^{-3} GUR$$
$$\text{陈花 q(1996)的 } B_{oi} = 1.065 + 2.757 \times 10^{-3} GOR$$

2.4 地层原油黏度（μ_o）

地层温度条件下脱气原油的黏度为：

$$\mu_{od} = 10^a - 1 \tag{26}$$

式中

$$a = 1.7763 \times 10^{-2} b(5.625 \times 10^{-2} t_R + 1)^{-1.163}$$
$$b = 10^c$$
$$c = 3.0324 - 2.6602\left(\frac{1.076}{\gamma_o} - 1\right)$$

在饱和压力下的地层原油黏度为：

$$\mu_{ob} = A\mu_{ob}^{B} \tag{27}$$

式中

$$A = (5.615 \times 10^{-2} R_s + 1)^{-0.515} \tag{28}$$

$$B = (3.7433 \times 10^{-2} R_s + 1)^{-0.338} \tag{29}$$

在饱和压力以上地层原油黏度为：

$$\mu_o = \mu_{ob} \left(\frac{p_R}{p_b} \right)^m \tag{30}$$

式中

$$m = 956.43 p_R^{1.187} \exp[-(1.3024 \times 10^{-2} p_R + 11.513)] \tag{31}$$

公式的有效范围如下：

脱气原油为：

$$0.7467 < \gamma_o < 0.9593$$
$$21.11 < t_R(℃) < 146.11$$

活油（溶解气的原油）为：

$$24.44 < t_{sep}(℃) < 65.55$$
$$0.2068 < p_{sep}(\text{MPa}) < 3.6886$$

在饱和压力以上的活油为：

$$0.7408 < \gamma_o < 0.9639$$
$$0.511 < \gamma_g < 1.351$$
$$0.7653 < p_R(\text{MPa}) < 65.396$$

在饱和压力或饱和压力以下的活油为：

$$3.56 < R_{sb}(\text{m}^3/\text{m}^3) < 368.46$$
$$0.101 < p_R(\text{MPa}) < 36.300$$
$$21.11 < t_R(℃) < 146.11$$
$$0.7467 < \gamma_o < 0.9593$$
$$0.117 < \mu_o(\text{mPa} \cdot \text{s}) < 148$$

地层原油密度：

$$\rho_o = (\gamma_{os} + 1.205 \times 10^{-3} \gamma_g \overline{GOR})/B_o$$

3　地层水的相关经验公式

3.1　地层水的压缩系数（C_w）

$$C_w = 1.4504 \times 10^{-4}(a + b\tau_R + C\tau_R^2)AB \tag{32}$$

式中

$$a = 3.8546 - 1.9435 \times 10^{-2} p_R \tag{33}$$

$$b = -0.3366 + 2.2124 \times 10^{-3} p_R \tag{34}$$

$$c = 4.057 \times 10^{-2} - 1.3069 \times 10^{-4} p_R \tag{35}$$

$$A = 1 + 4.9974 \times 10^{-2} R_{sw} \tag{36}$$

$$B = 1 + (-0.052 + 8.64 \times 10^{-3} \tau_R - 1.1674 \times 10^{-3} \tau_R^2$$
$$+ 3.67 \times 10^{-5} \tau_R^3) \times (\%NaCl)^2 \tag{37}$$

$$\tau_R = 1 + 5.625 \times 10^{-2} t_R \tag{38}$$

公式的有效范围如下：

$$26.67 < t_R(℃) < 121.11$$
$$6.895 < p_R(MPa) < 41.368$$
$$0 \leqslant (\%NaCl)^2 < 25\%$$

3.2 溶解气水比（R_{sw}）

$$R_{sw} = (a + bP_R + cP_R^2)S_c \tag{39}$$

式中

$$a = 2.12 + 0.1104 \times \tau_R - 3.676 \times 10^{-2} \tau_R^2 \tag{40}$$

$$b = 1.07 \times 10^{-2} - 1.683 \times 10^{-3} \tau_R + 1.515 \times 10^{-4} \tau_R^2 \tag{41}$$

$$c = -8.75 \times 10^{-7} + 1.25 \times 10^{-7} \tau_R - 1.044 \times 10^{-8} \tau_R^2 \tag{42}$$

$$S_c = 1 - (7.53 \times 10^{-2} - 5.54 \times 10^{-3} \tau_R)(\%NaCl) \tag{43}$$

$$\tau_R = 5.625 \times 10^{-2} \tau_R + 1 \tag{44}$$

公式的有效范围如下：

$$32.22 < t_R(℃) < 121.11$$
$$3.447 < p_R(MPa) < 34.473$$
$$0 \leqslant (\%NaCl) < 3\%$$

3.3 地层水的体积系数（B_w）

$$B_w = (a + bp_R + cp_R^2)d \tag{45}$$

式中

$$a = 0.9911 + 2.032 \times 10^{-3} \tau_R + 8.704 \times 10^{-4} \tau_R^2 \tag{46}$$

$$b = -1.093 \times 10^{-6} - 1.119 \times 10^{-7} \tau_R + 4.679 \times 10^{-9} \tau_R^2 \tag{47}$$

$$c = -5.0 \times 10^{-11} + 2.057 \times 10^{-11} \tau_R - 1.464 \times 10^{-12} \tau_R^2 \tag{48}$$

$$d = 1 + [(7.397 \times 10^{-6} p_R) + (5.47 \times 10^{-6} - 2.828 \times 10^{-8} p_R)$$
$$\times (1.8 t_R - 28) - (3.23 \times 10^{-8} - 1.233 \times 10^{-10} p_R)$$
$$\times (1.8 t_R - 28)^2](\%NaCl) \tag{49}$$

$$\tau_R = 1 + 5.625 \times 10^{-2} t_R \tag{50}$$

公式的有效范围如下：

$$37.78 < t_R(℃) < 121.11$$

$$6.895 < p_R(\text{MPa}) < 34.473$$

$$0 \leqslant \%\text{NaCl} < 25\%$$

3.4. 地层水的黏度 (μ_w)

$$\mu_w = A(1.8t_R + 32)^B E \tag{51}$$

式中

$$A = 109.574 - 8.4056C_s + 0.3133C_s^2 + 8.7221 \times 10^{-3} C_s^3 \tag{52}$$

$$B = -1.1217 + 2.6395 \times 10^{-2} C_s - 6.7946 \times 10^{-4} C_s^2$$
$$- 5.4712 \times 10^{-5} C_s^3 + 1.5559 \times 10^{-6} C_s^4 \tag{53}$$

$$E = 0.9994 + 5.8444 \times 10^{-3} p_R + 6.5344 \times 10^{-5} p_R^2 \tag{54}$$

公式的有效范围如下：

$$37.77 < t_R(℃) < 204.44$$

$$0 < C_s < 26\%$$

$$p_b \leqslant p_R(\text{MPa}) < 80$$

3.5 地层水的密度

$$\rho_w = 0.999 + 7.0257 \times 10^{-7} C_s^* + 2.5641 \times 10^{-13} (C_s^*)^2 \tag{55}$$

4 储层岩石的压缩系数

4.1 岩石孔隙体积有效压缩系数 (C_f)

定义为：

$$C_f = dV_p / V_p dp_R \tag{56}$$

$$C_f = \frac{2.587 \times 10^{-4}}{\phi^{0.4358}} (\text{正常压力系统}) \tag{57}$$

公式的有效范围如下：

$$0.02 < \phi < 0.26$$

4.2 岩石压缩系数

定义为：

$$C_r = dV_p / V dp_R \tag{58}$$

已知：$V = V_p / \phi$，故（27）式可改写为下式

$$C_r = \phi C_f$$

4.3 异常高压地层(压力系数大于 1.5)的孔隙体积有效压缩系数

$$C_f = (8.7 \times 10^{-3} D - 2.47) \times 10^{-4}$$

符号及单位注释

p_R——地层压力，MPa；

p_b——饱和压力，MPa；

p_{pc}——烃类气体的拟临界压力，MPa；

p_{pc1}——含有非烃类气体（N_2、CO_2 和 H_2S）系统的拟临界压力，MPa；

p_{pc}^*——酸性气体校正后的拟临界压力，MPa；

p_{pr}——拟对比压力，dim；

p_{sep}——分离器的压力，MPa；

T——地层温度，K；

t_R——地层温度，℃；

t_{sep}——分离器的温度，℃；

T_{pc}——烃类气体的拟临界温度，K；

T_{pc1}——含有非烃类气体（N_2、CO_2 和 H_2S）系统的拟临界温度，K；

T_{pc}^*——酸性气体校正后的拟临界温度，K；

T_{pr}——拟对比温度，dim；

ε——酸性气体的校正因子，K；

γ_g——含有非烃类气体的相对密度（$\gamma_{air}=1$），dim；

γ_{gHC}——烃类气体的相对密度（$\gamma_{air}=1$），dim；

γ_{gs}——校正到分离器条件的气体相对密度（$\gamma_{air}=1$），dim；

γ_{air}——空气的相对密度，dim；

γ_o——凝析油的相对密度（$\gamma_w=1$），dim；

γ_w——净水的相对密度，dim；

X_{N_2}——氮气的摩尔含量，%；

X_{CO_2}——二氧化碳气的摩尔含量，%；

X_{H_2S}——硫化氢的摩尔含量，%；

Z——气体偏差系数，dim；

M——气体分子量，g/mol，kg/kmol 或 Mg/Mmol；

μ_g——地层气体黏度，mPa·s；

μ_o——地层原油黏度，mPa·s；

μ_{od}——在地层温度条件下脱气原油黏度，mPa·s；

μ_{ob}——饱和压力下的地层原油黏度，mPa·s；

μ_w——地层水黏度，mPa·s；

ρ_w——地层水密度，g/cm³；

ρ_g——地层气体密度，g/cm³；

R_s——溶解气油比，m^3/m^3；

R_{sw}——溶解气水比，m^3/m^3；

B_o——地层原油体积系数，dim；

B_{ob}——饱和压力下的原油体积系数，dim；

B_w——地层水的体积系数，dim；

C_o——地层原油压缩系数，MPa^{-1}；

C_w——地层水压缩系数，MPa^{-1}；

C_f——地层岩石有效压缩系数，MPa^{-1}；

C_r——地层岩石压缩系数，MPa^{-1}；

V——岩石体积，m^3；

V_p——岩石孔隙体积，m^3；

ϕ——有效孔隙度，dim；

D——储层埋藏深度，m；

S_c——矿化度校正系数，dim；

C_s——矿化度，%；

C_s^*——矿化度，mg/L；

NaCl（含量）——氯化钠含量，%；

$\exp(x) = e^x$——指数函数。

参 数 文 献

1. 陈元千：现代油藏工程（第2版）. 石油工业出版社，北京，1-65，2019.

2. 陈元千：实用油气藏工程方法，石油大学出版社，东营．1998，378-384。

3. Ahmed，T. H.：Hydrocarbon Phase Behav or，Contributions in Petroleum Geology and Egineering，1989.

4. Beggs，H. D.：Production Optimization Using Nodal Analysis，Aseanheartjournal org，1991.

5. Craft，B. C. Hawkins，M. F.，Terry R. E. Applied Petroleum Reservoir Engineering，Second Edition，Prentile-Hall PTR，Englewood Cliffs，N. J，1991.

6. Mian，M. A.：Petroleum Engineering Handbook for the Predicting Engineer，Pennwell pub. Co.，1992.

7. Smith，C. R.，Tracy，G. W. and Farrar，R. L.：Applied Reservoir Engineering，Vol. 1 Chap. 3，1992.